纳米科学与技术

自驱动系统中的纳米发电机

王中林　著
王中林　秦　勇　胡又凡　译

科学出版社
北京

内 容 简 介

我们生活的环境中充满了各种各样的能量，例如振动能、形变能、肌肉活动能、化学能、生物能、微风能、太阳能、热能等。如果利用纳米技术可以把这些无时不有处处有的能量转换为电能来带动一些小型的电子器件，就可以制造出自驱动的微纳系统。为了解决这个纳米技术中的瓶颈问题，2006年王中林小组成功地在纳米尺度范围内将机械能转换成电能，研制出世界上最小的发电机——纳米发电机，并提出自驱动纳米技术的新思想。之后，世界上掀起了能量收集技术研究的热潮。过去的七年间，作者研究组在这一研究领域系统发表了一系列相关论文。为了给出一个关于纳米发电机发展的全面并且连贯的回顾与阐释，作者编写了这部专著，本书涵盖了这方面的基本理论、机理研究、工程放大以及纳米发电机的潜在应用。

全书共11章，内容系统、深入浅出、图文并茂，适合纳米科技领域及相关专业的广大科研工作者、大专院校师生参考阅读。

图书在版编目(CIP)数据

自驱动系统中的纳米发电机/王中林著；王中林，秦勇，胡又凡译. —北京：科学出版社，2012

(纳米科学与技术/白春礼主编)

ISBN 978-7-03-034397-0

Ⅰ. 自… Ⅱ. ①王… ②秦… ③胡… Ⅲ. 纳米技术-应用-发电机 Ⅳ. TM31

中国版本图书馆CIP数据核字(2012)第102260号

责任编辑：顾英利 杨 震 刘 冉／责任校对：钟 洋
责任印制：吴兆东／封面设计：陈 敬

科学出版社 出版
北京东黄城根北街16号
邮政编码：100717
http://www.sciencep.com
北京虎彩文化传播有限公司 印刷
科学出版社发行 各地新华书店经销
*
2012年6月第 一 版 开本：B5(720×1000)
2023年2月第六次印刷 印张：11 1/4
字数：216 000
定价：88.00元
(如有印装质量问题，我社负责调换)

作者简介

王中林博士是佐治亚理工学院终身校董事讲席教授、Hightower终身讲席教授，中国科学院北京纳米能源与系统研究所(筹)首席科学家。他是中国科学院外籍院士和欧洲科学院院士。王教授荣获了美国显微镜学会1999年巴顿奖章，佐治亚理工学院2000年和2005年杰出研究奖，2001年S. T. Li奖(美国)，2009年美国陶瓷学会Purdy奖，2011年美国材料研究学会奖章(MRS Medal)。王教授是美国物理学会会士(fellow)，美国科学发展协会(AAAS)会士，美国材料研究学会会士，美国显微镜学会会士。王教授在氧化物纳米带与纳米线的合成、表征与基本物理性质的理解；纳米线在能源科学、电子学、光电子学和生物学方面的应用等方面做出了原创性的贡献。他对于纳米发电机的发明及在该领域发展过程中所取得的突破性进展为从环境和生物系统中收集机械能给个人电子器件供电这一思想提供了基本原理和技术路线图。他关于自驱动纳米系统的研究激发了世界学术界和工业界对于微纳系统电源问题的广泛研究，这已成为能源研究与未来传感器网络研究中的特色学科。通过在新型的电子器件和光电子器件中引入压电势控制的电荷传输过程，他开创了压电电子学和压电光电子学学科并引领其发展，这在智能微机电系统或纳机电系统、纳米机器人、人与电子器件的交互界面以及传感器方面具有重要的应用。王教授的著作已被引用超过50 000次，其论文被引用的h因子(h-index)是108。详细信息见主页(http://www.nanoscience.gatech.edu)。

《纳米科学与技术》丛书序

在新兴前沿领域的快速发展过程中，及时整理、归纳、出版前沿科学的系统性专著，一直是发达国家在国家层面上推动科学与技术发展的重要手段，是一个国家保持科学技术的领先权和引领作用的重要策略之一。

科学技术的发展和应用，离不开知识的传播：我们从事科学研究，得到了"数据"(论文)，这只是"信息"。将相关的大量信息进行整理、分析，使之形成体系并付诸实践，才变成"知识"。信息和知识如果不能交流，就没有用处，所以需要"传播"(出版)，这样才能被更多的人"应用"，被更有效地应用，被更准确地应用，知识才能产生更大的社会效益，国家才能在越来越高的水平上发展。所以，数据→信息→知识→传播→应用→效益→发展，这是科学技术推动社会发展的基本流程。其中，知识的传播，无疑具有桥梁的作用。

整个20世纪，我国在及时地编辑、归纳、出版各个领域的科学技术前沿的系列专著方面，已经大大地落后于科技发达国家，其中的原因有许多，我认为更主要的是缘于科学文化的习惯不同：中国科学家不习惯去花时间整理和梳理自己所从事的研究领域的知识，将其变成具有系统性的知识结构。所以，很多学科领域的第一本原创性"教科书"，大都来自欧美国家。当然，真正优秀的著作不仅需要花费时间和精力，更重要的是要有自己的学术思想以及对这个学科领域充分把握和高度概括的学术能力。

纳米科技已经成为21世纪前沿科学技术的代表领域之一，其对经济和社会发展所产生的潜在影响，已经成为全球关注的焦点。国际纯粹与应用化学联合会(IUPAC)会刊在2006年12月评论："现在的发达国家如果不发展纳米科技，今后必将沦为第三世界发展中国家。"因此，世界各国，尤其是科技强国，都将发展纳米科技作为国家战略。

兴起于20世纪后期的纳米科技，给我国提供了与科技发达国家同步发展的良好机遇。目前，各国政府都在加大力度出版纳米科技领域的教材、专著以及科普读物。在我国，纳米科技领域尚没有一套能够系统、科学地展现纳米科学技术各个方面前沿进展的系统性专著。因此，国家纳米科学中心与科学出版社共同发起并组织出版《纳米科学与技术》，力求体现本领域出版读物的科学性、准确性和系统性，全面科学地阐述纳米科学技术前沿、基础和应用。本套丛书的出版以高质量、科学性、准确性、系统性、实用性为目标，将涵盖纳米科学技术的所有领域，全面介绍国内外纳米科学技术发展的前沿知识；并长期组织专家撰写、编辑出版下去，为我国纳米科技各个相关基础学科和技术领域的科技工作者和研究生、本科生等，提供一套重要的参考资料。

这是我们努力实践“科学发展观”思想的一次创新，也是一件利国利民、对国家科学技术发展具有重要意义的大事。感谢科学出版社给我们提供的这个平台，这不仅有助于我国在科研一线工作的高水平科学家逐渐增强归纳、整理和传播知识的主动性（这也是科学研究回馈和服务社会的重要内涵之一），而且有助于培养我国各个领域的人士对前沿科学技术发展的敏感性和兴趣爱好，从而为提高全民科学素养做出贡献。

我谨代表《纳米科学与技术》编委会，感谢为此付出辛勤劳动的作者、编委会委员和出版社的同仁们。

同时希望您，尊贵的读者，如获此书，开卷有益！

白春礼

中国科学院院长

国家纳米科技指导协调委员会首席科学家

2011年3月于北京

中文版序

2006年,我们利用压电材料纳米线研制出了世界上第一个纳米发电机[Wang & Song,*Science*, 312, 242-246 (2006)],它成功地将机械能转化为电能。自那之后,世界上掀起了能量收集技术研究的热潮。这篇发表于2006年的论文提出了自驱动纳米技术的新思想,即利用纳米发电机从纳米器件或纳米系统工作的环境中收集能量为它们提供电源供应。在过去的七年间,我们发表了一系列相关的论文,内容涵盖了这方面的基本理论、机理研究、工程放大以及纳米发电机的潜在应用。这些系统性的研究正在引导世界范围内二十多个研究组在相关领域开展研究和应用。为了给出一个关于纳米发电机发展的全面并且连贯的回顾,在我们已发表论文的基础上,我于2011年撰写了这本书的英文版:*Nanogenerators for self-powered devices and systems*, Georgia Institute of Technology, SMARTech digital repository, 2011 (http://hdl. handle. net/1853/39262),而且是以网络自由下载的形式发表的。经过我、秦勇博士和胡又凡博士的翻译,现在出版的是这一作品的中文版。

我衷心感谢那些对纳米发电机和压电电子学领域的发展做出贡献的我研究组的成员和合作者(排名不分先后):宋金会、王旭东、杨如森、秦勇、周军、胡又凡、徐升、魏亚光、丁勇、高普献、何志浩、费鹏、张岩、刘晋、李舟、高一凡、武文倬、杨青、朱光、李泽唐、劳长石、吕明霈、李成、许晨、林时胜、顾煜栋、黄骑德、王思泓、Ben Hansen、Will Hughes、刘莹、高志远、张跃、Giulia Mantini、Joon Ho Bae、Minbaek Lee、Jung-il Hong、Yolande Berta、Robert Snyder、Lih-J. Chen、S.-Y. Lu、Li-Jen Chou、Aurelia Wang等。我们感谢以下机构给予的资助:DARPA, NSF, DOE, NASA, Airforce, NIH, Samsung, MANA NIMS,中国科学院和中国国家留学基金管理委员会。我对佐治亚理工学院和纳米结构表征中心在基础条件和设备方面给予的支持表示感谢。最后,我要对我的夫人和女儿们表示衷心的感谢,感谢她们多年来一贯的支持和理解。如果没有她们的支持,我的这一研究就不可能完成。

王中林

佐治亚理工学院,美国

中国科学院北京纳米能源与系统研究所(筹)

电子信箱:zlwang@gatech. edu

个人主页:http://www. nanoscience. gatech. edu

目　　录

第1章　绪　　论

1.1　纳米器件的电源

在全球变暖和能源危机日益严峻的形式下，对于绿色可再生能源的探索成为维持人类文明可持续发展最为紧迫的挑战之一[1,2]。在宏观能源方面，除了当今世界正在使用的石油、煤、水力、天然气、核能等为大家所熟知的传统能源之外，人们也在积极地研究和开发一些可替代能源，如太阳能、地热、生物质能、核能、风能、氢气等。在更小的尺度范围，植入式生物传感器、超灵敏的化学和生物分子传感器、纳米机器人、微机电系统、远程移动环境传感器、国土安全乃至便携式或可穿着个人电子设备等供能器件的独立、持久、长时间免维护连续运行等都对能源技术提出了非常迫切的需求。参见图1.1。例如，纳米机器人将是一种可以感知环境、适应环境、操纵物体、采取行动并且完成一些复杂功能的智能机器，但是其中一项关键的挑战是如何找到一种电源在不增加太多重量的前提下驱动纳米机器人。又

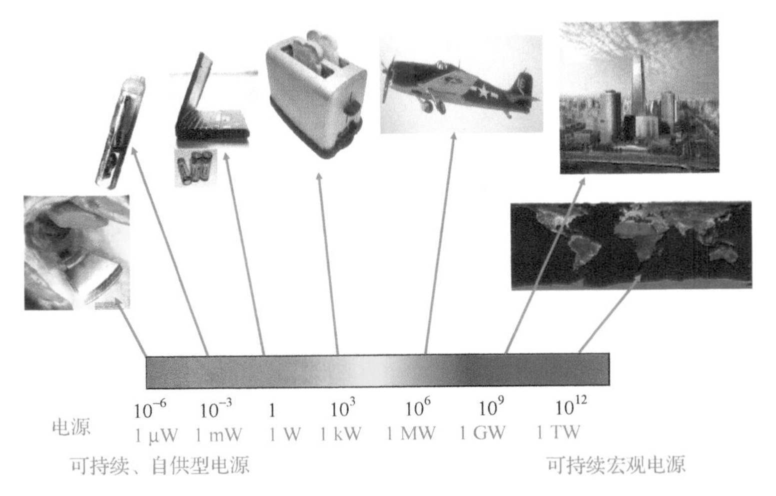

图1.1　运行功率的量级。特定操作所需的能量紧密依赖于进行这一操作的尺度范围和具体应用。在全球范围内，需要太瓦量级的能量。而对于驱动一个小的器件来说，尽管运行这类器件所需要的总能量不大，但是也需要微瓦量级的能量。能量对于这类系统的运行来说是必需的，甚至是无比重要的。针对不同量级的能量问题必须开发不同的技术来解决世界能源问题

如，植入式无线生物传感器需要的电源是可以通过直接或间接地向电池充电来提供的。通常来说，电池的尺寸远大于纳米器件自身的尺寸，它决定了整个系统的大小。

在不远将来的研究将是如何把多功能纳米器件集成为一个纳米系统，使其像生物一样具有感知、控制、通信以及激励/响应功能。这种纳米系统不仅由纳米器件组成，还包括纳米电源（或纳米电池）。但是纳米电池小的尺寸极大地限制了它的使用寿命。无需电池的自驱动技术对于无线器件来说是非常值得期待的一种技术，对于植入式生物医学系统来说甚至是必需的一种技术，它不仅可以极大地提高器件的适应性，而且可以大幅度地减小系统的尺寸和重量。因此，开发一种可以从周围环境中收集能量来驱动纳米器件的自驱动纳米技术成为当务之急[3]。纳米技术的目标是建立一个自驱动的纳米系统，它具有超小的尺寸、超高的灵敏度、卓越的多功能性以及极低的功耗。因此，从周围环境中收集的能量足以为这一系统提供电源供应。

1.2 自驱动传感器网络和系统

纳米系统是多功能纳米器件的集成系统，具有感知、控制、通信和激励/响应等多种功能。系统的低功耗决定了可以从外界环境中收集能量来驱动这一纳米系统。对于那些独立、可持续工作、无需维护的植入式生物传感器、远程移动环境传感器、纳米机器人、微机电系统乃至便携式/可穿着个人电子器件来说，通常需要微瓦量级的功耗。参见图 1.2。举例来说，纳米机器人可以感知适应环境、操控物

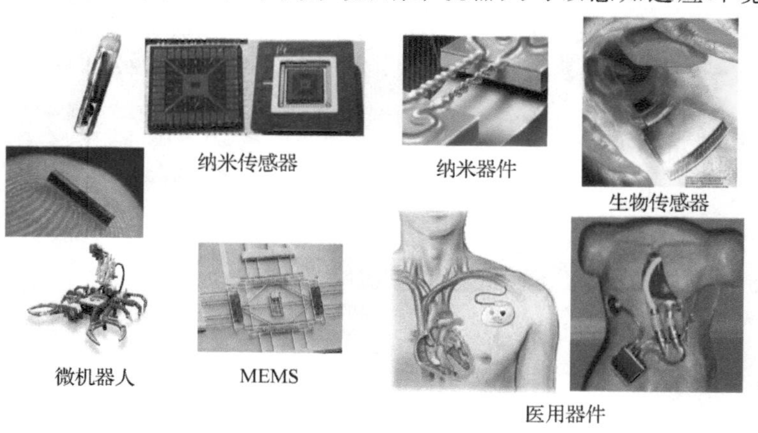

图 1.2 基于纳米技术的大量器件大概需要微瓦到毫瓦量级功率的电源才能运转。尽管所需功率小，电源都是必需的，不管成本怎样！虽然在很多情况下电池都是一个很好的选择，但从环境中收集能量可能可以完全替代电池或者延长电池的时间，从而使得器件可实现持续运转

体、采取行动并完成一些复杂的功能，但一个关键的问题是找到一种可以在不增加太多重量的情况下驱动纳米机器人的电源。同时，自驱动传感器对于远距离油/气输运线的监控来说也是必要的。

容错传感器网络利用诸如射频识别(RFID)、传感器、全球定位系统(GPS)以及激光扫描仪等信息传感设备来将物体和互联网链接在一起，实现通信、识别、定位、追踪、监控和管理的功能，而自驱动传感器是容错传感器网络的核心构件。用大量独立移动传感器取代区域内散布的有限数量传统类型传感器后，通过互联网对这些大量传感器网络信号进行收集并统计分析后就可以得到准确可靠的信息。物联网可以把日常的物体和器件与大的数据库和网络(如互联网)关联起来，是医疗保健、医疗监控、基础设施/环境监控、产品跟踪和智能住宅的未来希望。参见图 1.3和图 1.4。

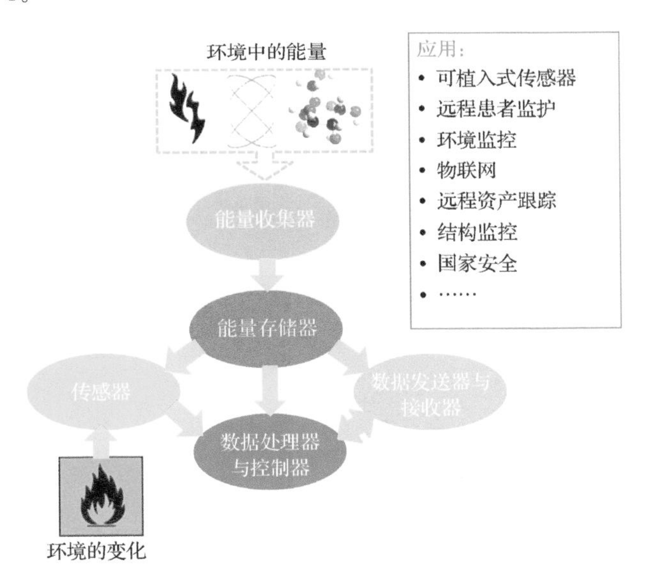

图 1.3 自驱动传感器系统及其潜在应用

但是，由于数量巨大以及环境和健康方面的原因，如果每个传感器都用一个电池为其供电，这种传感器网络将难以实现。参见图 1.5。然而，一种可以从外界环境中收集能量的可持续、自供型微纳电源为传感器网络提供了一个可能的电源解决方案。不过，我们周围环境中可利用的机械能具有频率分布宽和振幅随时间变化的特点。这种能量称为“随机能量”，可以来源于不规则振动、轻微的空气流动、噪声以及人类活动。

无线传感器具有激活的工作模式，但更为重要的是，它还具有待机的工作模式，在这种待机模式下，传感器处于能量消耗最低的“休眠”状态。能量收集器所产

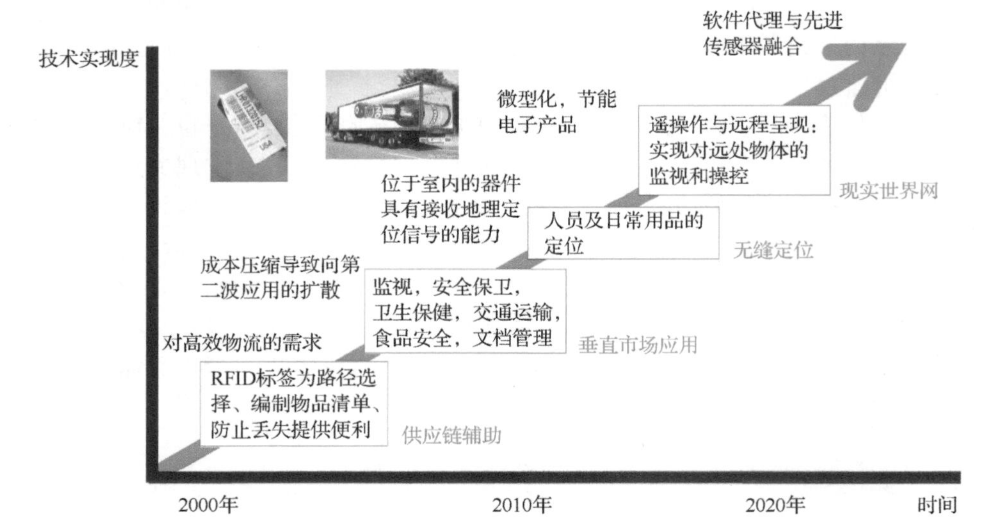

资料来源：SRI Consulting Business Intelligence

图 1.4　自驱动系统在传感器网络中的潜在应用

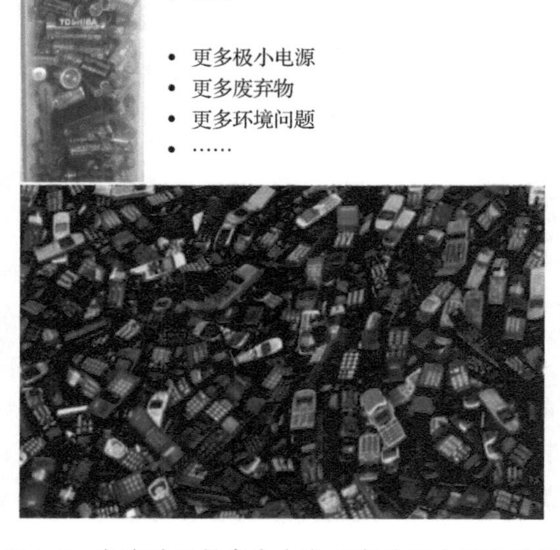

图 1.5　电池对于很多个人电子产品和小型电子器件来说都是最好的选择之一，但它的替换、回收和处理都会带来巨大的环境问题

生的电力可能不足以驱动一个器件连续工作，但它长时间所积累的电量足以驱动器件工作几秒钟。这在具有待机和激活工作模式的器件方面具有实际的用途，比如可以用于下列器件：葡萄糖和血压传感器乃至蓝牙传输器（驱动功率约 5 mW，数据传输速率约 500 kbits/s，功率消耗 10 nW/bit）等个人电子器件，它们只需要周期性地处于激活状态。器件待机时段内产生的能量可以为激活工作模式下驱动器件提供足够的电源供应。

1.3　机械能的收集

光伏、热电和电磁感应都是非常完善的能源转换技术，为什么我们还需要收集机械能呢？现在我们来考虑一下这些场合：单个传感器很难布置的情况（如敌方战场），或者如果传感器网络由分布于广大地区的大量节点构成，这使得在需要的时候进行电池更换变得不太可能。一个自维持的电源从环境中汲取能量，因而无需任何维护，这无疑是非常吸引人的。为了使得任何系统都能成为自维持的系统，系统必须能从其周围环境中收集能量，并且把这些收集的能量存储起来以备后用。例如，纳米机器人将是一种可以感知适应环境、操控物体、采取行动并且完成复杂功能的一种智能机器，然而纳米机器人尚未解决的一个重要挑战是如何找到一种在不增加太多重量前提下可以驱动它的一个电源。如果想把纳米机器人放入体内执行传感、诊断以及治疗功能，人们很容易把它导入体内，但是要把它从体内取出来更换电池却很难，有时甚至是不可能的。在军事应用背景下，传感/监测节点的位置可能是在难以到达的地点，可能需要隐蔽，也可能会在脏乱、有雨、黑暗以及/或者茂密的森林环境中工作。因为光源在这些环境下不可获得，从而排除了使用太阳能技术的可能性。适用于解决这种问题的能源收集方法可能包括利用随机振动（例如公路附近的各种振动），利用温度梯度（例如地表以下通常是常温，地表与地下通常存在温度梯度），或者利用任何其他一些现象来提供能量的系统。因此，开发机械能收集的技术是非常必需的。

在我们生活的环境中存在大量的、各种类型的机械能，如微风、身体运动、肌肉拉伸、声波/超声波、噪声、机械振动以及血液流动，参见表 1.1 和表 1.2。但什么类型的机械能是我们想要收集的呢？我们着眼于具有以下特点的一些机械能。首先，能量微弱，不能驱动传统的发电机，因此不能用传统的能量收集技术进行收集；其次，频率范围宽，大部分能量处于低频。这就需要一种可以从几赫兹的低频到几千赫兹相对高频的宽频率范围工作的能量收集技术。最后，环境状况可以改变。这需要一种具有很高适应性的能量收集技术。针对具有上述特点的机械能，我们在过去七年里所研发的纳米发电机是一种非常有潜力的能量收集技术。

表 1.1　日常我们每个人身边可以用来发电的机械能源

人体/活动	运输	基础设施	工业	环境
呼吸，血液流动/压力，呼气，行走，手臂活动，手指活动，慢跑，谈话……	飞行器，汽车，火车，轮胎，轨道，刹车，涡轮引擎，振动，噪声……	桥梁，道路，隧道，农场，房屋结构，控制开关，水/气管道，交流电系统……	发动机，压缩机，致冷器，泵，风扇，振动，切割，噪声……	风，洋流/海浪，声波……

表 1.2　典型身体活动产生的机械能以及理论计算的可转换电能值

活动	机械能	电能	每次运动产生的电能
血液流动	0.93 W	0.16 W	0.16 J
呼气	1.00 W	0.17 W	1.02 J
呼吸	0.83 W	0.14 W	0.84 J
上肢	3.00 W	0.51 W	2.25 J
手指打字	6.9～19 mW	1.2～3.2 mW	226～406 μJ
步行	67 W	11～39 W	18.8 J

1.4　纳米发电机

我们于2006年首先提出了自驱动纳米技术，并且为自驱动系统研发了纳米发电机。这种纳米发电机利用压电氧化锌纳米线阵列把随机的机械能转化为电能。纳米发电机的发电机制依赖于在外部应变下纳米线上产生的压电势：纳米线的动态应变使得外部负载电路中的电子在压电电势的驱动作用下发生瞬时的流动。利用纳米线的优势在于它们可以被微弱的物理运动激发，并且激发频率可以从一赫兹到几千赫兹，这对于收集环境中的随机能量来说是非常理想的。通过把几千根纳米线的发电输出集成起来，一个轻微的应变可以产生1.2 V的电压，这足以驱动一个发光二极管和一个小型液晶显示器。

纳米发电机的发明，被中国科学院和中国工程院院士评为2006年度世界十大科技进展之一；2008年，基于纤维的纳米发电机被英国《物理世界》(*Physics World*)评选为物理领域重大进展之一；英国《新科学家》(*New Scientist*)期刊把纳米发电机评为在未来十到三十年以后可以和手机的发明具有同等重要性和影响的十大重要技术之一[4]；2009年，纳米压电电子学被麻省理工学院《科技创业》(MIT *Technology Review*)评选为十大创新技术之一[5]；2010年，纳米发电机被《探索》(*Discovery*)杂志评为纳米技术领域的20项重大发明之一；2011年，纳米发电机被欧盟委员会评为六大未来新兴技术之一，将在下一个十年里受到资助[6]。

纳米发电机的发展过程是一个科学故事,而本书的主题是介绍纳米发电机的基本原理。首先将讲述基本的材料生长;随后描述物理机制和基本理论;然后展示获得高输出功率的工程方法;最后,我们将提出纳米发电机和其他能量收集技术的结合;书末,我们将展示自驱动系统的原型。本书可以用来作为本科生、研究生和一般科研人员的基础读本,人们可以从中学习了解纳米发电机的理论和技术是如何系统地发展起来的。

参考文献

[1] Special issue on Sustainability and Energy, *Science*, Feb. 9 2007.

[2] Special issue on Harnessing Materials for Energy, *MRS Bulletin* **33** (4), 2008.

[3] Z. L. Wang, *Scientific American* **82**, Jan. 2008.

[4] Top 10 future technologies by *New Scientists*: http://www.newscientist.com/article/mg20126921.800-ten-scifi-devices-that-could-soon-be-in-your-hands.html?full=true

[5] MIT *Technology Review*: Top 10 emerging technology in 2009: http://www.technologyreview.com/video/?vid=257=

[6] Digital Agenda: Commission selects six future and emerging technologies (FET) projects to compete for research funding: http://europa.eu/rapid/pressReleasesAction.do?reference=IP/11/530&format=HTML&aged=0&language=en&guiLanguage=en

第2章　纳米发电机的基础材料

作为一种重要的半导体材料，氧化锌在光学、光电子学、传感器、执行器、能源、生物医学以及自旋电子学等领域有着广泛的应用[1]。氧化锌具有单一材料所能形成的最为丰富多样的纳米结构。氧化锌是纳米技术领域的为数不多的主导纳米材料之一。根据信息服务提供商汤森-路透所提供的数据[2]，有关氧化锌的著作和相互引用领域的数量跟量子计算、碳纳米管、半导体薄膜和暗物质这些领域一样多、一样重要。有几部综述文献对纳米线(尤其是氧化锌纳米线)的生长和表征给出了非常好的介绍[3-9]。在本书中，我们将主要讲述纳米线的合成，尤其是利用气-液-固(VLS)和气-固-固(VSS)生长过程来合成一致取向排列的纳米线阵列。

2.1　氧化锌的晶体结构

在常规条件下，氧化锌具有六方纤锌矿结构，这种结构具有六角形的晶胞，属于 $C6mc$ 空间群，晶格常数为：$a=0.3296$ nm，$c=0.52065$ nm。氧负离子和锌正离子形成一个四面体的单元，整个结构缺少中心对称性。氧化锌结构也可以简单描述为一些四面体配位的 O^{2-} 和 Zn^{2+} 的原子面沿 c 轴交叠堆砌而成[图 2.1(a)]。

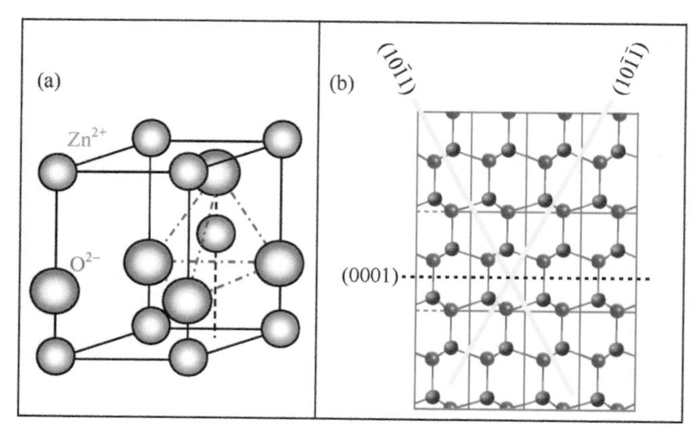

图 2.1　(a) 氧化锌纤锌矿结构模型，它具有非中心对称性和压电效应；(b) 氧化锌纳米结构的三种晶面：$\pm(0001)$，$\{2\bar{1}\bar{1}0\}$，$\{01\bar{1}0\}$

尽管氧化锌的整个单胞是电中性的，但正离子和负离子的分布可以根据结晶学的要求采取特定的构型。因此，一些表面可以完全由正离子或者负离子构成，从而导致形成带正电荷的表面和带负电荷的表面,也就是极化面。极化电荷主导的表面的存在会导致一些独特的生长现象,这将在后文中予以阐明。最常见的极化面是基面。电性相反的离子产生了带正电的 Zn-(0001) 极化面和带负电的 O-$(000\bar{1})$ 极化面,这导致了一个极化面法向的电偶极矩、沿 c 轴的自发极化和表面能的差别。为了保持稳定的结构,极化面通常具有等效晶面或者表现出大量的表面重组,但氧化锌的±(0001)极化面是例外,它们天生就是原子级平整的、稳定的,而且没有重组现象[10,11]。对氧化锌 ±(0001)极化面具有超级稳定性的研究是当今表面物理科学中的一个前沿问题[12-15]。

氧化锌的另外一个极化面是$\{01\bar{1}\bar{1}\}$。如图 2.1(b)所示,通过把氧化锌结构沿$[1\bar{2}10]$方向进行投影可以发现,除了最典型的±(0001)极化面是分别终止于锌和氧之外,± $(10\bar{1}1)$和± $(10\bar{1}\bar{1})$也是极化面,对氧化锌来说,$\{10\bar{1}1\}$类型的极化面是不常见的,不过这种极化面在纳米螺旋结构中已经发现[16]。极化面上的电荷是离子电荷,是不能传输也不可移动的。电荷间相互作用能依赖于电荷分布,因此晶体结构中这种离子电荷的排布形式是一种静电能最低的形式。这是极化面所决定的纳米结构生长的主要驱动力。

结构上,氧化锌共有三种类型快速生长的晶体学方向:$\langle 2\bar{1}\bar{1}0\rangle$ (±$[2\bar{1}\bar{1}0]$,±$[\bar{1}2\bar{1}0]$,±$[\bar{1}\bar{1}20]$ $\langle 01\bar{1}0\rangle$(±$[01\bar{1}0]$, ±$[\bar{1}010]$, ±$[1\bar{1}00]$); ±[0001]。这些晶体学方向和原子面不同导致的极化面一起使得氧化锌具有很多新奇的结构,并且可以通过调整氧化锌沿不同方向的生长速率来合成这些氧化锌结构。其中,决定氧化锌形貌的一个关键因素是在特定条件下生成晶面的相对表面活性。宏观上,晶体的不同晶面具有不同的动力学参数,这在控制生长时尤为重要。因此,经过开始的成核和孕育阶段,一个微晶就生长为具有清晰界面和低指数晶面的三维晶体。图 2.2(a)~(c)给出了一维氧化锌纳米结构的几种典型生长形貌。这些结构试图使得$\{2\bar{1}\bar{1}0\}$和$\{01\bar{1}0\}$晶面簇的面积最大,原因是这些晶面簇具有更低的能

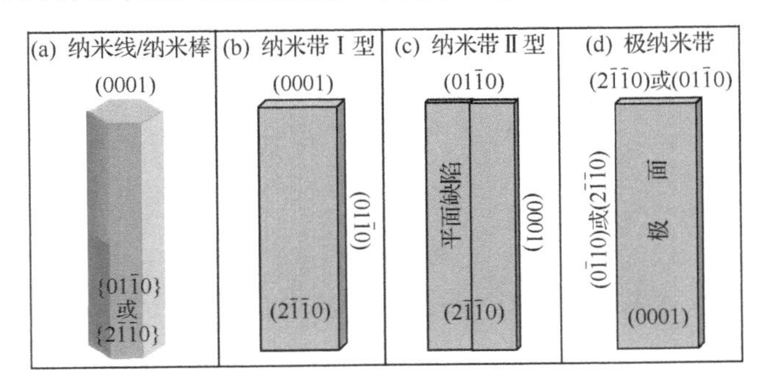

图 2.2 一维氧化锌纳米结构及其相应晶面的典型生长形貌

量。图 2.2(d)是由极化面构成的一种一维纳米结构形貌，这种形貌可以通过沿平行于极化的方向引入面缺陷来生长[17]。通常发现面缺陷和孪晶与(0001)面平行，但位错这种晶体缺陷很少被发现。文献[18]详细分析了氧化锌纳米结构中的缺陷。

2.2 气-固-固法生长纳米线/纳米带

对于不使用催化剂进行氧化物纳米结构的生长来说，气-固生长方法是一个简单有效的方法[19]。有两种方法可以用来蒸发源材料：热蒸发法和激光烧蚀法。热蒸发法是一个简单的方法：如图 2.3 所示，在高温下源材料被蒸发，然后产生的蒸气在特定的温度、压力、气氛、基底等条件下凝聚形成所要的产物。合成产物的形貌、相结构由源材料、生长温度、温度梯度、基底、气流速率和压力等因素决定。

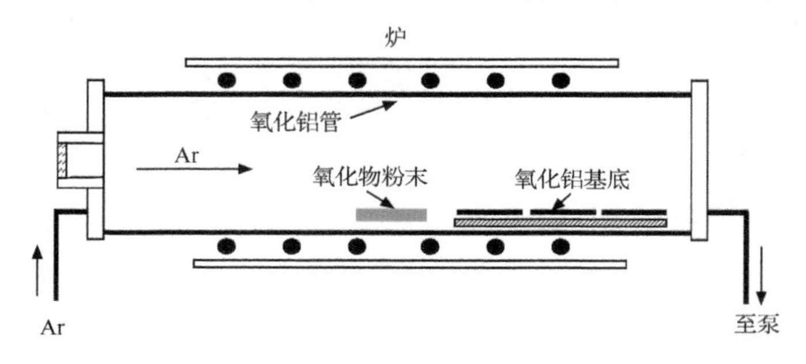

图 2.3 气-液-固过程和气-固-固过程生长纳米线的炉子系统

在 1400℃下热蒸发氧化锌粉体(纯度：99.99%；熔点：1975℃)可以产生如图 2.4(a)所示的超长纳米带。原位合成的氧化物纳米带纯度高、结构均匀、单晶性好，并且大部分无位错。透射电镜照片中出现的皱褶状衬度变化是由于纳米带弯曲产生应力造成的。在氧化锌纳米带中，偶尔可以发现孪晶和堆垛位错等面缺陷，但没有线缺陷。氧空位等点缺陷应该会存在，它会在很大程度上影响纳米带的

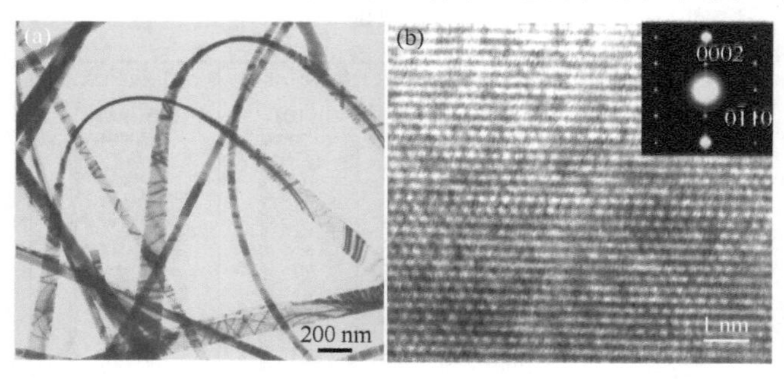

图 2.4 (a) 无催化剂情况下气-固过程生长的氧化锌纳米线的低倍透射电镜照片；(b) 纳米带的高分辨透射电镜照片

传输性能。纳米带具有矩形截面，30～300 nm 的典型宽度，5～10 的宽厚比和长达几毫米的长度。高分辨透射电镜和电子衍射研究显示氧化锌纳米带是结构均匀的单晶[图 2.4(b)]。

2.3　气-液-固方法生长纳米线阵列

取向纳米线的生长对于纳米发电机、发光二极管和场效应三极管来说都是非常重要的。纳米线的取向生长可以通过基底和催化剂颗粒或种子的使用来实现。首次成功地在大范围内完美地垂直生长一致取向氧化锌纳米线是在单晶氧化铝(蓝宝石)基底的 a 面(即$(11\bar{2}0)$晶面)实现的[20]。实验中，催化剂是金纳米颗粒[图 2.5(a)]，它激发并引导了纳米线的生长，同时，氧化锌和 Al_2O_3之间的晶格外延关系使得纳米线取向生长[图 2.5(b)]。

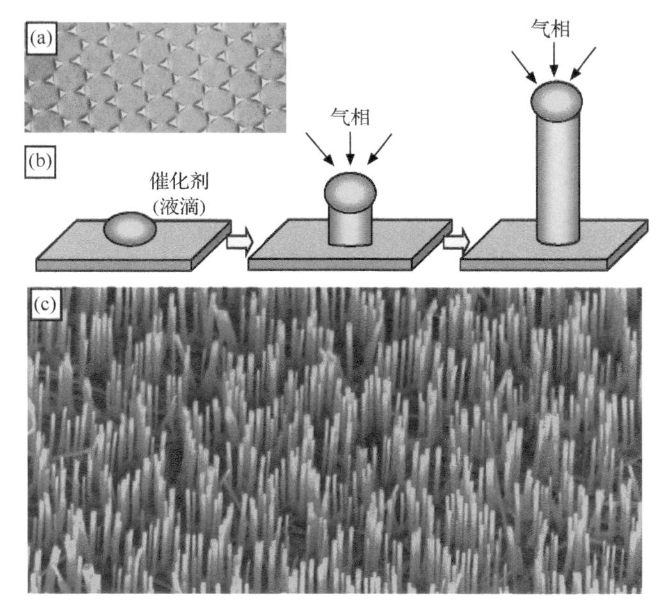

图 2.5　(a) 利用一薄层金作为催化剂，在蓝宝石基底上生长的一致取向氧化锌纳米线扫描电镜照片；(b) 利用聚苯乙烯球形成的单层膜作为掩膜制备的金催化剂图案的示意图；(c) 利用蜂窝状图案生长的一致取向氧化锌纳米棒扫描电镜照片

跟普通的气-液-固(VLS)生长不同，催化剂需要熔化、形成合金并且逐渐地沉积，从而获得氧化锌在蓝宝石上的外延生长。所以，必须对纳米线的生长速率进行适度的调控。因而，总是利用相对低的生长温度来减小蒸气浓度。碳-热蒸发法

中，把氧化锌和碳粉末混合在一起，可以把气化温度从1300℃降低到900℃。

$$ZnO(s)+C(s)\xrightleftharpoons{900℃}Zn(v)+CO(v) \tag{2.1}$$

上述反应在相对较低的温度下是可逆的。因此，当锌蒸气和一氧化碳被传输到基底区域时，它们可以反应并重新生成氧化锌，被金催化剂吸附并且通过气-液-固过程形成氧化锌纳米线。具体的生长条件可以参考我们过去的著作。

可以通过曝光刻蚀或自组装技术预先制备图案化的催化剂。例如，通过在蓝宝石基底上自组装大面积的二维有序聚苯乙烯亚微米小球单分子层，并用其作为掩膜沉积一薄层金，把小球刻蚀掉之后，就会在基底上形成六边形的金层[图2.5(a)][21]，进一步利用这一图案化的金层作为催化层，就可以在基底上原位生长垂直取向的纳米线，这些纳米线表现出与金层一样的蜂窝状分布[图2.5(c)]。可以看出，生长的所有纳米线都与基底表面垂直，而每根纳米线顶端的暗点是催化剂金。在这一包含催化剂的气-液-固生长过程中，催化剂的存在决定了纳米线的生长点。如果使用均匀的一薄层金，则得到的纳米线随机分布(图2.6)。

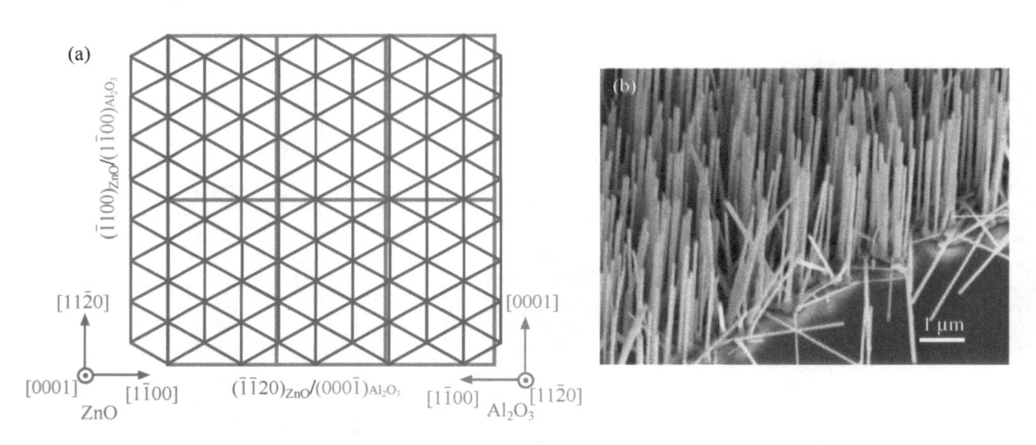

图2.6 (a) 铝基底与氧化锌纳米线的晶格关系；(b) 利用气-固过程生长的纳米线阵列

基底表面与氧化锌纳米线之间的外延关系决定了纳米线是否取向生长以及取向的程度如何。氧化锌纳米线在蓝宝石和氮化物基底上的成功取向排列是由于基底和氧化锌的晶格差别很小。例如对于蓝宝石基底，实验中总是使用$(11\bar{2}0)$取向的基底，这是因为沿Al_2O_3的c轴和ZnO的a轴晶格差别最小(图2.7)。ZnO纳米线和a面蓝宝石基底的外延关系是：$(0001)_{ZnO} \parallel (11\bar{2}0)_{Al_2O_3}$，$[11\bar{2}0]_{ZnO} \parallel [0001]_{Al_2O_3}$。沿氧化锌$[01\bar{1}0]$方向的四个晶胞长度为$4\times3.249=12.966$ Å，而沿$Al_2O_3[0001]$方向是12.99 Å，二者相差几乎为零，这决定了氧化锌纳米线的生长方向。然而，因为Al_2O_3的$(11\bar{2}0)$面是一个矩形晶格，而ZnO的(0001)面是一个六边形晶格，因此，这一晶格外延关系只在一个方向成立。

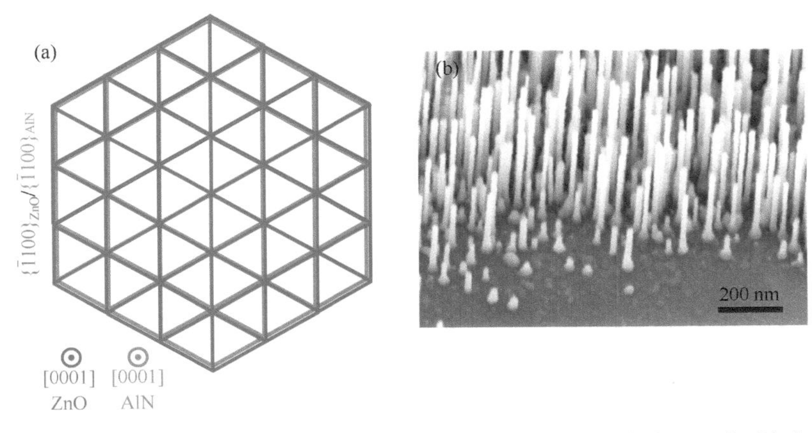

图 2.7　(a) 氧化铝基底和氧化锌纳米线晶格之间的匹配关系；(b) 气-固过程生长的纳米线阵列

通过气-液-固方法，一致取向的 ZnO 纳米线已经成功地在蓝宝石、GaN、AlGaN 以及 AlN 基底上生长出来[22]，在这种情况下，基底的晶体结构对于纳米线的生长方向至关重要。基底和纳米线之间的外延关系决定了纳米线的生长方向，而纳米线一致取向的程度则受到多种因素的影响。我们对各种生长条件产生的影响做了系统的研究，其影响可以归纳为三个基本因素：腔内压强、氧气分压[23]和催化剂层的厚度[24]。

2.4　脉冲激光沉积法制备纳米线阵列

自从用于生长高质量的超导薄膜后，脉冲激光沉积(PLD)就成为一种普遍的薄膜沉积方法。PLD 可以用于沉积多种类型的薄膜，如：陶瓷氧化物、氮化物薄膜、金属薄膜以及超晶格。在我们使用 PLD 进行纳米线生长时，把 KrF 准分子激光(Coherent Compex 205，波长 248 nm)作为烧蚀光源聚焦在一块陶瓷靶(氧化锌粉末块)上，入射激光密度约为 3 J/cm^2。在生长纳米线之前，需要在硅基底上预先原位制备一层织构化的 ZnO 缓冲层，这是纳米线垂直取向生长的关键。

纳米线阵列的形态由以下四个参数控制：基底温度(T)、生长气压、氩气与氧气的流量比以及激光脉冲频率[25]。在激光脉冲频率为 5 Hz、氩气与氧气以 6∶1 的流量比混合、总气压为 5 Torr* 时，改变不同基底温度制备的氧化锌纳米线扫描电镜照片如图 2.8(a)～(d)所示。基底温度为 700℃时，生长成了具有粗糙表面的薄膜[图 2.8(a)]，当温度上升到 750℃时，形成典型长度约为 800 nm 的纳米线

* 托，非法定计量单位，1 Torr＝1 mmHg＝1.333 22×10^2 Pa。

[图 2.8(b)],更长的 2～3 μm 长纳米线在 800℃生成[图 2.8(c)],温度进一步升高到 850℃时,出现一些纳米线结合在一起的情况[图 2.8(d)]。另一方面,把基底温度固定在 800℃,我们揭示了气压这一生长参数对纳米线长径比的影响。当生长气压升高到 6 Torr 时,生成纤细的纳米线,在气压为 4 Torr 时,可以获得较大直径的纳米线[图 2.8(f)]。通过调整基底温度 T 和生长气压可以对纳米线的长径比进行调整。

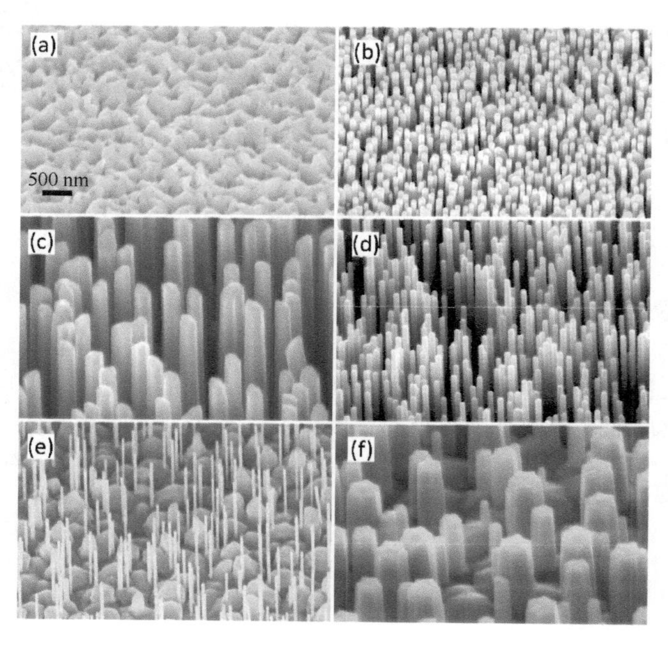

图 2.8　不同温度下生长的纳米线在倾斜视角下的扫描电镜照片,生长温度分别为:(a) 700℃, (b) 750℃, (c) 800℃, (d) 850℃,生长气压是 5 Torr。(e) (f) 800℃下生长气压分别为 6 Torr 和 4 Torr 时生长的纳米线。所有照片中标尺均为 500 nm。工作气体为流量比为 6 的氩气和氧气混合气体,激光脉冲频率为 5 Hz。靶材为锂原子掺杂比为 0.5%的 $Zn_{0.95}Mg_{0.05}O$ 靶

2.5　化学法生长纳米线阵列

2.5.1　基本方法

2.5.1.1　种子生长

湿化学法生长纳米线的一个主要优势在于:不管基底如何,都可以利用薄膜或

纳米颗粒形式的ZnO种子进行生长。这样一来,就可以省略掉成核步骤,只需考虑必要的生长条件。不管基底的结晶性和表面化学状态如何,只要基底是平的,就可以生长一致取向的ZnO纳米晶体。利用该方法,已经在包括ZnO单晶、Al_2O_3单晶、透明导电氧化物如氧化铟锡(ITO)和掺氟的氧化锡、玻璃等非晶氧化物、覆盖自发氧化层的硅以及金、钛等金属基底上实现了ZnO纳米晶的取向生长。不过,这种方法通常需要在较高温度下对基底进行处理。必须在150℃下退火ZnO种子层以提高它和基底之间的附着力,在350℃下进行退火来加强ZnO种子层的织构化,从而提高纳米线的垂直取向。

2.5.1.2 金/聚酰亚胺

可以利用金、银和铂等催化剂来合成氧化锌,也可以把这些金属沉积在聚合物基底上形成薄膜来实现纳米线的生长。在这种情况下,必须小心控制薄膜的表面粗糙度来促进成核。而且,纳米线的取向与基底表面形貌有很大关系。为了获得一致垂直取向的纳米线,必须使用适当的工艺流程来获得平滑的基底表面。

2.5.1.3 电化学沉积

对于大面积均匀纳米线的生长来说,电化学沉积氧化锌是一个有力的方法。然而,这种方法需要基底导电,而且材料可以存在于酸性环境中。典型情况下需要往$ZnCl_2$/KCl电解液中通入氧气来维持电解液的氧饱和。通常利用包括饱和Ag/AgCl参比电极和Pt对电极的标准三电极装置和恒电位仪一块控制纳米生长过程中的电流-电压特性曲线。

另外,在硝酸锌和六亚甲基四胺的生长溶液中,也可以利用电化学方法来提高氧化锌的成核和生长速率。如前所述,Weintraub等人利用电化学技术结合图案化的基底实现了单根氧化锌纳米线的生长。在这一情况下,施加电势后,由于负电极附近发生的电化学反应,NO_3^-被还原,OH^-浓度升高。上述反应的化学反应方程式为

$$NO_3^- + H_2O + 2e^- \longrightarrow NO_2^- + 2OH^- \tag{2.2}$$

$$Zn^{2+} + 2OH^- \longrightarrow ZnO + H_2O \tag{2.3}$$

通过覆盖非极性面和提供氢氧化物,六亚甲基四胺将持续促进纳米线的一维生长。这一方法对于纳米线生长特别有用,因为不用种子就可以增强成核。对于聚合物基底来说,很难使用温度高于200℃的退火过程来处理种子层。因此,这一适用于任何导电基底的电化学方法对于在导电聚合物基底上生长ZnO纳米线来说非常有用。

2.5.1.4　六水硝酸锌和六亚甲基四胺

在 ZnO 纳米线的水热法合成中,最常用的化学试剂是六水硝酸锌和六亚甲基四胺[26,27],所涉及的生长化学机制已经被很好地总结。六水硝酸锌提供氧化锌纳米线生长所需的二价锌离子,溶液中的水分子提供二价氧离子。尽管六亚甲基四胺在 ZnO 纳米线生长中到底起什么作用还不清楚,人们还是认为它起到类似弱碱的作用,在水溶液中缓慢水解并逐渐释放氢氧根离子。反应过程中六亚基四胺的缓慢水解是非常重要的,如果水解过快,短时间内产生大量的氢氧根离子,二价锌离子就会由于高 pH 的溶液环境而过快地沉积出来,这不利于氧化锌纳米线的定向生长,并且最后会导致生长溶液的过快消耗并将阻碍 ZnO 纳米线的进一步生长。

$$(CH_2)_6N_4 + 6\ H_2O \rightleftharpoons 4\ NH_3 + 6\ HCHO \tag{2.4}$$

$$NH_3 + H_2O \rightleftharpoons NH_3 \cdot H_2O \tag{2.5}$$

$$NH_3 \cdot H_2O \rightleftharpoons NH_4^+ + OH^- \tag{2.6}$$

$$Zn^{2+} + 2\ OH^- \rightleftharpoons Zn(OH)_2 \tag{2.7}$$

$$Zn(OH)_2 \rightleftharpoons ZnO + H_2O \tag{2.8}$$

为了描述的简单,我们以硅作为基底来描述纳米线生长的实验步骤以及各种实验参数对纳米线生长的影响。利用标准的清洗过程对一片(100)单晶硅片进行清洗。首先,依次使用丙酮、乙醇、异丙醇和去离子水超声清洗 10 min,然后利用干燥的氮气吹干并在 200℃ 热板上烘烤 5 min 以除去各种吸附的潮气。其次,利用磁控溅射在硅片上沉积一层 50 nm 厚的金膜来作为“中间层”辅助纳米线的生长。在金膜与硅片之间沉积 20 nm 的钛作为黏附层来缓冲含自发氧化层的 Si(100)表面与金(111)面之间大的晶格失配从而提高不同材料界面之间的黏合。然后,基底在 300℃ 下加热 1h。下一步是按 1∶1 比例配制六水硝酸锌和六亚甲基四胺的生长溶液,把基底面朝下放置在生长溶液的表面。由于表面张力的作用,基底会浮在液面上。对原位沉积的金膜进行退火有利于在硅基底的表面上形成一层均匀的结晶薄膜,这对于一致取向氧化锌纳米线阵列的生长是非常重要的。

以上五个化学反应决定了氧化锌纳米线的生长过程,这五个反应实际处于平衡,并且可以通过调整前驱体浓度、生长温度和生长时间等反应参数来控制反应往哪个方向进行。总的来说,前驱体的浓度决定了纳米线的线密度[图 2.9(a)～(c)],生长时间和温度决定了氧化锌纳米线的形貌和长径比。

可以通过调整初始锌盐和六亚甲基四胺溶液的初始浓度来控制基底上氧化锌纳米线的密度。为了研究前驱体浓度对氧化锌纳米线密度的影响,在保持锌盐和六亚甲基四胺比例不变的情况下,我们做了一系列改变前驱体浓度的生长实验。结果显示,纳米线阵列的线密度与前驱体浓度有着紧密的联系。图 2.9(d)(红色

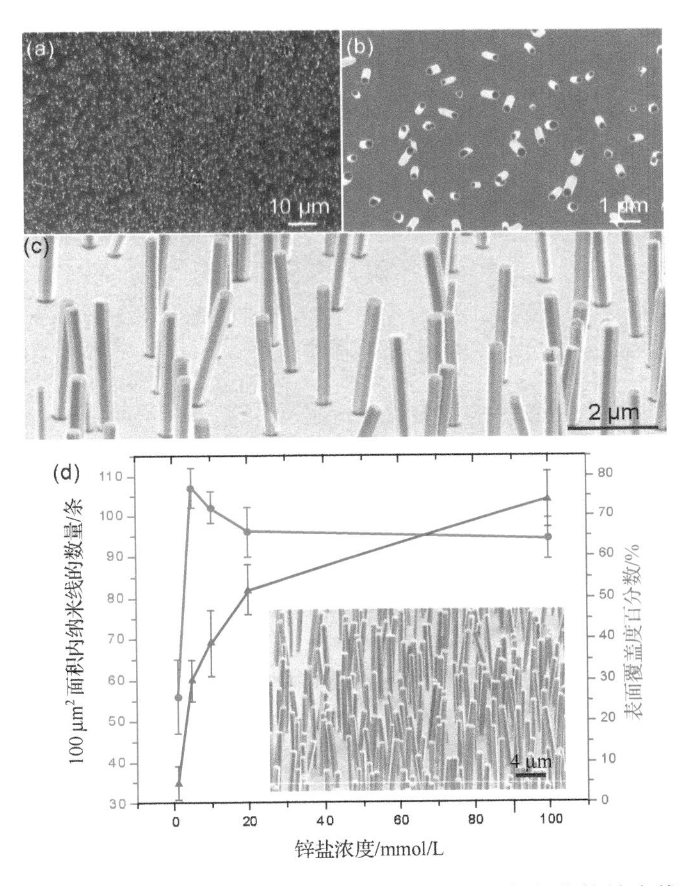

图 2.9　在 5 mmol/L 溶液中 70℃ 下生长 24h 的氧化锌纳米线阵列的形貌。(a)顶视图;(b)放大的顶视图;(c) 60°倾角下的形貌;(d)线密度随溶液浓度的改变:100 μm^2 面积内氧化锌纳米线的线密度曲线(红色曲线),纳米线覆盖的面积百分数曲线(蓝色曲线)。每一个数据点是从四个不同区域内得到的。插图是 5 mmol/L 溶液中生长的氧化锌纳米线的典型照片

曲线)给出了测量数据的详细分析。从 0.1 mmol/L 至 5 mmol/L,每 100 μm^2 面积上纳米线的数量随浓度迅速提高,这可能是由于以下原因造成的:溶液中锌的化学势随锌浓度的增加而提高,为了平衡溶液中锌化学势的提高,基底上会形成更多的成核位。因此,氧化锌纳米线的密度升高。当进一步增加锌溶液的浓度,氧化锌纳米线的密度趋于稳定甚至出现小幅度的降低,这一现象也许可以通过对成核和生长过程的分析来理解。纳米线的密度取决于生长初期阶段成核点的数量,这些形核点在生长过程中持续生长成为纳米棒(或者短的纳米线)。由于以下两个可能

的原因，基底上随后到达的更多离子可能不会激发新的成核点：一方面，成核点需要达到一个临界尺寸才能成长为一个晶体，如果成核点的尺寸小于这个临界尺寸，新的纳米棒将不能形成；另一方面，因为第一批纳米棒已经长成，随后到达的离子更容易抵达这些纳米棒而不是新的成核点，因此，新成核点将难以成长到尺寸超过临界成核尺寸，从而它们最后只能溶解在溶液中。这种情况下，在纳米线密度达到饱和密度后，溶液浓度的持续增加可能就无法持续提高纳米线的密度。这也同时解释了为什么在我们的实验中纳米线的长度相对不变，即便在高的前驱体浓度情况下，纳米线的密度保持稳定。但由于纳米线的横向生长，纳米线阵列的表面覆盖面积也会有所增加。参见图 2.9(d) 蓝色曲线。

2.5.2 垂直曲线纳米线阵列的图案化生长

为了生长高质量图案化的氧化锌纳米线阵列，制备方法需要满足以下三个方面的要求：首先，生长必须在低温下进行，以使得纳米线在普通基底上进行生长；其次，纳米线必须遵循一个预先设计的图案进行生长，可以对纳米线尺寸、生长方向、维度、均匀性和可能的形状进行高度的控制；最后，为了和各种硅基的技术相结合，可能还需要去除催化剂。基于电子束曝光技术和低温水热法，我们在低于 100℃并且无催化剂的情况下，在包括硅、氮化镓在内的各种无机基底上制备了高度取向的图案化氧化锌纳米线[28]。外延生长中所用的硅掺杂 n 型氮化镓基底是通过利用金属有机化学气相沉积法在 c 面蓝宝石基底上生长两微米厚的氮化镓层来制得的，并且在生长前使用标准处理工艺对氮化镓基底进行清洗。

然后在基底上旋涂 50 nm 厚的一层聚甲基丙烯酸甲酯(PMMA)，随后将基底置于 180℃热板上烘烤 2 min。曝光的图案为直径 100 nm、间距 1 μm 的圆圈阵列，曝光剂量为 300～600 $\mu C/cm^2$。经过电子束曝光后，基底在体积比 1∶3 的异丙醇(IPA)和甲基异丁基酮(MIBK)显影液中显影 1 min。没有用氧等离子体进行处理。

现在就可以在基底上进行氧化锌纳米线阵列的水热法生长了。此处所用的生长溶液为 5 mmol/L 的 1∶1 硝酸锌和六亚甲基四胺溶液，图案化过的氮化镓基底面朝下浮于生长溶液的液面。整个系统加热到 70℃保温 24 h 可以在硅基底上的一个曝光点上生长出多根氧化锌纳米线，如果加热到 95℃保温 24 h 可以在硅基底和氮化镓基底的一个曝光点上只生长一根氧化锌纳米线。图 2.10 给出了在覆盖氮化镓层的蓝宝石基底上生长的氧化锌纳米线阵列，在尺寸、维度和生长方向等方面完全可控地实现了纳米线的生长。

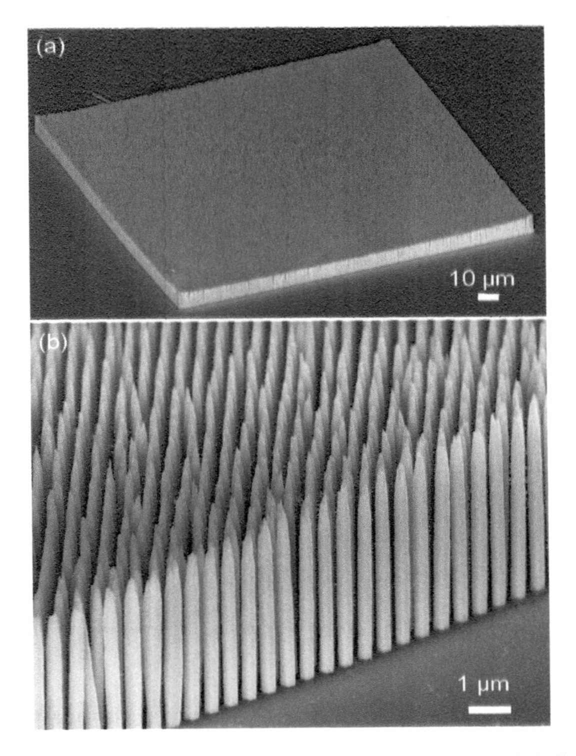

图 2.10　水热法在氮化镓基底上生长的氧化锌纳米线阵列的(a)低倍扫描电镜照片和(b)高倍扫描电镜照片

2.5.3　柔性基底上氧化锌纳米线的生长

氧化锌纳米棒可以在各种形式的有机基底上进行生长。可以在室温下利用溅射的方法在任何基底上沉积一层氧化锌种子层来高密度地生长氧化锌纳米棒。例如，如图 2.11，Liu 等人在 4 in* 的热塑性聚氨酯上成功地进行了合成生长[29]。这一方法是一种适合各种基底的通用方法，文献中所用的聚酰亚胺、聚苯乙烯、聚乙烯对苯二甲酸酯、聚萘二甲酸乙二醇酯只是可用基底中的少数几个例子。而且，对于导电基底或者预涂了金属或 ITO 等透明导电膜的柔性基底来说，可以使用电化学沉积的方法生长氧化锌纳米棒。这类实验的典型装置通常需要不断往溶液中通氧来维持 $ZnCl_2$/KCl 电解液中氧饱和的状态。实验中使用包括饱和 Ag/AgCl 参比电极和铂对电极的标准三电极装置。所用的典型沉积电位是 −1 V。利用该方法已经在曲率半径小于 10 μm 的金膜上实现了氧化锌纳米棒的生长。

* 英寸，非法定计量单位，1 in=2.54 cm。

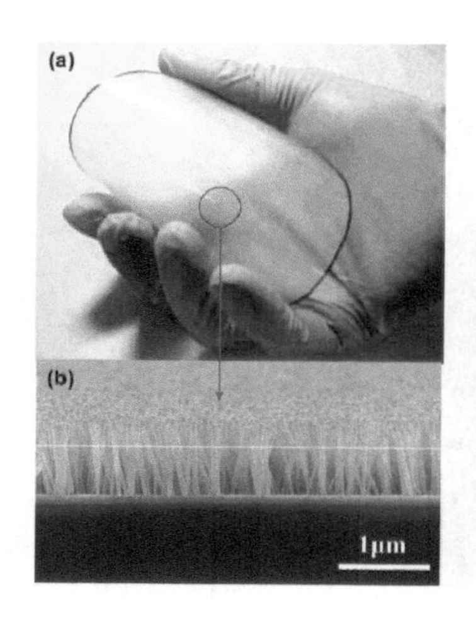

图 2.11 水热法在柔性基底上生长的氧化锌纳米线阵列照片

2.5.4 超细纤维上生长氧化锌纳米线阵列

利用图案化的金催化剂、种子层[30]、自组装单层膜[31]，已经实现了氧化锌纳米线阵列的图案化生长。Morin 等人开发了一种简单的无催化剂技术，不但可以在平坦的聚合物基底甚至可以在超细纤维基底上生长氧化锌纳米线[32]。他们这一方法的主要工作机理是：使用紫外光辐照聚合物表面，被辐照的区域会在聚合物顶部表面产生羧基基团，而未被辐照聚合物表面保持不变。不可思议的是，氧化锌纳米线阵列只在没有羧基基团的区域选择性地成核生长。原因是质子化的六亚甲基四胺衍生物和聚合物表面羧基基团结合从而限制了氧化锌在这些紫外辐照区域的成核，这一解释可以很好地帮助人们理解上述现象。据报道，六亚甲基四胺的 pK_a 为 5.4～5.5，反应时的 pH 为 6.6，根据这些数值，约 7 % 的六亚甲基四胺衍生物被质子化。

在实验中，他们使用单根聚对苯二甲酸乙二酯(PET)细纤维作为生长氧化锌纳米线的基底，使用标准的清洗工艺对其进行清洗。首先，在丙酮中把 PET 细纤维超声清洗 20 min，然后用去离子水漂洗并且随后在 60℃下烘烤至少 24 h 以去除吸附的所有潮气。为了进行表面功能化，如图 2.12(a)所示，一根 PET 细纤维通过一个 PC 背衬膜的狭缝拉伸开，然后使用波长 254 nm、标称强度 18.5 mW/cm^2 的紫外灯通过一个普通光学掩膜进行 50 min 的光氧化处理。之后，光氧化过的基底浸入盛有 3.5 mL 1∶1 配比的硝酸锌和六亚甲基四胺生长溶液的 6 mL 容积小瓶中。氧化锌纳米结构的形貌可以通过改变反应中生长溶液的成分来改变。为了生长氧化锌纳米棒，他们使用了浓度为 12 mmol/L 的硝酸锌和浓度为12 mmol/L的六亚甲基四胺生长溶液。当生长溶液中硝酸锌和六亚甲基四胺溶液的浓度均为

25 mmol/L,同时包含 0.18 mmol/L 的柠檬酸时,可以制得氧化锌纳米片。在纳米片的制备中,柠檬酸可以作为纳米线底面的束缚试剂来阻碍纳米线沿轴向的生长,这将在后续部分继续讨论。为了避免溶液中随机沉积的不均匀形成的沉淀物沉积到生长基底表面,细丝基底被紫外光照过的部分面朝下放在生长溶液中。生长完后,如图 2.12(b)所示,将样品从小瓶中取出,使用酒精冲洗,在氮气中干燥。

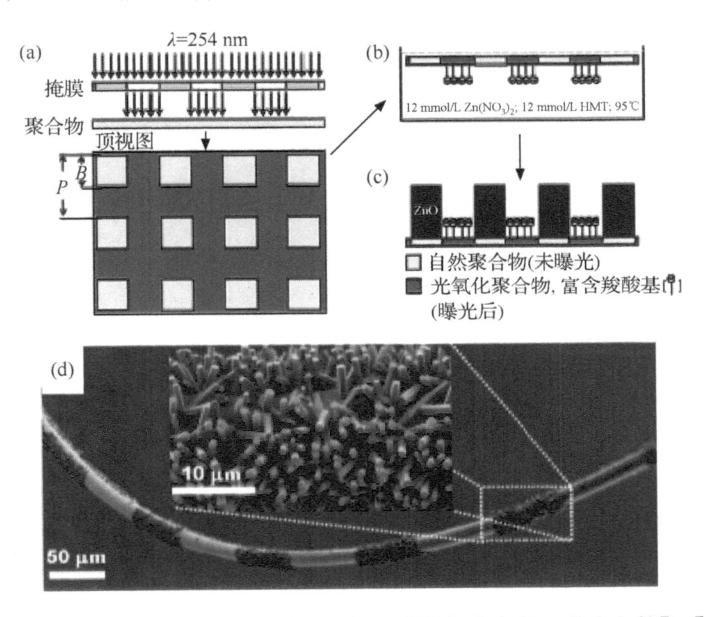

图 2.12　氧化锌纳米线阵列在纤维上的图案化生长。引自文献[33]

2.5.5　水平一致取向纳米线阵列的图案化生长

可以通过使用不同的材料来激发或者抑制纳米线的生长来实现纳米线的水平抑制生长[33]。实验中使用两种材料:用于氧化锌纳米线生长的氧化锌种子和抑制纳米线局部生长的铬层。如图 2.13(a)所示,生长的第一步是制备顶部覆盖铬层的氧化锌条状图案。首先,依次使用氢氟酸、丙酮、异丙醇和乙醇对一块(100)晶向的硅晶片进行清洗,使用旋涂的方法在硅基底上涂敷一层均匀的光刻胶膜,然后使用光刻的方法进行曝光,利用磁控溅射依次沉积氧化锌和铬。经过丙酮去胶后就在基底上得到了顶部表面覆盖了铬层的氧化锌条状图案。最后,把基底放入生长溶液中在 80℃下进行 12 h 的陈化生长。为了使用生长溶液浓度对纳米线生长速率进行均匀的控制,基底带有图案的面朝下浮在溶液表面进行生长。图 2.13(b)是硅基底上横向生长的氧化锌纳米线阵列。可以看出,氧化锌纳米线从条状图案的侧边取向较好地横向长出。超过 70%的纳米线与基底平行,只有少部分纳米线在条状图案的边缘无序长出。氧化锌纳米线的直径小于 200 nm,长度约 4 μm。

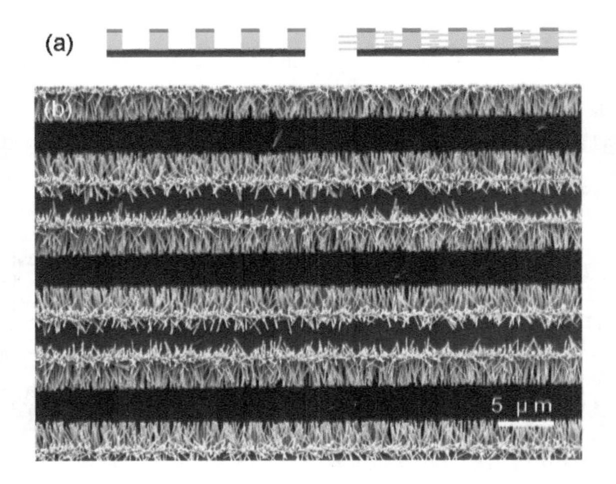

图 2.13　(a) 图案化和水平一致取向氧化锌纳米线阵列的生长步骤示意图；(b) 硅基底上水平生长的氧化锌纳米线阵列的扫描电镜照片

纳米线六边形的横截面暗示纳米线的 c 轴沿其长度方向。

2.6　激光图案化法生长晶圆级规模的纳米线阵列

为了高产量、低成本、可控地生长高度有序并且取向一致的氧化锌纳米线阵列，必须把图案化技术和纳米线的生长方法进行有效地结合。激光干涉曝光技术是一种大规模、快速、无掩膜并且非接触的纳米图案化技术[34,35]。我们把这一技术和水热法相结合在织构化氧化锌层上同质外延(也可以通过湿法化学法生长)或者在氮化镓膜上异质外延生长氧化锌纳米线，演示了一种垂直一致取向氧化锌纳米线阵列的图案化生长方法。在该方法中，激光干涉曝光技术可以在两英寸晶圆的大面积上制备周期排列、间距和对称性可变的各种图案。随后，可以利用低温水热法在无催化剂的情况，在预定的基底位置上生长方向、维度、位置可控的完美一致垂直取向氧化锌纳米线阵列。这种合成的纳米线具有高度的长度和直径均匀性、完美的一致取向性，并且是沿[0001]晶向生长的单晶。

与目前光刻工艺中的光化学过程类似，激光干涉曝光技术通过对光刻胶的激光干涉曝光来制备用于氧化锌纳米线阵列合成的图案。在我们的实验中，使用环氧基的 SU-8 负光刻胶，这是微电子工业中常用的一种光刻胶。激光干涉曝光技术不使用掩膜就可以产生各种图案。曝光后，SU-8 负光刻胶的长分子链发生交联引起曝光区域的固化。显影后，SU-8 负光刻胶的曝光区域保留下来作为氧化锌纳米线生长的掩膜。图 2.14(a)是激光干涉图案化技术的装置示意图，使用波长为

266 nm 的 10 ns 脉冲 Nd:YAG 激光器(Quanta-Ray PRO 290, Spectra Physics)作为激光光源。266 nm 波长的初始激光束被分成两束相干光束[图 2.14(a)]。在一次激光脉冲(10 ns)辐照下,两束激光相互干涉在光刻胶层上形成栅格状图案[图 2.14 (b)]。图案线的周期间距 d 由激光的波长 λ 和两束入射光夹角的一半 θ 来决定,三者关系为: $d=\lambda/(2\sin\theta)$。样品旋转 90°进行第二次曝光后,光刻胶层上就形成周期性的纳米点阵列图案[图 2.14(c)]。

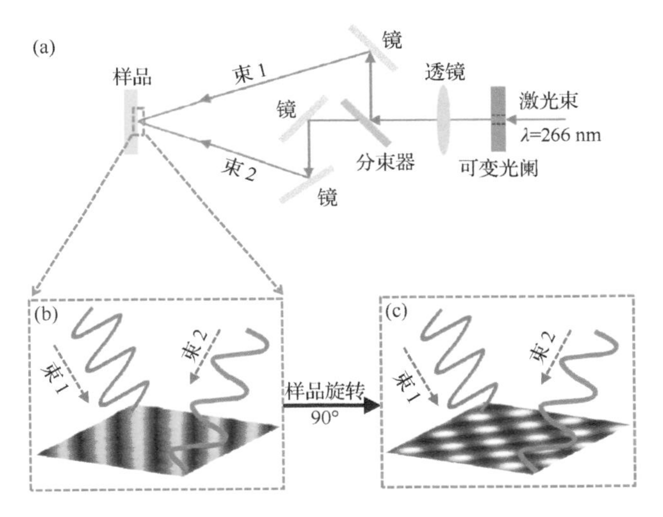

图 2.14　(a)激光干涉图案化技术的装置示意图,对于 LIL 和 LIA 两种方法装置相同。激光光源为波长 266 nm 的 10 ns Nd:YAG 激光(Quanta-Ray PRO 290, Spectra Physics)。主激光束(波长 266 nm)被分裂为两列相干激光束(束 1 和束 2)。(b) 在一个 10 ns 脉冲激光的照射下,两束激光在光刻胶上(对于 LIL 法)或基底上(对于 LIA 法)形成栅状图案。(c)样品旋转 90°或任意其他角度后进行第二次曝光,周期性的纳米点阵列图案就会在光刻胶或者基底上形成。图(b)和图(c)中的栅状和纳米点图案是利用 LIL 方法和 SU 8 光刻胶制得的,形貌图是利用扫描探针显微镜获得的

使用化学方法在图案化的基底上直接生长氧化锌纳米线。生长的位置由图案限定,纳米线的生长方向则取决于纳米线和氮化镓基底的外延关系。从扫描电子显微镜照片可以看出通过激光干涉图案化技术生长的纳米线阵列的形貌和均匀性(图 2.15)。几乎所有的纳米线具有相同的直径和高度。一致取向氧化锌纳米线阵列沿着图案化的孔洞均匀地生长,纳米线直径约 600 nm,这与空洞的尺寸高度一致[图 2.15(b)]。所有的纳米线取向完美,与基底垂直,并且具有约 5 μm 的相

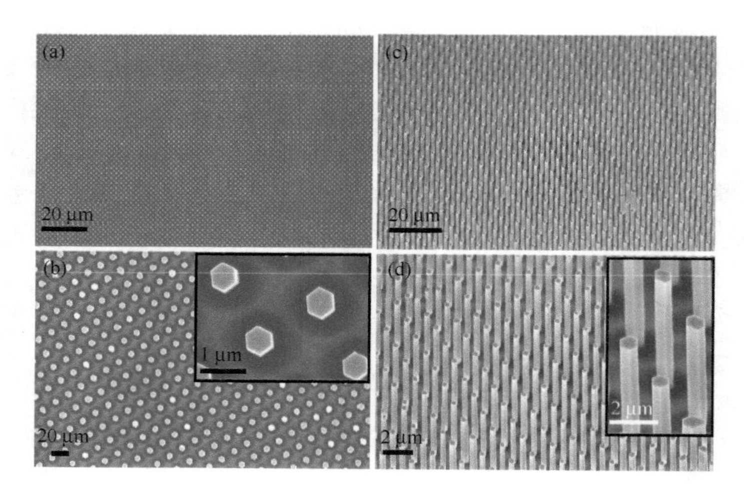

图 2.15　通过 LIL 方法在氮化镓基底上生长垂直一致取向氧化锌纳米线阵列。(a)(b)不同放大倍数下氮化镓基底上生长的垂直一致取向大规模均匀氧化锌纳米线阵列的顶视图。(c)(d)不同放大倍数下氮化镓基底上生长的垂直一致取向大规模均匀氧化锌纳米线阵列的 45°倾角扫描电镜照片

同高度[图 2.15(c)～(d)]。

2.7　织构化氧化锌薄膜

氧化锌的一个独特优点是：当它沉积成一个薄膜时，薄膜沿[0001]方向织构化，因此，薄膜就具有了特定的极化方向。尽管在薄膜平面内，晶粒在 a 轴与 b 轴方向之间随意取向，但薄膜的法向在很大程度上沿 c 轴方向。这一特性对于薄膜在纳米发电机方面的应用非常重要，因为薄膜结晶学的取向一致会使得压电畴取向一致从而可以用于纳米发电机。

我们使用激光脉冲沉积法制备的氧化锌薄膜作为例子来阐明这一特点[36]。可以使用 Kapton 膜或玻璃作为基底，但织构化的方向取决于激发的流量密度。图 2.16 给出了两种基底上沉积的氧化锌薄膜的 X 射线衍射谱图。激光最大能量密度为 45 J/cm^2 时，氧化锌薄膜的织构化从〈001〉转到〈100〉，但这一变化趋势在硅基底上不是那么彻底。看起来在玻璃和 Kapton 基底上，更高的激光能量密度必然可以使得氧化锌薄膜的织构化从(0001)变到(1$\bar{1}$00)，但在硅基底上却不显著。

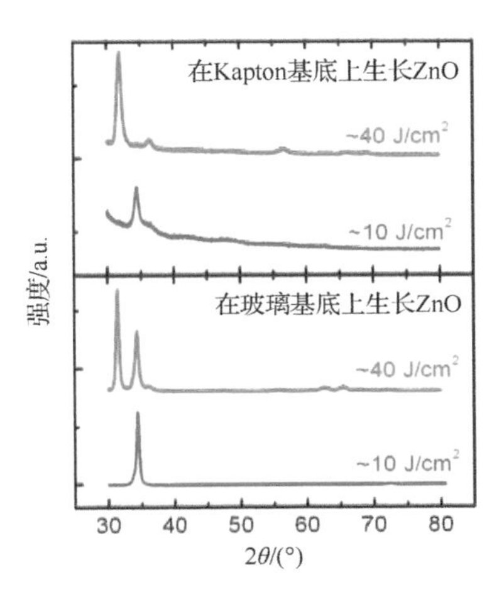

图 2.16　高（40 J/cm²）、低（10 J/cm²）激光束流密度下在 Kapton 和玻璃基底上生长的氧化锌薄膜的 X 射线衍射图谱

参 考 文 献

[1] J. Jagadish, S. J. Pearton (ed), Elsevier. 2006.

[2] Physics World, October issue 36 (2008).

[3] C. M. Lieber, Z. L. Wang, *MRS Bulletin* **32**, 99 (2007).

[4] J. G. Lu, P. C. Chang, Z. Y. Fan, *Materials Science & Engineering R-Reports* **52**, 49 (2006).

[5] Y. W. Heo, D. P. Norton, L. C. Tien, Y. Kwon, B. S. Kang, F. Ren, S. J. Pearton, J. R. LaRoche, *Materials Science and Engineering R* **47**, 1 (2004).

[6] N. Wang, Y. Cai, R. Q. Zhang, *Materials Science and Engineering R*, **60**, 1 (2008).

[7] Z. L. Wang, *J. Nanoscience and Nanotechnology* **8**, 27 (2008).

[8] X. D. Wang, J. H. Song, Z. L. Wang, *J. Materials Chemistry* **17**, 711 (2007).

[9] Z. L. Wang, Materials Science and Engineering Report, **64** (issue 3-4), 33 (2009).

[10] O. Dulub, L. A. Boatner, U. Diebold, *Surf. Sci.* **519**, 201 (2002).

[11] B. Meyer, D. Marx, *Phys. Rev. B.* **67**, 035403 (2003).

[12] P. W. Tasker, J. *Phys. C: Solid State Phys.* **12**, 4977 (1979).

[13] O. Dulub, U. Diebold, G. Kresse, *Phys. Rev. Letts.* **90**, 016102 (2003).

[14] A. Wander, F. Schedin, P. Steadman, A. Norris, R. McGrath, T. S. Turner, G. Thornton, N. M. Harrison, *Phys. Rev. Letts.* **86**, 3811 (2001).

[15] V. Staemmler, K. Fink, B. Meyer, D. Marx, M. Kunat, S. Gil Girol, U. Burghaus, Ch. Woll, *Phys. Rev. Letts.* **90**, 106102 (2003).

[16] R. S. Yang, Y. Ding, Z. L. Wang, *Nano Lett.* **4**, 1309 (2004).

[17] Y. Ding, X. Y. Kong, Z. L. Wang, *Phys. Rev. B* **70**, 235408 (2004).

[18] Y. Ding and Z. L. Wang, *Micron*, **40**, 335 (2009).

[19] Z. L. Wang, Z. W. Pan, Z. R. Dai, *Microsc. and Microanal.* **8**, 467 (2002).

[20] M. H. Huang, S. Mao, H. Feick, H. Q. Yan, Y. Y. Wu, H. Kind, E. Weber, R. Russo, P. D. Yang, *Science* **292**, 1897 (2001).

[21] X. D. Wang, C. J. Summers and Z. L. Wang, *Nano Letters* **3**, 423 (2004).

[22] X. D. Wang , J. H. Song , P. Li , J. H. Ryou , R. D. Dupuis , C. J. Summers, Z. L. Wang, J. *Am. Chem. Soc.* **127**, 7920 (2005).

[23] J. H. Song, X. D. Wang, E. Riedo, Z. L. Wang, J. *Phys. Chem. B.* **109**, 9869 (2005).

[24] X. D. Wang, J. H. Song, C. J. Summers, J. H. Ryou, P. Li, R. D. Dupuis, Z. L. Wang, *J. Phys. Chem. B*, **110**, 7720 (2006).

[25] S. S. Lin, J. I. Hong, J. H. Song, Y. Zhu, H. P. He, Z. Xu, Y. G. Wei, Y. Ding, R. L. Snyder, Z. L. Wang, *Nano Letters* **9**, 3877 (2009).

[26] L. Vayssieres, *Advanced Materials* **15**, 464 (2003).

[27] S. Xu, C. Lao, B. Weintraub, Z. L. Wang, *Journal of Materials Research* **23**, 2072 (2008).

[28] S. Xu, Y. G. Wei, M. Kirkham, J. Liu, W. J. Mai, R. L. Snyder, Z. L. Wang, *J. Am. Chem. Soc.* **130**, 14958 (2008).

[29] T. Y. Liu, H. C. Liao, C. C. Lin, S. H. Hu, S. Y. Chen, *Langmuir* **22**, 5804 (2006).

[30] Y. Tak, K. Yong, *Journal of Physical Chemistry B.* **109**, 19263 (2005).

[31] J. W. P. Hsu, J. R. Tian, N. C. Simmons, C. M. Matzke, J. A. Voigt, J. Liu, *Nano Letters* **5**, 83 (2005).

[32] S. A. Morin, F. F. Amos, S. Jin, *Journal of the American Chemical Society* **129**, 13776 (2007).

[33] Y. Qin, R. S. Yang, Z. L. Wang, *J. Physical Chemistry C.* **122**, 18734 (2008).

[34] D. Yuan, R. Guo, Y. Wei, W. Wu, Y. Ding, Z. L. Wang, S. Das, *Adv. Func. Materials* **20**, 3484 (2010).

[35] Y. Wei, W. Wu, R. Guo, D. Yuan, S. Das, Z. L. Wang, *Nano Letters* **10**, 3414 (2010).

[36] J. Hong, J. Bae, Z. L. Wang, R. L. Snyder, *Nanotechnology* **20**, 085609 (2009).

第3章　压电和压电势

本章将首先介绍压电理论。然后推导出压电效应产生的压电势(piezopotential)并以此来阐明纳米发电机的工作原理。文献中已经提出了大量的基于一维纳米结构的压电理论，其中包括第一性原理计算[1,2]、分子动力学模拟[3]和连续模型[4]。然而，第一性原理和分子动力学模拟很难被应用到纳米压电电子学体系中(它的特征尺度为直径约50 nm，长度约2 μm)，因为该体系包含巨大的原子数目。由Michalski等人[4]提出来的连续模型是很有意义的，它给出了一个判据以此来区别以力学为主的体系和以静电为主的体系。在本章中我们提出一个针对横向弯曲纳米线中压电势的模型。引进微扰技术来解决耦合微分方程，所导出来的解析解和用数值方法得出的解误差在6%以内。这个理论直接建立了先前提出来的纳米压电电子学和纳米发电机的物理基石[1]。

3.1　控制方程

我们的理论目标是导出纳米线中电势分布和纳米线的尺度以及加载到纳米线顶端力之间的关系。为了实现这一目标，我们从一个静止的压电材料的控制方程出发，它包括三个部分：力学平衡方程[式(3.1)]，本构方程[式(3.2)]，几何相容性方程[式(3.3)]和电场的高斯方程[式(3.4)]。当没有体力加载到纳米线时($\boldsymbol{f}_e^{(b)}=0$)，力学平衡方程为

$$\nabla \cdot \sigma = \boldsymbol{f}_e^{(b)} = 0 \tag{3.1a}$$

式中，σ是应力张量，它通过本构方程和应变ε，电场$\boldsymbol{E}$和电位移$\boldsymbol{D}$相联系：

$$\begin{cases} \sigma_p = c_{pq}\varepsilon_q - e_{kp}E_k \\ D_i = e_{iq}\varepsilon_q + \kappa_{ik}E_k \end{cases} \tag{3.1b}$$

这里，c_{pq}是线性弹性系数，e_{kp}是线性压电系数，κ_{ik}是介电常数。必须指出的是式(3.1b)并没有包含由于± (0001) 极化面[5]上的极化电荷所引起的自发极化，这些面分别位于纳米线的顶端和底端。关于这个近似的有效性将在后文阐述。为了保持符号的紧凑，我们使用所谓的Nye两秩符号[6]。考虑到ZnO晶体(纤锌矿结构)的C_{6v}对称性，c_{pq}、e_{kp}和κ_{ik}可被写作

$$c_{pq}=\begin{pmatrix} c_{11} & c_{12} & c_{13} & 0 & 0 & 0 \\ c_{12} & c_{11} & c_{13} & 0 & 0 & 0 \\ c_{13} & c_{13} & c_{33} & 0 & 0 & 0 \\ 0 & 0 & 0 & c_{44} & 0 & 0 \\ 0 & 0 & 0 & 0 & c_{44} & 0 \\ 0 & 0 & 0 & 0 & 0 & \dfrac{(c_{11}-c_{12})}{2} \end{pmatrix} \tag{3.2a}$$

$$e_{kp}=\begin{pmatrix} 0 & 0 & 0 & 0 & e_{15} & 0 \\ 0 & 0 & 0 & e_{15} & 0 & 0 \\ e_{31} & e_{31} & e_{33} & 0 & 0 & 0 \end{pmatrix} \tag{3.2b}$$

$$\kappa_{ik}=\begin{pmatrix} \kappa_{11} & 0 & 0 \\ 0 & \kappa_{11} & 0 \\ 0 & 0 & \kappa_{33} \end{pmatrix} \tag{3.2c}$$

相容性方程是应变 ε_{ij} 必须满足的几何限制条件：

$$e_{ilm}e_{jpq}\frac{\partial^2\varepsilon_{mp}}{\partial x_l\partial x_q}=0 \tag{3.3}$$

在式(3.3)中使用的是通常的下标而非 Nye 脚标。e_{ilm} 和 e_{jpq} 是莱维-齐维塔(Levi-Civita)反对称张量。为了推导的简明性，我们假定纳米线的弯曲量很小。

最后，假定纳米线内没有自由电荷 $\rho_e^{(b)}$，则高斯方程满足：

$$\nabla\cdot\boldsymbol{D}=\rho_e^{(b)}=0 \tag{3.4}$$

这个假定使得控制方程(3.4)只能适用于绝缘压电材料。但是对于进一步发展更精细的模型，这是一个好的起点。

3.2　前三阶微扰理论

对于垂直压电纳米线的一个典型设定是受到一个施加于顶部的力发生横向偏转。式(3.1)～式(3.4) 再配合适当的边界条件可以给出一个关于静止压电系统的完备描述。但是这些方程的解形式相当复杂，并且在大多数情况下不存在解析解。即使对于一个二维(2D)系统来说，也需要解一个六阶的偏微分方程[7]。为了得到这些方程的一个近似解，我们对这些线性方程通过微扰展开来简化解析解[8]。然后我们通过与用有限元法计算所得出的精确结果做比较来检验微扰理论的精确度。

为了得出不同力-电耦合效应阶数下纳米线中的压电势分布，我们在本构方程中引入一个微扰参数 λ，定义它为 $\tilde{e}_{kp}=\lambda e_{kp}$，引入这个参数是为了追踪不同阶数的效应对总的电势的贡献。考虑一个虚拟的材料，它具有线性的弹性常数 c_{pq}，介

电常数 κ_{ik} 和压电系数 $\tilde{e}_{kp}$。当 $\lambda = 1$ 时，这种虚拟的材料就变成了真实的ZnO。当 $\lambda = 0$ 时，它对应于应力场和电场没有耦合的情形。对于虚拟 λ 介于0和1之间的材料，应力场和电场都是参数 λ 的函数，它们可以被写成下述扩展形式：

$$
\begin{cases}
\sigma_p(\lambda) = \sum_{n=0}^{\infty} \lambda^n \sigma_p^{(n)} \\
\varepsilon_q(\lambda) = \sum_{n=0}^{\infty} \lambda^n \varepsilon_q^{(n)} \\
E_k(\lambda) = \sum_{n=0}^{\infty} \lambda^n E_k^{(n)} \\
D_i(\lambda) = \sum_{n=0}^{\infty} \lambda^n D_i^{(n)}
\end{cases}
\tag{3.5}
$$

式中，上标(n)代表微扰阶数。对于一个具有压电系数 $\tilde{e}_{kp}$ 的虚拟材料，把式(3.5)带入式(3.2)，然后比较方程中参数 λ 具有相同阶数的条件，前三阶的微扰方程如下：

零阶：
$$
\begin{cases}
\sigma_p^{(0)} = c_{pq}\varepsilon_q^{(0)} \\
D_i^{(0)} = \kappa_{ik}E_k^{(0)}
\end{cases}
\tag{3.6}
$$

一阶：
$$
\begin{cases}
\sigma_p^{(1)} = c_{pq}\varepsilon_q^{(1)} - e_{kp}E_k^{(0)} \\
D_i^{(1)} = e_{kq}\varepsilon_q^{(0)} + \kappa_{ik}E_k^{(1)}
\end{cases}
\tag{3.7}
$$

二阶：
$$
\begin{cases}
\sigma_p^{(2)} = c_{pq}\varepsilon_q^{(2)} - e_{kp}E_k^{(1)} \\
D_i^{(2)} = e_{kq}\varepsilon_q^{(1)} + \kappa_{ik}E_k^{(2)}
\end{cases}
\tag{3.8}
$$

对于式(3.1)、式(3.3)、式(3.4)，因为不存在明显的耦合，所以在寻找微扰解的时候不需要对它们做退耦合处理。

现在我们考虑前三阶的解。对于零阶[式(3.6)]，它是一个没有压电效应的弯曲纳米线的解，亦即使有弹性应变也没有电场。这里我们忽略了来自自发极化的贡献。对于ZnO纳米线来说，它的 c 轴是平行于它的生长方向的。位于纳米线的顶端和底端的± (0001)面，分别对应 Zn^{2+} 面和 O^{2-} 面。±(0001)面上的电荷的自发极化所导致的电场可以被忽略是源于以下两个原因。首先，因为纳米线有很大的长径比，而± (0001)极化面上的极化电荷通常位于纳米线的顶端和底端进而被视为两个点电荷。因此它们并不在纳米线内部引入一个可观的内在电场。其次，纳米线底端的极化电荷被导电的电极中和掉了；与此同时当纳米线暴露到空气中的时候，它的顶端的电荷可以被表面吸附的外来分子所中和。退一步讲，即使来自顶部的极化电荷引入了一个静电势，它对功率输出也不会产生贡献只会使电势基线平移一个常数，这可归入背景信号，因为极化电荷始终保持一个常数而不管纳米线弯曲如何。因此，我们可以取 $E_k^{(0)} = 0$，$D_i^{(0)} = 0$，从而，由式(3.7)和式(3.8)，我们有 $\sigma_p^{(1)} = 0$，$\varepsilon_p^{(1)} = 0$，$D_p^{(2)} = 0$，$E_p^{(2)} = 0$。式(3.6)～式(3.8)变为

零阶：$$\sigma_p^{(0)} = c_{pq}\varepsilon_q^{(0)} \tag{3.9}$$

一阶：$$D_i^1 = e_{kq}\varepsilon_q^{(0)} + \kappa_{ik}E_k^{(1)} \tag{3.10}$$

二阶：$$\sigma_p^{(2)} = c_{pq}\varepsilon_q^{(2)} - e_{kp}E_k^{(1)} \tag{3.11}$$

关于这些方程的物理意义可以做如下解释。在不同阶的近似下，这些方程对应着电场和力学形变的退耦合与耦合：零阶解是一个没有压电效应的材料纯粹的力学形变；一阶是纳米线中的直接压电效应，应变-应力在纳米线中产生一个电场；二阶显示了材料中压电场对应变的第一次反馈（或耦合）。

对于我们的情况，例如纳米线被 AFM 探针弯曲，材料的力学形变行为几乎不受纳米线中压电场的影响。因此，至于纳米线中压电势的计算，一阶近似已经足够了。这个近似的精确度，将通过与耦合方程[式(3.1)～式(3.4)]的数值解做比较和检验。

3.3 垂直纳米线的解析解

为了简化解析解，我们假定，纳米线是一个直径为 $2a$、长度为 l 的圆柱。为了进一步简化推导，我们用各向同性的杨氏模量 E 和泊松比 ν 来近似代替材料的弹性常数。这被认为是对 ZnO 的一个很出色的近似。为了计算上的方便，我们定义 $a_{pq}^{\text{isotropic}}$ 是 $c_{pq}^{\text{isotropic}}$ 的逆矩阵。应变和应力的关系如下：

$$\begin{pmatrix}\varepsilon_{xx}\\ \varepsilon_{yy}\\ \varepsilon_{zz}\\ 2\varepsilon_{yz}\\ 2\varepsilon_{zx}\\ 2\varepsilon_{xy}\end{pmatrix} = \sum_q a_{pq}^{\text{isotropic}}\sigma_a = \frac{1}{E}\begin{pmatrix}1 & -\nu & -\nu & 0 & 0 & 0\\ -\nu & 1 & -\nu & 0 & 0 & 0\\ -\nu & -\nu & 1 & 0 & 0 & 0\\ 0 & 0 & 0 & 2(1+\nu) & 0 & 0\\ 0 & 0 & 0 & 0 & 2(1+\nu) & 0\\ 0 & 0 & 0 & 0 & 0 & 2(1+\nu)\end{pmatrix}\begin{pmatrix}\sigma_{xx}\\ \sigma_{yy}\\ \sigma_{zz}\\ \sigma_{yz}\\ \sigma_{zx}\\ \sigma_{xy}\end{pmatrix} \tag{3.12}$$

在纳米发电机的结构中，纳米线的根部被固定在一个导电的基底上，同时顶端被施加一个侧向力 f_y。我们假定力 f_y 被均匀地施加在顶部端面，因此纳米线不存在由于扭矩造成的扭转。由圣维南弯曲理论[9]，纳米线中的应力为

$$\sigma_{xz}^{(0)} = -\frac{f_y}{4I_{xx}}\frac{1+2\nu}{1+\nu}xy \tag{3.13a}$$

$$\sigma_{yz}^{(0)} = \frac{f_y}{I_{xx}}\frac{3+2\nu}{8(1+\nu)}\left(a^2 - y^2 - \frac{1-2\nu}{3+2\nu}x^2\right) \tag{3.13b}$$

$$\sigma_{zz}^{(0)} = -\frac{f_y}{I_{xx}}y(l-z) \tag{3.13c}$$

$$\sigma_{xx}^{(0)} = \sigma_{xy}^{(0)} = \sigma_{yy}^{(0)} = 0 \tag{3.13d}$$

式中，$I_{xx}=\int_{横截面}x^2\mathrm{d}A=\frac{\pi}{4}a^4$。式(3.13)是式(3.1)、式(3.3)，以及式(3.12)的零阶力学解。因为使用了圣维南原理简化了边界条件，式(3.13)只是在远离纳米线固定端的区域才有效。这里"远离"这个词意味着和纳米线的直径相比足够远。随后，完全的数值计算表明，当距离大于纳米线直径的两倍时可以安全地使用式(3.13)。式 (3.4)和式(3.10)给出了直接的压电行为。通过定义如下的残余电位移 $\boldsymbol{D}^{\mathrm{R}}$：

$$\boldsymbol{D}^{\mathrm{R}}=e_{kq}\varepsilon_q^{(0)}\hat{i}_k \tag{3.14}$$

我们得到：

$$\nabla\cdot(D_i^R+\kappa_{ik}E_k^{(1)})=0 \tag{3.15}$$

由式(3.14)、式(3.13)、式(3.12)和式(3.2b)，残余电位移为

$$\boldsymbol{D}^{\mathrm{R}}=\begin{pmatrix}-\dfrac{f_y}{I_{xx}E}\left(\dfrac{1}{2}+\nu\right)e_{15}xy\\ \dfrac{f_y}{I_{xx}E}\left(\dfrac{3}{4}+\dfrac{\nu}{2}\right)e_{15}\left(a^2-y^2-\dfrac{1-2\nu}{3+2\nu}x^2\right)\\ \dfrac{f_y}{I_{xx}E}(2\nu e_{31}-e_{33})y(l-z)\end{pmatrix} \tag{3.16}$$

应该指出，是 $\boldsymbol{D}^{\mathrm{R}}$ 的散度而不是 $\boldsymbol{D}^{\mathrm{R}}$ 本身诱导了 $E_k^{(1)}$。如果我们简单地认为 $E_k^{(1)}=(\kappa_{ik})^{-1}D_i^{\mathrm{R}}$，那么就会得出一个旋度不为零的电场，这是很荒唐的。相反，通过定义一个残余体电荷：

$$\rho^{\mathrm{R}}=-\nabla\cdot\boldsymbol{D}^{\mathrm{R}} \tag{3.17}$$

和残余面电荷：

$$\Sigma^{\mathrm{R}}=-\boldsymbol{n}\cdot(0-\boldsymbol{D}^{\mathrm{R}})=\boldsymbol{n}\cdot\boldsymbol{D}^{\mathrm{R}} \tag{3.18}$$

式(3.15)将变为一个基本的静电学泊松方程 ：

$$\nabla\cdot(\kappa_{ik}E_k^{(1)}\boldsymbol{i}_i)=\rho^{\mathrm{R}} \tag{3.19}$$

圆柱形纳米线面电荷由式(3.18)给出。由式(3.17)和式(3.16)，我们得到：

$$\rho^{\mathrm{R}}=\frac{f_y}{I_{xx}E}[2(1+\nu)e_{15}+2\nu e_{31}-e_{33}]y \tag{3.20}$$

$$\Sigma^{\mathrm{R}}=0 \tag{3.21}$$

需要着重指出的是，由式(3.20)和式(3.21)，残余电荷不依赖于垂直高度 z。因此，电势 $\varphi=\varphi(x,y)=\varphi(r,\theta)$(在柱坐标系下)也不依赖于 z(为了简明起见，从这里开始我们将去掉用来标志一阶近似的上标 $^{(1)}$)。从物理上看，它暗示除了非常靠近纳米线底端的区域外，电势沿着 z 轴是相同的。

注意到 $\kappa_{11}=\kappa_{22}=\kappa_{\perp}$，式 (3.19)、式(3.20)和式(3.21)的解为

$$\varphi=\begin{cases}\dfrac{1}{8\kappa_{\perp}}\dfrac{f_y}{I_{xx}E}[2(1+\nu)e_{15}+2\nu e_{31}-e_{33}]\left(\dfrac{\kappa_0+3\kappa_{\perp}}{\kappa_0+\kappa_{\perp}}\dfrac{r}{a}-\dfrac{r^3}{a^3}\right)a^3\sin\theta, & r<a\\ \dfrac{1}{8\kappa_{\perp}}\dfrac{f_y}{I_{xx}E}[2(1+\nu)e_{15}+2\nu e_{31}-e_{33}]\left(\dfrac{2\kappa_{\perp}}{\kappa_0+\kappa_{\perp}}\dfrac{a}{r}\right)a^3\sin\theta, & r\geqslant a\end{cases} \tag{3.22}$$

式中，κ_0 是真空的介电常数。式(3.22)是纳米线里面和外面的电势。

由式(3.22)，我们得到电势的极值分别在纳米线表面($r=a$)的拉伸(T)端($\theta=-90°$)和压缩(C)端($\theta=90°$)，为

$$\varphi_{\max}^{(\mathrm{T,C})}=\pm\frac{1}{\pi}\frac{1}{\kappa_0+\kappa_{\perp}}\frac{f_y}{E}[e_{33}-2(1+\nu)e_{15}-2\nu e_{31}]\frac{1}{a} \tag{3.23}$$

由基本的弹性理论，在微小形变下，侧向力 f_y 和纳米线顶端最大偏移 $\nu_{\max}=\nu(z=l)$的关系为[10]

$$\nu_{\max}=\frac{f_y l^3}{3EI_{xx}} \tag{3.24}$$

因此纳米线表面电势的极值为

$$\varphi_{\max}^{(\mathrm{T,C})}=\pm\frac{3}{4(\kappa_0+\kappa_{\perp})}[e_{33}-2(1+\nu)e_{15}-2\nu e_{31}]\frac{a^3}{l^3}\nu_{\max} \tag{3.25}$$

这意味着静电势直接与纳米线的长径比而不是尺寸有关。对于一个长径比固定的纳米线来说，它的压电势和顶端的最大偏离量成正比。

3.4 横向弯曲纳米线的压电势

在第一个例子中，纳米线的直径为 $d=50$ nm，长度为 $l=600$ nm，AFM 探针施加的侧向力是 80 nN。为了进一步确认推导过程中略去高阶项的有效性，我们用有限元方法(FEM)计算了一个简化的具有各向同性弹性系数张量的圆柱形材料的完全耦合力-电体系的方程[式(3.1)～式(3.4)]。边界条件假定纳米线的底部是固定的。依据的电学边界条件是基底具有完美的导电性。ZnO 被看作是一个电介质。图 3.1(a)和 3.1(b)是分别由完全 FEM 计算弯曲纳米线所得到的电势分布的侧面图和截面图，这清晰地呈现出除了底部之外的一个平行板电容压电势模型。至于纳米发电机和纳米压电电子学，只有纳米线上部的电势分布对它们有影响。对于一个施加 80 nN 力横向偏移 145 nm 的纳米线，由解析的方程[式(3.22)]，所计算出的截面电势分布如图 3.2(c)所示，它的两个面分别具有压电势 ±0.28 V。此处再一次强调，除了接近顶端和底部的区域，在式(3.22)中电势是独立于 z_0 的。

对一个直径为 $d=300$ nm，长度为 $l=2\mu$m，横向力为 1000 nN 的大尺寸纳米线做相似的计算。对推力的估计基于实验上观测到的横向偏移。类似小尺寸纳米

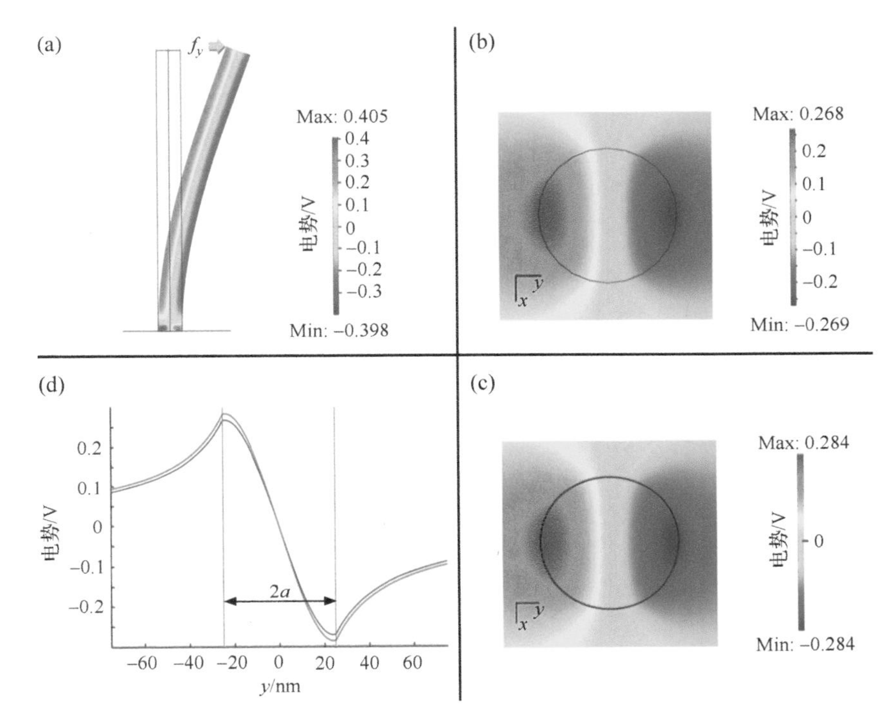

图 3.1 $d=50$ nm、$l=600$ nm、受到横向 80 nN 弯曲力的 ZnO 纳米线的电势分布。(a) 和 (b) 分别是使用有限元方法解耦合方程[式(3.1)～式(3.4)]得出的压电势的侧向和顶部(在 $z_0=300$ nm)截面图，而(c) 是由解析方程[式(3.22)]给出的压电势。(b)的电势最大值小于(a)的，因为底部反转区的电势大于上部"平行板电容器区"。(d) 给出了(b) 和 (c)的对比图[蓝线对应完全 FEM，红线对应式(3.22)]来显示式(3.22)的精确度和导出它所做的近似的合理性。引自文献[8]

线的图 3.2，这个大纳米线在它的截面上给出了±0.59 V 的电势分布。另外，解析解和完全 FEM 的数值解的误差在 6%以内，这明显地证明了我们的解析解的有效性。因此我们所展示的微扰论是计算横跨纳米线压电势的一个很好的方法，式(3.22)～式(3.25)给出来的解可以定量地来理解实验上测得的结果。上面的计算结果显示，力学弯曲的过程中，纳米线和 AFM 探针间产生了 0.3 V 的电势差。

3.5 横向弯曲纳米线的压电势测量

当纳米线由于空气的吹动而偏离时，压电细线拉伸面和压缩面的压电势通过一个和拉伸面或者压缩面接触的金属探针来测量[10]。当施加给 ZnO 线一个周期

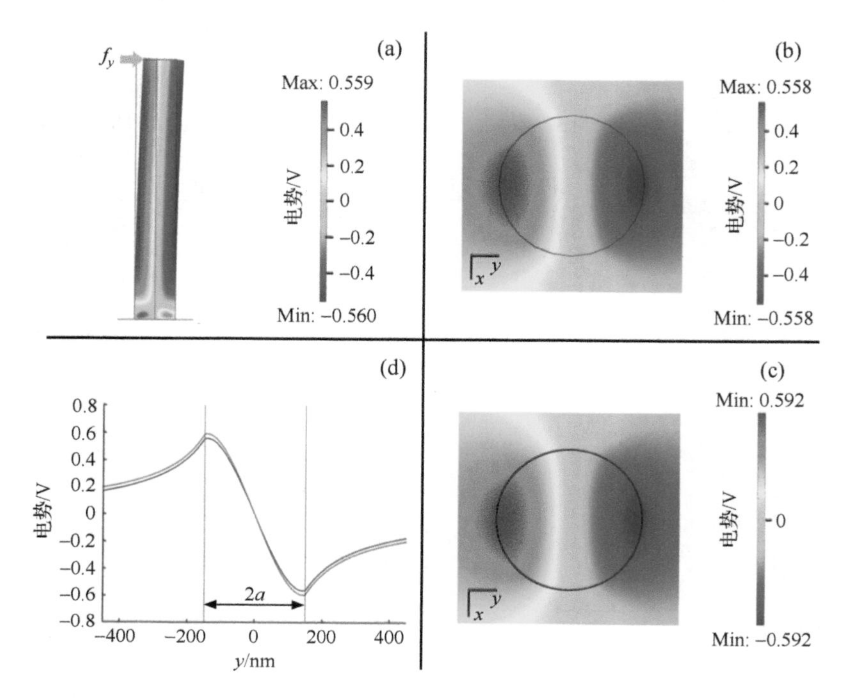

图 3.2　d=300 nm、l=2 μm、受到 1000 nN 横向弯曲力的纳米线的电势分布。(a) 和 (b) 分别是使用有限元法解耦合方程[式(3.1)～式(3.4)]得出的压电势的侧向和顶部(在 z_0=300 nm)截面图，而(c) 是由解析方程[式(3.22)]给出的压电势。(b)的最大电势和(a)的几乎一样。(d) 给出了(b)和 (c)的对比图[蓝线对应完全 FEM，红线对应式(3.22)]以表明式(3.22)的精确度和导出它所做的近似的合理性。引自文献[8]

性的气流脉冲时，线被弯曲，通过一个和纳米线压缩面相连的外电路探测出了一个相应的周期性的负电压输出[图 3.3(a)]。这里检测到的电压输出是 −25 mV 。相应地，当 ZnO 线被一个包裹 Au 的探针周期性推动时，在拉伸面上检测出了一个周期性的正电压输出[图 3.3(b)] 。这些实验是通过使用一个电压放大器来完成的。

3.6　轴向应变纳米线的压电势

一个典型的双端纳电子器件的主要部分是一个两端及其邻近部分被电极包裹的沿 c 轴生长的 ZnO 纳米线，作用到纳米线上的力，有好几种类型——张力、压缩力、扭转力以及它们的组合。我们首要的工作就是计算在这几种力下压电势在纳米线上的分布[11]。为了简化这个体系并且集中到在不同的外加应变下压电势怎

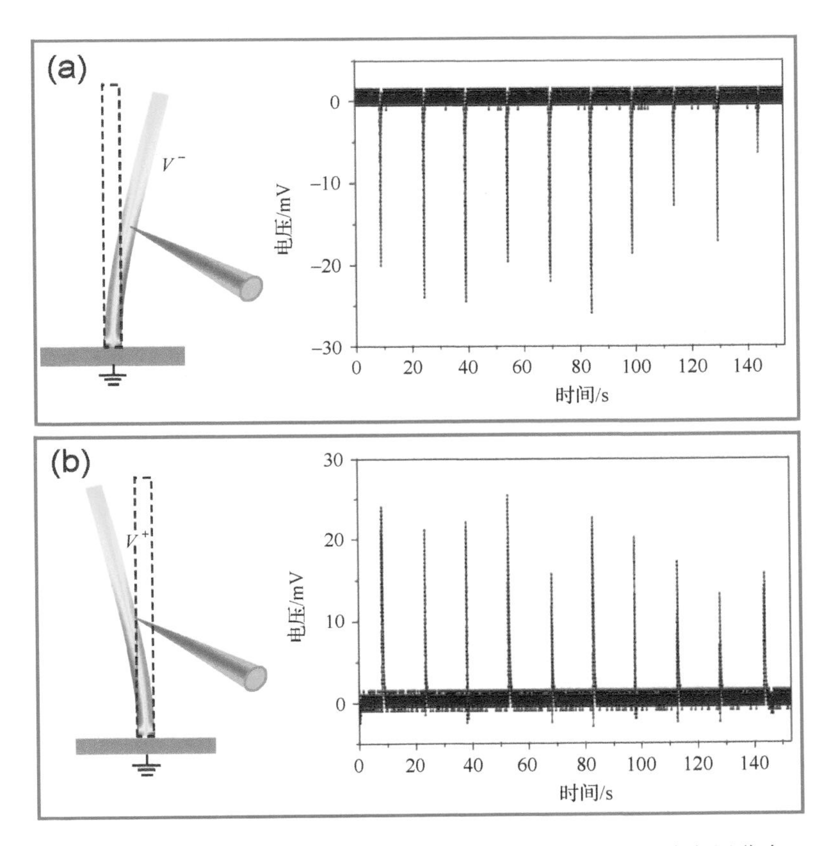

图 3.3　直接测量 ZnO 纳米线上拉伸面和压缩面上非对称的电压分布。(a) 通过在右手边放置一个金属探针并且从左手边加入 Ar 气脉冲，当气体脉冲开启的时候，可以观测到约 25 mV 的负电压峰；(b) 在右手边用一个金属探针快速地推放线，在每个循环中可以观测到一个正的约 25 mV 的电压峰。这个偏离的频率是每隔 15 s 一次

么变，我们假定没有体力，纳米线中没有自由电荷并且忽略其导电性。完全耦合的式(1-4)可以通过有限元方法(FEM)解出。为了简明的阐释所提出的物理模型，ZnO 中的载流子被忽略掉了，这样大大简化了数值方法。图 3.4(a) 显示的是一个没有施加外力的 ZnO 纳米线。纳米线的总长是 1200 nm，端部接触区域为 100 nm，六边形的边长是 100 nm。

向一个被电极包裹的纳米线端面均匀施加一个平行于 c 轴的 85 nN 的力时，纳米线的长度将增长 0.02 nm，这将产生一个 2×10^{-5} 的拉伸应变。如图 3.4(b) 所示，它在纳米线的两端产生了一个约 0.4 V 的电势降，$+c$ 这端有较高的电势。当换成一个压缩力时，电势会反转但是两端仍会有 0.4 V 的电势降，但这时 $-c$ 端

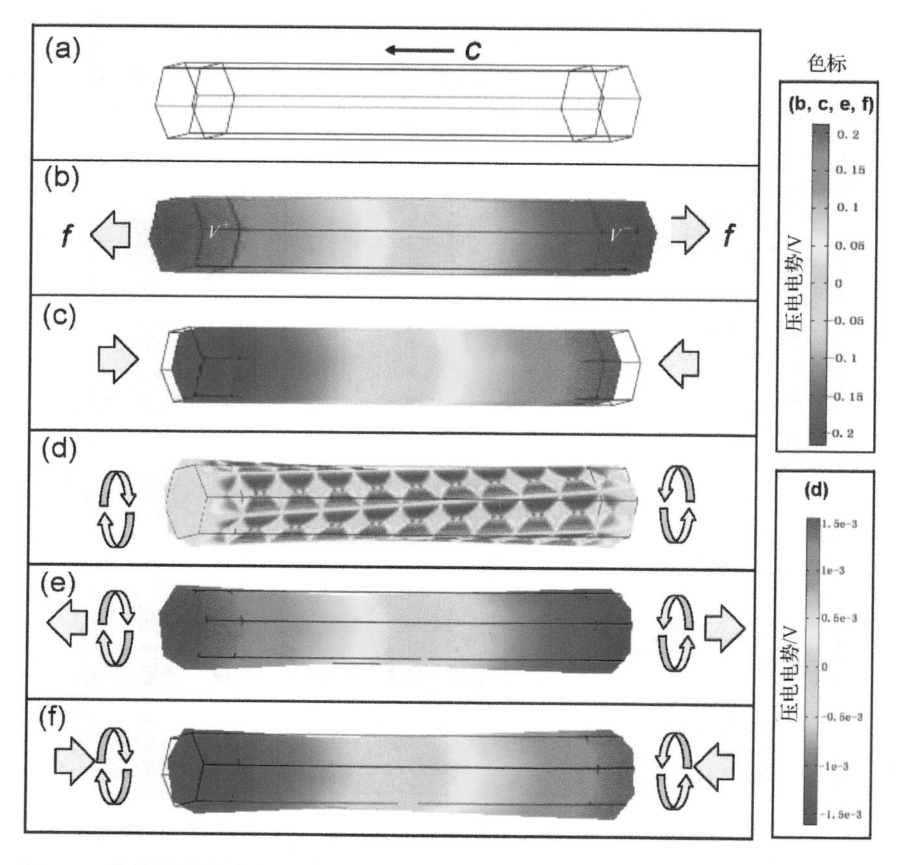

图 3.4　数值计算得出的无掺杂的 ZnO 纳米线的压电势分布。(a) 一个无形变的沿 c 轴生长的纳米线，它的长为 1200 nm，六角形的边长为 100 nm。假定纳米线的两端被一段长为 100 nm 的电极所包裹。纳米线压电势分布和形变的三维视图；(b) 受到一个 85 nN 拉伸力，(c) 受到一个 85 nN 压缩力，(d) 受到一对 60 nN 的扭转力，(e) 受到一个 85 nN 的拉伸力和 60 nN 的扭转力，(f) 受到一个 85 nN 的压缩力和 60nN 的扭转力。假定拉伸和压缩的力均匀施加在纳米线被电极包裹的部分的端面和侧面，并且扭转力均匀地施加在纳米线被电极包裹的侧面。红色的部分是正电势端而蓝色的部分是负电势端。电势差约为 0.4 V。注意：(b、c、e 和 f)的色标是一样的，但是(d)的标尺要小得多

有一个较高的电势。如图 3.4(c)所示，纳米线缩短了 0.02 nm，显示出一个 -2×10^{-5} 的压缩应变。需要注意的是产生相同量的压电势，这里所需要的形变远小于先前靠横向力使纳米线弯曲的情形。因此施加沿着极化方向(c 轴)的力很容易产生一个大的压电势。

不论拉伸或者压缩，压电势都是连续地从一端降到另一端，这意味着电子的能量从一端到另一端连续地增加。同时，由于没有外加的电场，当平衡时整个纳米线的费米能级是平的。从而，ZnO 和金属电极间的势垒会在一端升高而在另一端降低，这可以从实验上非对称的 I-V 特性曲线上得出。这是理解接下来的实验结果的一个主要原理。由于在纳米线器件的制备过程中应变无法避免，我们将观测到大量的纳米线器件的整流行为，即使两边使用同样电极的情况下也是如此[12]。

一种在操作纳米线时不能忽略的力是扭转力。图 3.4(d)显示的是当纳米线的两端沿相反的方向扭转时的模拟结果。沿着纳米线的生长方向没有电势降。注意产生的局部电势在毫伏(mV)的量级，远小于拉伸或压缩时的情况。当电极和截面接触时，纳米线两端金属电极和 ZnO 的势垒是相等的，因此将会出现一个对称的接触。

在大多数的实际应用中，力是扭转和拉伸的复合，或是扭转加上压缩。如图 3.4(e)和图 3.4(f)所示，沿线将有一个压电电势降，同时纳米线截面上的电势分布不是均匀的，而是一端高一端低，类似于纯的轴向应变。

在此还有几点需要指出：首先，压电对金属-ZnO 纳米线输运行为的影响包括两部分，其一是由 $+c$ 和 $-c$ 端面上 Zn^{2+} 和 O^{2-} 层所导致的自发极化电荷效应；其二是压电势效应。极化电荷存在于纳米线的端面，不能自由地移动。它们能调节局域费米能级从而调节肖特基势垒的高度和形状。然而，实际上金属-ZnO 接触不仅存在于纳米线的端面，同时由于金属和纳米线大的接触面积，金属和 ZnO 的接触还存在于侧面。对于绝大多数情况，侧面比端面的接触面积要大很多。如果我们仅仅考虑极化电荷效应，电子可以越过没有势垒的侧面。

其次，上面的计算基于 Lippman 理论，因为为了简明起见，我们假定没有自由载流子并且整个系统是一个孤立体系。合成出来的 ZnO 纳米结构是典型的 n 型，并且典型的施主浓度是 $1\times10^{17}\,cm^{-3}$。基于位于导带中的电子统计分布的计算表明，在热平衡时自由电子倾向于在纳米线的正电势端积累。因此，自由载流子效应即使不是全部，也会部分地屏蔽正的压电势，但不会对负的压电势产生影响。在这种情况下，除了正电势的值将会降低以此来平衡载流子的屏蔽外，计算表明图 3.1 和图 3.2 仍然可以用来解释实验结果。

再次，应变不仅仅会在 ZnO 内产生压电效应，它还会引起能带结构的改变。产生的形变势还可以改变肖特基势垒的高度：在拉伸形变下势垒会降低，在压缩形变下势垒会升高。然而，在纳米线的两端所发生的改变量和趋势是相同的，它不会使一个对称的 I-V 曲线变为一个整流 I-V 特性。这是压阻效应。

3.7 掺杂半导体纳米线的平衡电势

当施主浓度极低的时候，可以忽略掉导电性，此时弯曲的压电纳米线可以用 Lippman 理论来描述。然而基于其不可避免的点缺陷，ZnO 纳米线通常是 n 型的。对于有显著数量自由电子的半导体材料来说，考虑到自由电子能在整个材料中重新分布，因此不能直接应用 Lippman 理论。除了现象学的热力学外，电子/空穴的统计也需要考虑进来。本节的主要目标是，考虑在正常掺杂水平具有中度导电性的情况下，建立一个横向弯曲纳米线压电性的宏观-统计模型。

3.7.1 理论框架

先前的结果指出，对于一个没有自由载流子的 ZnO 纳米线，拉伸面呈现的是正的压电势，而压缩面呈现出负电势（本文中，"压电势"指的是由于纳米线中的极化阴离子和阳离子产生的电势，只要应变一直保持这些电荷就不能自由地移动）。为了排除不太相关的关于界面异质结的问题，而集中于主要的物理现象，我们假定基底也是由 ZnO 制成的。这种情况发生在通过气-液-固方法[23]在 GaN 基底上生长的 ZnO 纳米线，因为在纳米线的底部通常会有一层薄的 ZnO 膜或者 ZnO 墙。我们的任务是当横向弯曲纳米线取得热力学平衡时，计算它的压电势[13]。

众所周知，当压电材料中有自由电子/空穴时，由于极化所导致的压电场，载流子会重新分布。这种重新分布效应的一个有名的应用是 GaN/AlGaN 高迁移率电子晶体管，这里电子在异质结处积累产生了一个二维电子气（2D electron gas，2DEG）[14]。对于压电纳米线的应用，力学行为更为复杂，但是在本质上物理图像是一样的。我们仅仅写出力学平衡方程和直接压电效应，而不是完全的耦合本构方程

$$\begin{cases}\sigma_p = c_{pq}\varepsilon_q \\ D_i = e_{iq}\varepsilon_q + \kappa_{ik}E_k\end{cases} \tag{3.26}$$

式中，σ 是应力张量，ε 是应变，$\boldsymbol{E}$ 是电场，而 $\boldsymbol{D}$ 是电位移。κ_{ik} 是介电常数，e_{iq} 是压电系数，而 c_{pq} 是力学刚度张量。使用 Voigt-Nye 记号，把第二个方程代入高斯定理，我们得到静电场方程：

$$\nabla\cdot\boldsymbol{D} = \frac{\partial}{\partial x_i}(e_{iq}\varepsilon_q + \kappa_{ik}E_k) = \rho_e^{(b)} = ep - en + eN_{\mathrm{D}}^{+} - eN_{\mathrm{A}}^{-} \tag{3.27}$$

其中，p 是价带中的空穴浓度，n 是导带中的电子浓度，N_{D}^{+} 是电离的施主浓度，而 N_{A}^{-} 是电离的受主浓度。因为生长出来 ZnO 纳米线通常是 n 型的，我们采用 $p=N_{\mathrm{A}}^{-}=0$。通过引入

$$\boldsymbol{D}^{\mathrm{R}} = e_{kq}\varepsilon_q\hat{i}_k \tag{3.28a}$$

作为由于压电性产生的极化并且

$$\rho^{R} = -\nabla \cdot \boldsymbol{D}^{R} \tag{3.28b}$$

作为相对应的极化电荷，式(3.28b)可用电势 φ 重新写为

$$k_{ik}\frac{\partial}{\partial x_i \partial x_k}\varphi = -(\rho^{R} - en + eN_{D}^{+}) \tag{3.29}$$

由于压电产生的表面电荷由 $\Sigma^{R} = -\boldsymbol{n}\cdot\Delta\boldsymbol{D}^{R}$ 来计算，其中 $\Delta\boldsymbol{D}^{R}$ 是横跨材料表面的 $\boldsymbol{D}^{R}$ 的变化，而 $\boldsymbol{n}$ 是垂直于表面的单位法向矢量。为了简明些，我们忽略由于ZnO的极化面而引入的表面电荷。

热平衡下电子的重新分布由费米-狄拉克统计给出：

$$n = N_{c}F_{1/2}\left(-\frac{E_{c}(\boldsymbol{x}) - E_{F}}{kT}\right) \tag{3.30a}$$

$$N_{c} = 2\left(\frac{2\pi m_{e}kT}{h^{2}}\right)^{\frac{3}{2}} \tag{3.30b}$$

式中，导带边 $E_{c}(\boldsymbol{x})$ 是空间坐标的函数。N_{c} 为导带有效态密度，它由导带电子的有效质量 m_{e} 和温度 T 决定。对于大的应变，形变势可能是重要的。具体来讲就是，带边移动 ΔE_{c} 是静电能部分和形变势部分的和：

$$E_{c} - E_{c_0} = \Delta E_{c} = -e\varphi + \Delta E_{c}^{\text{deform}} = -e\varphi + a_{c}\frac{\Delta V}{V} \tag{3.31}$$

式中，E_{c_0} 是自由的没有形变的自持半导体材料的导带边；$\Delta E_{c}^{\text{deform}} = a_{c}\Delta V/V$ 是由于形变势所引起的带边移动[15]，它正比于体积的相对改变量 $\Delta V/V$，而 a_{c} 是形变势常数。最后，施主的电离过程由下式给出：

$$N_{D}^{+} = N_{D}\frac{1}{1 + 2\exp\left(\frac{E_{F} - E_{D}}{kT}\right)} \tag{3.32}$$

式中，$E_{D}(\boldsymbol{x}) = E_{C}(\boldsymbol{x}) - \Delta E_{D}$ 是依赖于位置的施主能级。常数 ΔE_{D} 是施主的电离能。N_{D} 是施主的浓度。

3.7.2　考虑掺杂情况下压电势的计算

具有中度载流子浓度的弯曲ZnO纳米线的压电势可以被计算出来。需要指出的是，这些方程[式(3.29)～式(3.32)]仅仅在体系的尺寸不是太小时才有效。对于小体系，由于离散的束缚态，强的禁域需要用到量子力学来考虑。例如在GaN/AlGaN高迁移率电子晶体管中需要精细的理论，在那里量子效应很重要。接下来的章节我们对直径约50 nm或者更大的纳米线进行计算，其中非量子力学的计算仍然是可以接受的。

在达到热力学平衡时整个弯曲半导体纳米线的费米能级是平的。因为假定纳米线生长在一个尺寸远大于它的基底之上，因此基底可以视为一个固定费米能级

的“蓄水池”。本文中我们假定基底和纳米线都是由相同的材料组成。对于那些和基底形成直接异质结，底部有可能形成耗尽区或电荷积累区的，本文不予讨论。

考虑到对称性，我们仅需要计算 $x>0$ 这半个空间。另一半空间的解可以由关于 $x=0$ 平面的镜像对称立即得到。为了保证收敛，我们首先通过引入一个高温 T_{high} 极限情况来线性化式(3.30a)和式(3.32)。为使式(3.30a)和式(3.32)的计算方便，我们定义如下变量：

$$\eta=-\frac{E_{\text{c}}(\boldsymbol{x})-E_{\text{F}}}{kT} \quad \text{及} \quad \eta_{\text{D}}=\frac{E_{\text{F}}-E_{\text{D}}}{kT}=\eta+\frac{\Delta E_{\text{D}}}{kT} \tag{3.33}$$

当 $T=T_{\text{high}}$ 很大，η 和 η_{D} 不再依赖于位置；因此为了便于求解，问题被线性化了。作为一个收敛工具，T_{high} 本身并不要求具有实在的物理意义。尽管如此，确实可以根据高温 $T=T_{\text{high}}$ 下的解来洞察出一些物理意义。事实上，当 $T=T_{\text{high}}$ 时 $\eta\approx\eta_{\text{D}}\approx\ln\left(\frac{N_{\text{D}}}{N_{\text{C}}}\right)$，因此，$N_{\text{D}}^{+}=n$，同时，式(3.29) 将给出一个没有屏蔽的解，好像氧化锌中既没有施主又没有自由载流子。当系统从 T_{high}“冷却”到实际温度时，方程变得越来越非线性。η 的值表明了系统的简并情况，当 $\eta>-3$ 时可被认为是高度简并的。在以后的结果中我们将会看到，即使施主浓度相对来说比较低，问题中仍然会包含一些简并。这和 GaN/AlGaN 高迁移率电子晶体管 2DEG 的情况类似，其中即使局部掺杂水平很低依然有电子的积累。

图 3.5(a)显示的是在 $N_{\text{D}}=1\times10^{17}\,\text{cm}^{-3}$ 和 $T=300\text{K}$ 时，$x=0$ 截面的等势线，他们正好通过纳米线的轴。图 3.5(b)给出的是在 $z=400$ nm 处垂直于纳米线轴的截面上的等势线。静电的计算基于小形变假定，其中忽略了拉格朗日参考系和欧拉参考系的区别。为了做个对比，在不真实的温度 $T=T_{\text{high}}=300\,000$ K 得来的结果也在图 3.5(c)和图 3.5(d)中画了出来，这对应于一个没有自由载流子的 ZnO 绝缘体。

纳米线正电势端最大值从对应于绝缘体的图 3.5(d)所示的约 0.3 V 明显地降到了对应于中度掺杂的图 3.5(b)所示的不到 0.05 V。另一方面，压缩端（负电势端）的电势很好地保存住了。这和使用 n 型 ZnO 纳米线的基于 AFM 的纳米发电机的只观察到负脉冲的实验结果相一致。它也和当 AFM 的探针接触到纳米线的压缩面时只能观察到负电势峰的输出相一致。在这个模型中正电势的降低是由于基底中大量自由电子的流入造成的。当正的极化电荷 $\rho^{\text{R}}>0$ 试图产生一个正的局部电势 $\varphi>0$ 时，将导致局部导带向下弯曲。当 η 接近甚至超过 0 时，来自基底“蓄水池”内大量的自由电子将会注入到纳米线中以此屏蔽正电势。

然而，在负电势端（纳米线的压缩端），由于 η 具有大的负值自由载流子已经被耗尽了，只留下 $\rho^{\text{R}}+eN_{\text{D}}^{+}$ 作为式(3.29)中的净电荷。我们用 3.3 节中导出的解析

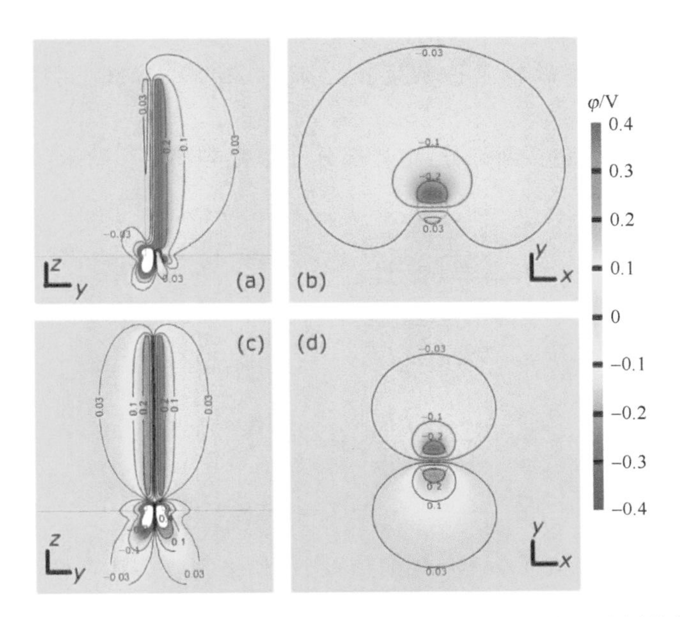

图 3.5　在 $N_D=1\times10^{17}\text{cm}^{-3}$ 时计算出的压电势 φ 的图。为了绘图的简便，没有显示纳米线弯曲时的形状。除了彩图，还附加了 $\varphi=-0.4$ V，-0.2 V，-0.1 V，-0.03 V，0.03 V，0.1 V，0.2 V 和 0.4 V 的等势线图。这个纳米线的尺度是：$a=25$ nm，$l=600$ nm 并且外加力 $f_y=80$ nN。(a) $T=300$ K 时 $x=0$ 处 φ 的截面图。底部的空白区域里 $\varphi<-0.4$ V。为了更好地显示纳米线中的电势分布 φ，我们对这块区域的细节进行了过饱和处理。此处，我们主要集中于纳米线中的行为，而关于底部反转区我们将留待以后研究。(b) $T=300$ K 时，高度 $z=400$ nm 处的截面电势图。这里考虑到关于 $x=0$ 面的镜面对称性，仅计算了个 $x>0$ 这半个空间。$x<0$ 空间的图可以由 $x>0$ 的解通过一个简单的镜像反射得出。(c) 和 (d) 为在 $T=T_{\text{high}}=300\,000$ K 高温情况下的计算结果，这是为了和前面没有掺杂时的结果相比较以检测它的收敛性。再一次极大峰值过饱和了。(c) 显示的是 $x=0$ 的截面，(d) 是高度 $z=400$ nm 处的截面的电势图。引自文献[14]

方程来估算极化离子电荷的浓度。把 $a=25$ nm，$l=600$ nm 和 $f_y=80$ nN 代入 $\rho^{\text{R}}=\dfrac{f_y}{I_{xx}E}[2(1+\nu)e_{15}+2\nu e_{31}-e_{33}]y$，其中 $I_{xx}=\dfrac{\pi}{4}a^4$，可以在线的表面 $y=a$ 附近得到一个典型的压电极化电荷密度 $\rho_{\text{R}}^{y=a}/e\sim-8.8\times10^{17}\text{cm}^{-3}$，其中 e 是单个电子的电量。当 $N_D=1\times10^{17}\text{cm}^{-3}$ 时，即使所有的电子都被耗尽了，ρ_{R} 在负端仍不能被完全屏蔽，这是因为 N_D 远小于 $\rho_{\text{R}}^{y=a}/e$。对于一个具有很高施主浓度（$N_D>10^{18}\text{cm}^{-3}$）的纳米线，总的 $\varphi\approx0$ 中性状态可以发生在每个地方。也就是说一个具有很高自由

载流子浓度的纳米线将具有很小的压电势。这符合对于紫外光照后纳米发电机的实验测量。实际上，不做特意掺杂生长出来的 ZnO 纳米线的掺杂水平远小于 $10^{18}\,\text{cm}^{-3}$。

带边的移动 ΔE_c 包括两部分：电势部分和形变势部分。纳米线中应力的圣维南解是：

$$\sigma_{zz} = -\frac{f_y}{I_{xx}} y(l-z),\ \sigma_{xx} = \sigma_{xx} = 0$$

因此，

$$\begin{aligned} |\Delta E_c^{\text{deform}}| &= a_c\,|\Delta V/V| = a_c\,|\text{Tr}(\varepsilon)| = a_c\,\left|\frac{1-2\nu}{E}\text{Tr}(\sigma)\right| \\ &= \left|-a_c\frac{1-2\nu}{E}\frac{f_y}{I_{xx}}y(l-z)\right| \\ &< a_c\frac{1-2\nu}{E}\frac{f_y}{I_{xx}}\cdot a\cdot l = 46\ \text{meV} \end{aligned}$$

随后观测到，这个值远小于负端的值 $|e\varphi|$，如果主要关注负端电势的量级时，在计算前可以忽略掉形变势。它也表明实验上观测到负电势不是由于形变势造成的能带移动，而是主要来自压电效应。

如图 3.6(a)中 η 所示，被屏蔽正端的简并很显著。在电荷积累区的简并来源于压电效应而不是大的施主浓度或低的温度。形变前，$T=300$ K，$N_D=1\times10^{17}\,\text{cm}^{-3}$ 时 $\eta=\eta_0=-3.77$，这在简并尺度之下。为了研究温度对自由载流子分布和最终电势的影响，我们绘出在不同温度下 n、η 和 φ 的图[图 3.6(c)～(e)]。在 $100\ \text{K}<T<400\ \text{K}$ 这个范围内，n、η 和 φ 的变化很小。如图 3.6(b)所示在耗尽区内自由载流子的浓度是 $n\sim10^{15}\,\text{cm}^{-3}$，在电荷积累区 $n\sim\rho_R/e+N_D\sim10^{18}\,\text{cm}^{-3}$。电荷积累区和耗尽区的边界很分明。我们注意到电荷积累区的宽度远小于线的直径 a，这意味着导带电子的强烈禁域效应。这个强烈的禁域效应可能会导致纳米线未弯曲状态下所没有的更强的量子效应。

为了研究 N_D 的变化如何影响压电势，我们在图 3.7 中绘出图(a) 电势 φ、(b) 参数 η、(c) 自由电子浓度 n 和(d) $T=300$ K 不同施主浓度下 $0.6\times10^{17}\,\text{cm}^{-3}<N_D<2.0\times10^{17}\,\text{cm}^{-3}$ 电离中心的施主浓度 N_D^+。可以看出在这个体系下电势 φ 对施主浓度不是很敏感。然而正如我们已经讨论过的，当 $N_D>10^{18}\,\text{cm}^{-3}$ 时，φ 将会是完全电中性。在 $y<0$ 区域（纳米线的拉伸端），由于大的 η 值，简并总是明显的，如图 3.7(b)。因此，如图 3.7(c)所示，电子将在 $y<0$ 积累并会在纳米线的压缩端($y>0$)耗尽。另一方面，如图 3.7(d)所示，在 $y<0$ 端，施主中心没有完全的电离，这使得 $y<0$ 端的局部电荷密度 $\rho^R-en+eN_D^+$ 更小。

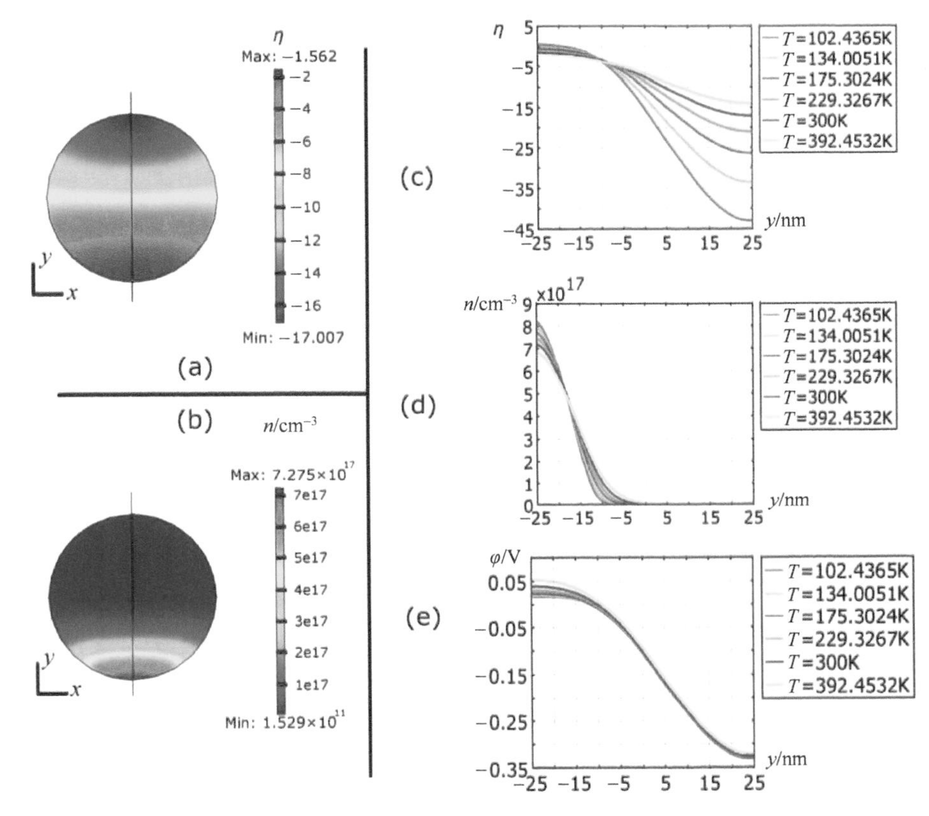

图 3.6　当 $N_D=1\times10^{17}\,cm^{-3}$ 和 $T=300$ K 时，高度在 $z=400$ nm 处参数 η 的彩色截面图(a)和局部电子浓度 n 的彩色截面图(b)。因为有关于 $x=0$ 的镜面对称性，我们仅计算了 $x>0$ 的半个空间。$x<0$ 区域的图是通过一个简单的关于 $x>0$ 空间的镜像反射得出的。(c)～(e)不同温度下沿着图(a)和(b)直径方向上的 η、n 和 φ 分布。水平轴是 y 坐标

3.7.3　掺杂浓度的影响

本节的主要目的是研究不同参数对于形变 ZnO 半导体纳米线内部达到平衡时压电势分布的影响。特别是，我们将计算当自由载流子达到热力学平衡时，不同掺杂浓度、不同的外加力以及不同的几何构型下，纳米线内部的电势分布[16]。

一个沿 c 轴外延生长的 ZnO 纳米线，受到一个施加在顶部的横向力而弯曲。为了简化计算，我们选择了一个轴对称模型。这意味着可先解出 $x>0$ 半平面的解，而另一半可以通过关于 $x=0$ 的镜面对称得出。

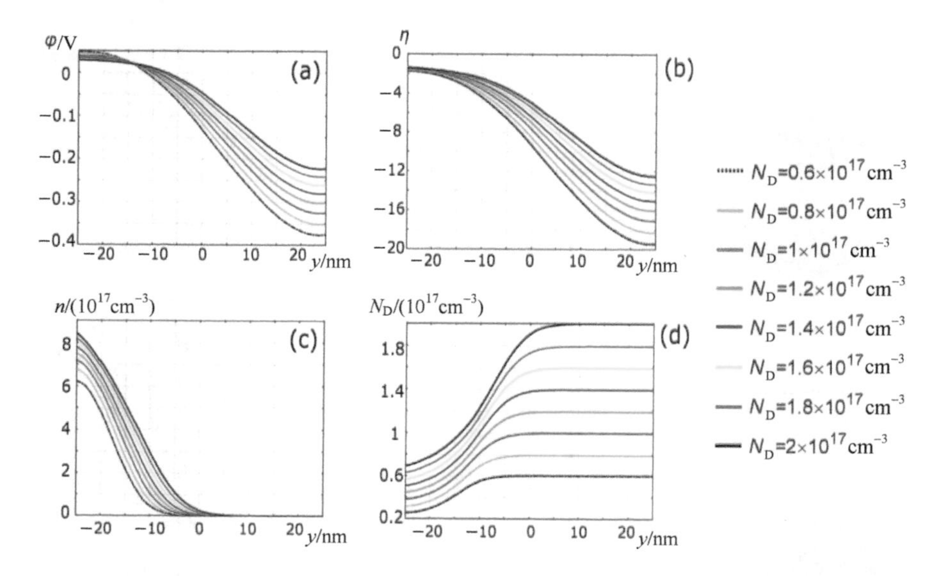

图 3.7　在不同施主浓度 $0.6\times10^{17}\,cm^{-3}<N_D<2.0\times10^{17}\,cm^{-3}$ 下的(a)压电势 φ，(b)参数 η，(c)自由电子浓度 n，(d)电离施主中心浓度。纳米线的尺寸是：$a=25$ nm，$l=600$ nm，外加力是 $f_y=80$ nN。$T=300$ K

图 3.8 显示出施主浓度对平衡压电势和局部电子密度的影响。图 3.8(a)～(c)分别代表低(0.5×10^{17} cm^{-3})、中(1×10^{17} cm^{-3})、高(5×10^{17} cm^{-3})施主浓度 N_D下的压电势。图 3.8(d)～(e)给出了在 $T=300$ K 时，介于 0.05×10^{17} cm^{-3}和 5×10^{17} cm^{-3}之间的不同施主浓度对电势 φ 和电子浓度 n 的影响。在拉伸端显示的是正电势，相对于压缩端来说它对施主浓度的 N_D增加不是很敏感。当 $N_D=5\times10^{17}$ cm^{-3}时电势几乎被完全屏蔽掉了。压缩端电势受屏蔽的原因是由于自由电子将会在这个区耗尽，同时它们会在拉伸端积累。另外正电势的降低是由于来自基底的自由电子的流入，基底处电子是很丰富的。自由电子浓度的增加可以从图 3.8(e)明显地看出。

图 3.9 显示的是外加力对平衡电势分布和局部电子密度的影响。所有其他的参数保持一定：纳米线的线长 600 nm，半径 25 nm，施主浓度 $N_D=1\times10^{17}$ cm^{-3}。而力在 40 nN$<F<$140 nN 的范围内变化。在计算中，为了避免点形变，力被加载到纳米线的顶端。当增加外力时，压缩端的电势增加[如图 3.9(a)]，在力最大时该电势达了 0.7 V。当力增加时拉伸端的自由电子浓度也随着增加[图 3.9(b)]，这是由更大的应变造成的极化电荷增加所导致的。图 3.9(a)也显示了在弱力和强力情况下电势和定标的形变的彩图。图 3.9(b)显示的是在 $z=400$ nm 的截面处自由电子浓度的彩图，最后一个图是通过关于 $x=0$ 平面的镜像对称得来的。

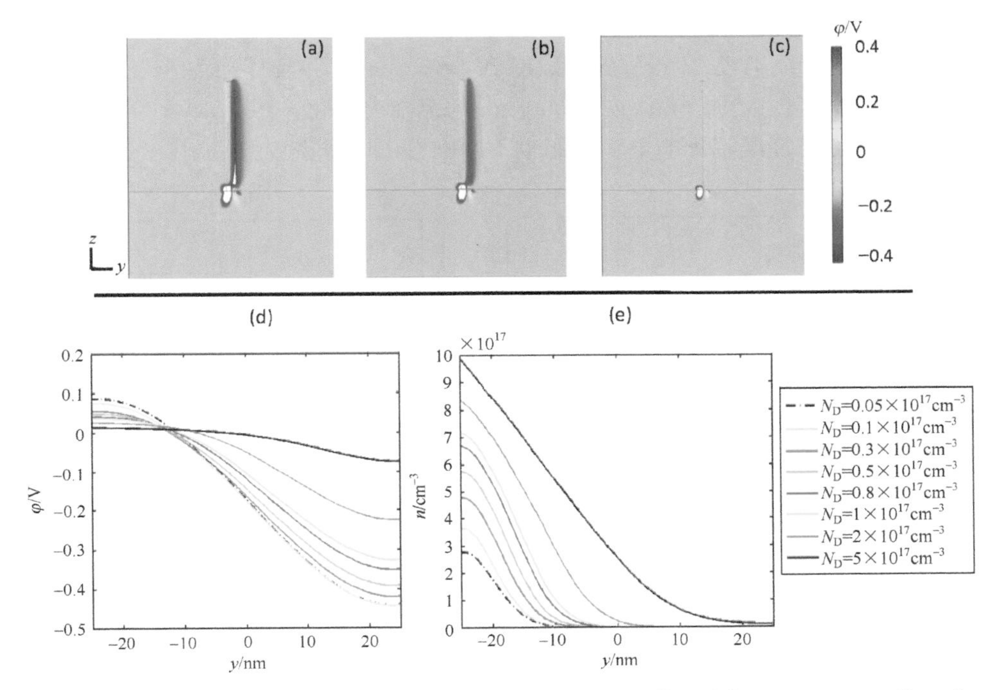

图 3.8 施主浓度为(a) $N_D=0.5\times10^{17}\text{cm}^{-3}$,(b) $N_D=1\times10^{17}\text{cm}^{-3}$和(c) $N_D=5\times10^{17}\text{cm}^{-3}$时,计算出的 $x=0$ 处的压电势截面分布彩图。纳米线的尺寸是 $L=600$ nm,$a=25$ nm;外力是 $f_y=80$ nN。在 $T=300$ K,不同施主浓度 $0.05\times10^{17}\text{cm}^{-3}<N_D<5\times10^{17}\text{cm}^{-3}$ 下的(d)压电势和(e)局部电子密度。线条图是沿着位于 $z=400$ nm 的纳米线的直径方向取得的

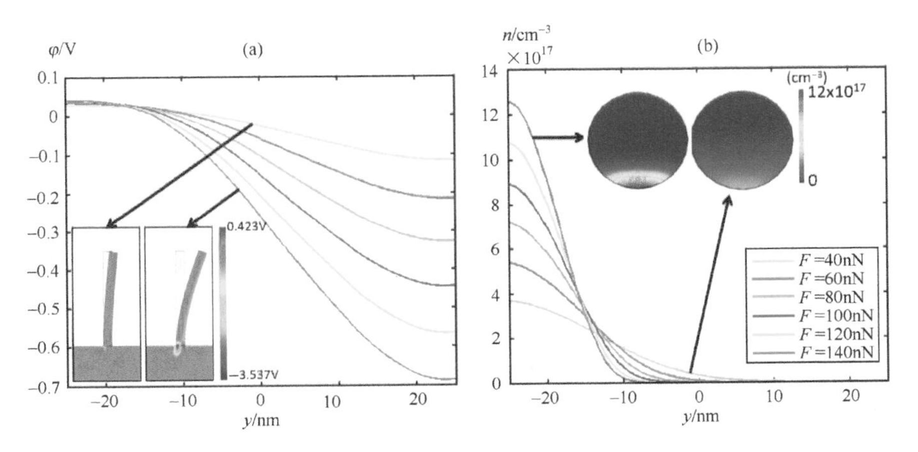

图 3.9 位于 40 nN$<F<$140 nN 间的不同外力下的(a)压电势和(b)局部电子密度。(a)也显示了在 $x=0$ 截面上 $F=40$ nN 和 $F=140$ nN 时计算出的压电势的彩图。(b)也显示了在高度为 40 nm 处截面上 $F=40$ nN 和 $F=140$ nN 时计算出的自由电子分布彩图。因为有关于 $x=0$ 的镜面对称性,我们仅计算了 $x>0$ 的半个空间。$x<0$ 区域的图是通过一个简单的关于 $x>0$ 空间的镜像反射得出的。引自文献[17]

在图 3.10 和图 3.11 中研究了纳米线几何尺寸对压电势和局部电子密度的影响。在保持纳米线半径 25 nm，施主浓度 $N_D=10^{17}\,cm^{-3}$ 并且外加力 80 nN 的情况下，纳米线的长度在 200 nm<L<1000 nm 的范围内变化。图 3.10(a)和 3.10(b)显示纳米线的长度既不影响电势分布也不影响自由电子密度。

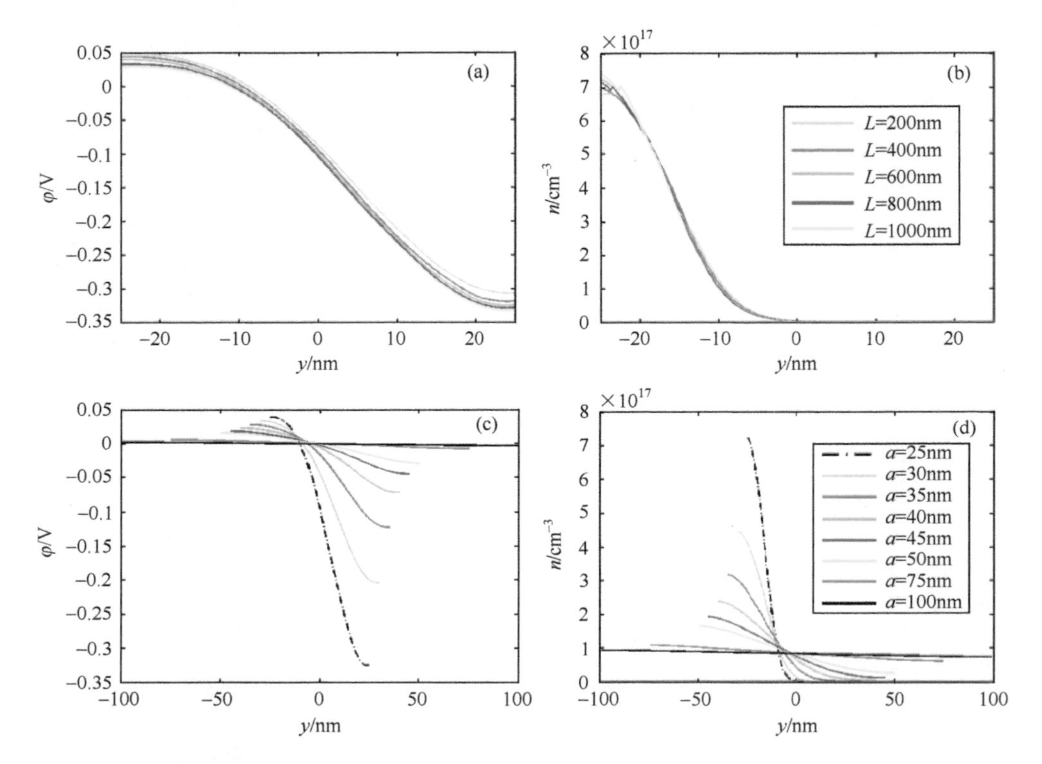

图 3.10　长度位于 200 nm<L<1000 nm 之间的不同纳米线的(a)压电势和(b)局部电子密度。半径位于 25 nm<a<100 nm 之间的不同纳米线的(c)压电势和(d)局部电子密度。T=300 K 下，施主浓度为 $N_D=10^{17}\,cm^{-3}$；外加力是 $f_y=80$ nN。线条图是沿着位于 $z=400$ nm 的纳米线的直径方向取得的

保持纳米线的长度 600 nm，在 25 nm<a<100 nm 这个范围内研究半径变化导致的效应。图 3.10(c)和 3.10(d) 分别显示了电势和自由电子浓度的结果。半径的增加同时降低了这些参数；在半径为 100 nm 时，电势基本上呈现中性。需要指出的是，增加半径也会降低纳米线形变的大小，因为外力保持不变。

图 3.11 显示的是长径比 L/a 对压电势和自由电子分布的影响。它总结了先前在图 3.10 显示的结果：长度变化不影响变量，而增加半径会同时降低它们。

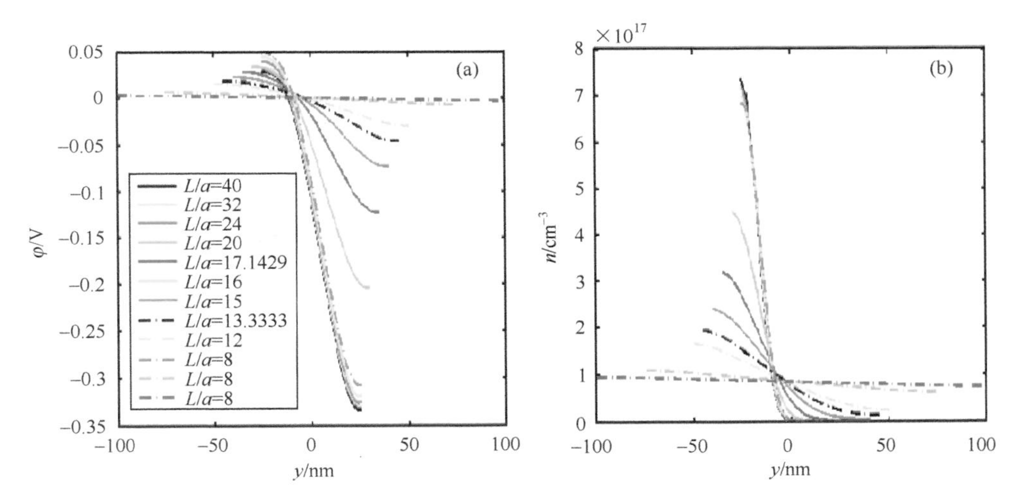

图 3.11 长径比位于 $6<L/a<40$ 之间的不同纳米线的(a)压电势和(b)局部电子密度。$T=300$ K 下,施主浓度为 $N_D=10^{17}$ cm^{-3};外加力是 $f_y=80$ nN。线图是沿着位于 $z=400$ nm的纳米线的直径方向取得的

3.7.4 载流子类型的影响

现在放弃原位合成的 ZnO 纳米线是 n 型掺杂的假定,我们有可能得到稳定的 p 型 ZnO 纳米线。由于纳米线没有位错并且表面有高浓度的空位,所以 p 型 ZnO 有可能是稳定的。在考虑了有限载流子浓度的情况下,我们计算了弯曲 p 型纳米线的压电势。对一个没有掺杂的横向弯曲纳米线来说,拉伸面显示正压电势而压缩面显示负压电势。对于一个有限 p 型掺杂而言,空穴倾向于在负电势端积累。因此负端部分地被空穴屏蔽而正端压电势保持不变。运用泊松方程和载流子的费米-狄拉克分布,对于一个直径 50 nm、长度 600 nm、受主浓度 $N_A=1\times10^{17}$ cm^{-3} 的典型纳米线来说,在受到一个 80 nN 的弯曲力时,可以得出压电势在负端大于 −0.05 V,而在正端约 0.3 V (图 3.12)。即 p 型纳米线的压电势主要由拉伸面的正压电势来决定[17]。

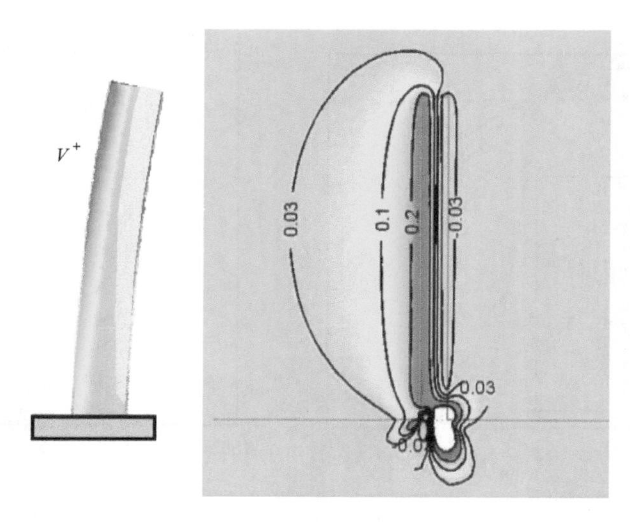

图 3.12 计算出的一个受到来自左端的横向力的 p 型 ZnO 纳米线的压电势分布

参考文献

[1] H. J. Xiang, J. L. Yang, J. G. Hou, Q. S. Zhu, *Applied Physics Letters* **89**, 223111 (2006).

[2] Z. C. Tu, X. Hu, *Physical Review B* **74**, 035434 (2006).

[3] A. J. Kulkarni, M. Z. a. F. J. K. , *Nanotechnology* **16**, 2749 (2005).

[4] P. J. Michalski, N. Sai, E. J. Mele, *Physical Review Letters* **95**, 116803 (2005).

[5] Z. L. Wang, X. Y. Kong, Y. Ding, P. X. Gao, W. L. Hughes, R. S. Yang, Y. S. Zhang, *Advanced Functional Materials* **14**, (10), 943 (2004).

[6] J. F. Nye, *Physical Properties of Crystals*. Oxford University Press: 1957.

[7] Q. H. Qin, *Fracture Mechanics of Piezoelectric Materials*. WIT Press: Southampton, UK, 2001.

[8] Y. F. Gao, Z. L. Wang, *Nano Lett*. **7**, 2499 (2007).

[9] R. W. Soutas-Little, *Elasticity*. Dover Publications: Mineola, NY, 1999.

[10] J. Zhou, P. Fei, Y. F. Gao, Y. D. Gu, J. Liu, G. Bao, Z. L. Wang, *Nano Letters*, **8**, 2725 (2008).

[11] Z. Y. Gao, J. Zhou, Y. D. Gu, P. Fei, Y. Hao, G. Bao, Z. L. Wang, *J. Appl. Physics* **105**, 113707 (2009).

[12] C. S. Lao, J. Liu, P. X. Gao, L. Y. Zhang, D. Davidovic, R. Tummala, Z. L. Wang, *Nano Lett*. , **6**, 263 (2006).

[13] Y. F. Gao, Z. L. Wang, *Nano Letters* **9**, 1103 (2009).

[14] F. Sacconi, A. Di Carlo, P. Lugli, H. Morkoc, IEEE *Transactions on Electron Devices* **48**, (3), 450 (2001).

[15] W. Shan, W. Walukiewicz, J. W. Ager, K. M. Yu, Y. Zhang, S. S. Mao, R. Kling, C. Kirchner, A. Waag, *Appl Phys Lett*. **86**, (15), 153117 (2005).

[16] G. Mantini, Y. F. Gao, A. D'Amico, C. Falconi, Z. L. Wang, *Nano Research* **2**, 624 (2009).

[17] M. P. Lu, J. H. Song, M. Y. Lu, M. T. Chen, Y. F. Gao, L. F. Chen, Z. L. Wang, *Nano Letters* **9**, 1223 (2009).

第 4 章　纳米发电机的工作原理

纳米发电机概念的第一次提出是在用原子力显微镜(AFM)测量氧化锌纳米线的压电性质的时候[1]。氧化锌具有纤锌矿结构,其中 Zn^{2+} 与 O^{2-} 形成四面体配位。中心对称性的丧失导致了压电效应,利用这个效应可以实现机械应力/应变与电压之间的相互转化,而这是由于晶体中阴离子和阳离子间的相对位移所导致的。我们的第一步工作是介绍纳米发电机的基本工作原理。

4.1　垂直一致取向纳米线构成的纳米发电机

4.1.1　压电纳米发电机的概念

作为证明压电发电机概念的第一步,我们基于生长在固态导电基底上排列整齐的氧化锌纳米线[图 4.1(a)]开展研究[2-4]。使用原子力显微镜进行测量,在其 Si 探针上包覆了一层 Pt 膜,探针的锥角是 70°。矩形悬臂梁的校准法向弹簧系数是 0.76 N/m[图 4.1(c)]。在原子力显微镜的接触模式下,针尖与样品表面始终保持 5 nN 的力。探针扫过氧化锌纳米线的顶端,同时探针的高度会根据表面形貌和局部接触力相应发生改变[图 4.1(b)]。室温下,纳米线的热振动可以忽略不计。用银浆连接基底上(大)的氧化锌膜与测量电路,以此作为纳米线底端的电学接触。当探针扫过纳米线时,持续监测负载电阻 $R_L = 500\ \mathrm{M\Omega}$ 上的输出电压(注意所定义电压信号的极性)。在测量的任何一个阶段都没有加载外部电压。

实验上,当原子力显微镜探针扫过一致取向的纳米线阵列时,同时记录了拓扑图(扫描器的反馈信号)和相应的负载两端输出电压图。在接触模式中,当探针扫过一致取向的垂直纳米线时,纳米线被持续地弯曲。弯曲的距离记录在拓扑图中,从图中可以直接得出纳米线的最大弯曲偏转距离、弹性模量以及纳米线阵列的线密度。

电压输出图中每个接触位置处,都有很多的尖锐峰[图 4.1(c)]。需要注意的是相对于接地端,输出电压信号实际上是负的。通过检查单根纳米线的拓扑图及其相应的输出电压,可以观测到电压输出信号存在延迟[图 4.1(d)]。这意味着当探针刚接触到这根纳米线时没有电能输出,当探针快要和这根纳米线分离时产生了一个尖锐的电压峰。这个延迟是电能输出过程的一个重要特征。需要注意的是,此处的电压 V_L 是由流经外部负载 R_L 的电流转换得到的。基于氧化锌纳米线

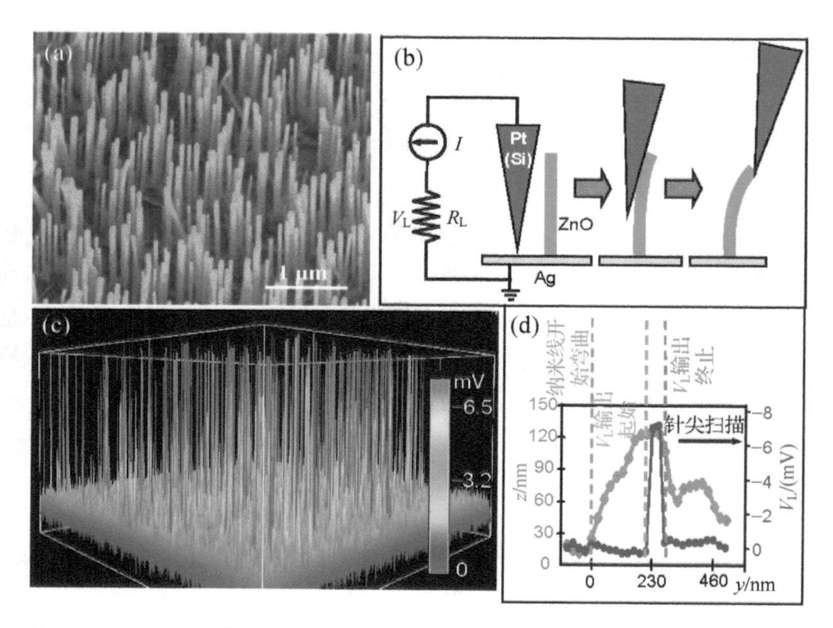

图 4.1　(a) GaN/蓝宝石基底上生长的排列整齐 ZnO 纳米线的扫描电镜照片。(b) 实验装置和用导电 AFM 探针弯曲压电纳米线产生电能的过程。AFM 在接触模型下扫过纳米线阵列。(c) 当 AFM 探针扫过纳米线阵列时的输出压电图。(d) 只扫描一个纳米线时 AFM 的拓扑图像(红线)及相应的输出电压图(蓝线)的叠加图。电信号输出延迟很明显

的纳米发电机有如下实验特征：

(1) 输出电压是一个尖锐的峰，并且相对于这根纳米线的接地端是负的。

(2) 当探针刚接触这根纳米线并且推它时没有电流输出，只有当探针在接触后半部分快要离开这根纳米线时才可观测到一个电力输出；

(3) 只有当探针接触到这根纳米线的压缩面时才会有电力输出[5]；

(4) 只有使用压电纳米线才能观测到输出信号。如果所用的这些纳米线是由三氧化钨、碳纳米管、硅或者金属组成就不会有电学输出。摩擦或者接触势在电力输出中不起作用。

(5) 输出信号的幅值极其依赖于这些纳米线的尺寸[6]。

(6) 为了产生电力，探针和纳米线间的接触必须是肖特基接触，而这根纳米线和接地端间的接触是欧姆接触。

4.1.2　电极-纳米线界面处的肖特基势垒

金属和半导体间有两种类型的接触。最典型的是欧姆接触，它在界面处没有势垒，因此在正向或反向偏压下电子具有对称的输运性质。在这种情况下，I-V 曲

线是一个线性的曲线。另一方面，在界面处也可以形成一个势垒，此时界面处电子的输运将不再是对称的。图 4.2(a)(b)是金属和 n 型半导接触前和接触后的能带图。界面处形成的势垒 $\phi_B = \Phi_M - \chi$，即肖特基势垒，其中 Φ_M 是金属的功函数，χ 是电子亲和能。如果 $\Phi_M < \chi$，则接触是欧姆接触，如果 $\Phi_M > \chi$ 则接触是肖特基接触。

界面处肖特基接触的行为类似于一个“二极管”[图 4.2(c)(d)]。正向偏压下，即金属具有高的电势时，电流可以通过势垒(例如，电子从半导体端流入金属端)。反向偏压下，即金属电势低时，电子不能越过势垒到达另一端，从而有效地切断了电流。

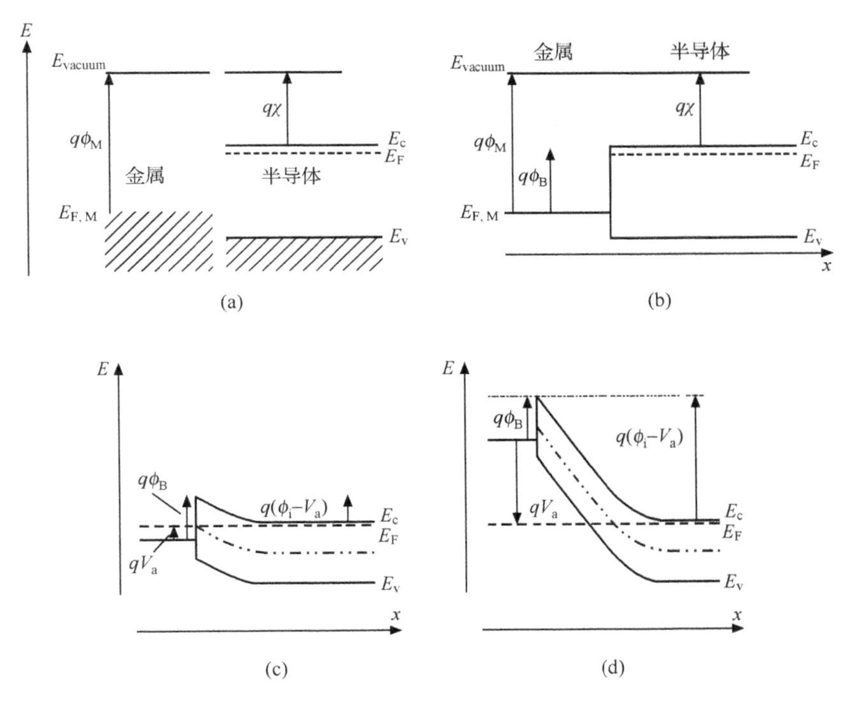

图 4.2　(a)(b)金属和 n 型半导体接触前后。(c)(d)正向和反向偏置时的肖特基接触

金属和氧化锌纳米线之间的肖特基接触是纳米发电机产生电流和输出过程中的一个重要因素。为了检测肖特基势垒在纳米发电机中所起的作用，我们使用基于原子力显微镜的操作和测量系统，这也就是我们第一次用来阐述压电纳米发电机时所使用过的[见图 4.3(a)]。当在接触模式下用一个包覆了 100 nm 厚 Pt 膜的 Si 探针扫描纳米线时，可以观测到电压峰[图 4.3(b)]，输出电压约为 −11 mV (负号意味着电流从接地端流向外负载)。把探针换成 Al-In(30 nm/30 nm)合金包覆的 Si 探针，氧化锌纳米线就没了压电输出[图 4.3(c)]。为了理解使用两种不

同类型针尖时两种截然不同的输出特性，我们测量了它们与这些氧化锌纳米线间的 I-V 特性。为了确保接触的稳定性，如图 4.3(d)所示，我们用的是和一组纳米线接触的大电极。Pt-ZnO 间显示出明显为肖特基二极管接触图 4.3(e)，而 Al-In 与 ZnO 间则是欧姆接触。参照图 4.3(b)(c)所示的压电输出，我们得出结论：金属电极和氧化锌的肖特基接触是纳米发电机正常工作的一个必要条件[7]。

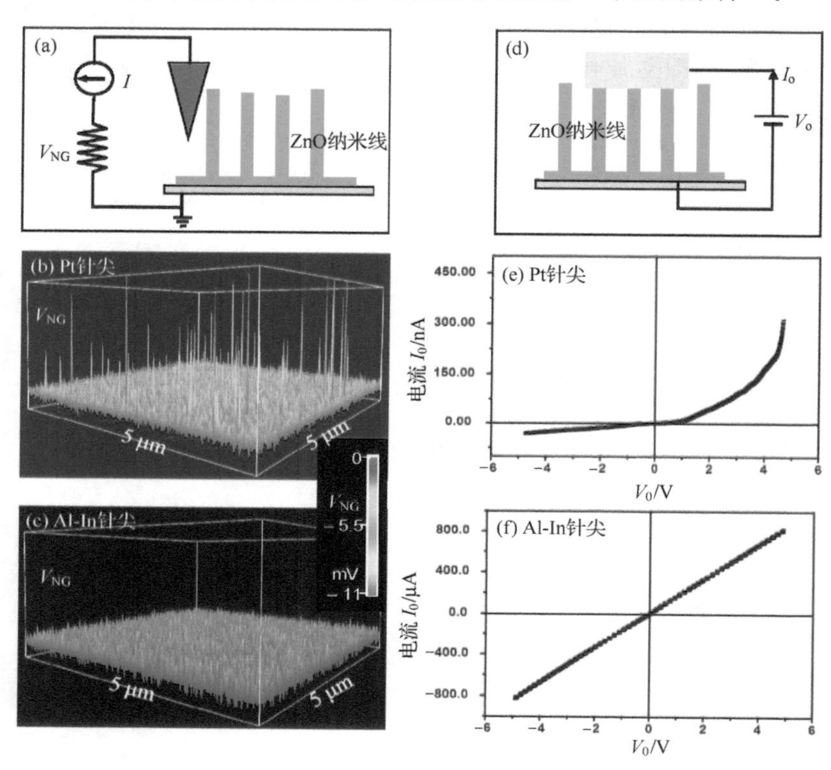

图 4.3 (a) 基于 AFM 的测试装置，用来找出金属-ZnO 接触与纳米发电机输出间的关联。(b)用包覆 Pt 的 Si 探针扫描时，ZnO 纳米线阵列产生的电势输出。(c) 用包覆 Al-In 的 Si 探针扫描时，ZnO 纳米线阵列没有产生输出电势。(d) 用来表征金属-ZnO 纳米线接触 I-V 输运特性的实验装置。(e) Pt-ZnO 纳米线接触的 I-V 曲线，它显示出肖特基二极管特性。(f) Al-In 合金/ZnO 纳米线接触的 I-V 曲线，它显示出欧姆特性

4.1.3 电荷的产生和输出过程

图 4.4 描述了单根纳米线中电荷的产生、分离、积累和输出机制[1]。对于一根竖直氧化锌纳米线[图 4.4(a)]来说，原子力显微镜探针所引起这根纳米线的偏移产生了一个应变场，它使外表面拉伸而内表面压缩[图 4.4(b)]。结果，这会产生

一个横跨这根纳米线截面的压电势，如果这根纳米线底部电极接地的话，这根纳米线的拉伸面具有正电势而压缩面具有负电势[图 4.4(c)]。在具有压电效应的纤锌矿结构晶体中，电势是由于 Zn^{2+} 阳离子与 O^{2-} 阴离子相对位移而产生的；因此在不释放应变的情况下这些离子电荷既不能自由移动也不能复合[图 4.4(c)]。在纳米线掺杂浓度很低的情况下，只要形变还在并且没有外部电荷(例如来自于金属接触)的注入，电势差就有可能保持住。这是电荷的产生和分离过程。

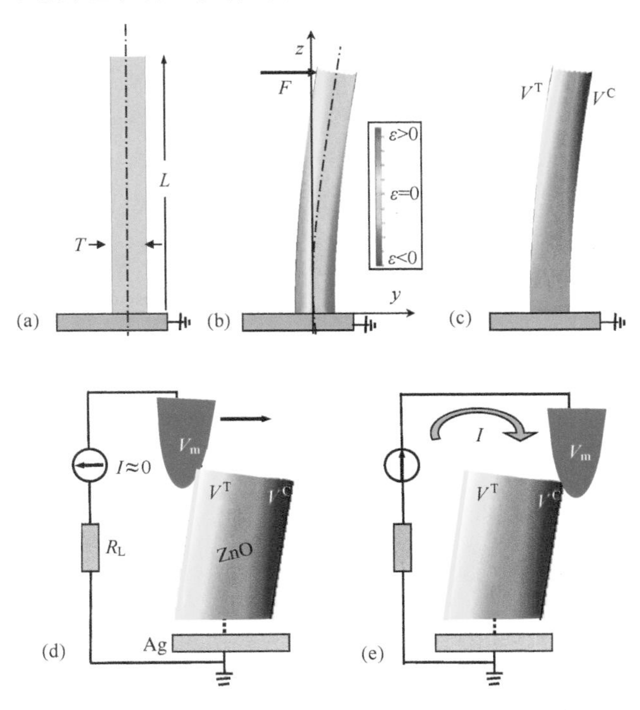

图 4.4　压电 ZnO 线/带发电过程的工作机制，它是耦合了压电与半导体性质并联合 AFM 探针-半导体界面肖特基势垒的结果。(a) 定义线/带的示意图。(b) 被 AFM 探针从侧向弯曲后线/带内纵向应变的分布。(c) 压电效应所产生的线/带内电势分布，拉伸端和压缩端分别为正电势和负电势。(d)(e) AFM 探针与半导体 ZnO 线/带间的金属和半导体接触在两个相反的局部电势(正和负)下，分别显示了反向和正向偏置的肖特基整流特性。正是探针-带界面处肖特基势垒的相反的偏置特性使得压电电荷的保持和随后的放电输出成为可能。这种由于肖特基二极管产生的单向开关作用，对于观测压电输出来说非常重要。(d)中的过程是用来产生和维持电荷/电势，而(e)中的过程是通过外电路中电子的流动来释放电势。负载上负的电压输出是电流从 AFM 探针通过 ZnO 带流向接地端的结果

现在我们考虑电荷的积累与释放过程。第一步是电荷的积累过程，它发生在产生形变的导电原子力显微镜探针与具有正电势 V^{T} 纳米线拉伸面接触的时候[图 4.4(c)～(d)]。Pt 金属探针的电势几乎为零，$V_{m}=0$，因此金属探针-氧化锌界面处于反向偏置，这因为 $\Delta V = V_{m} - V^{T} < 0$。考虑到所合成氧化锌纳米线的 n 型特性，在这种情况下 Pt 金属-氧化锌半导体界面是一个反向偏置的肖特基二极管[图 4.4(d)]，并且会有小电流流过界面。接下来是电荷的释放过程。当原子力显微镜探针与这根纳米线的压缩面接触时[图 4.4(e)]，金属探针-氧化锌界面处于正向偏置，这是因为 $\Delta V = V_{L} = V_{m} - V^{C} > 0$。在这种情况下金属-半导体界面是一个正向偏置的肖特基二极管，它产生一个突然增加的输出电流。电流是 ΔV 驱动电子从半导体氧化锌纳米线流向金属探针的结果。通过纳米线在回路中流动达到探针的自由电子会中和纳米线中分布的离子电荷，并因此降低 V^{C} 和 V^{T} 的幅值。

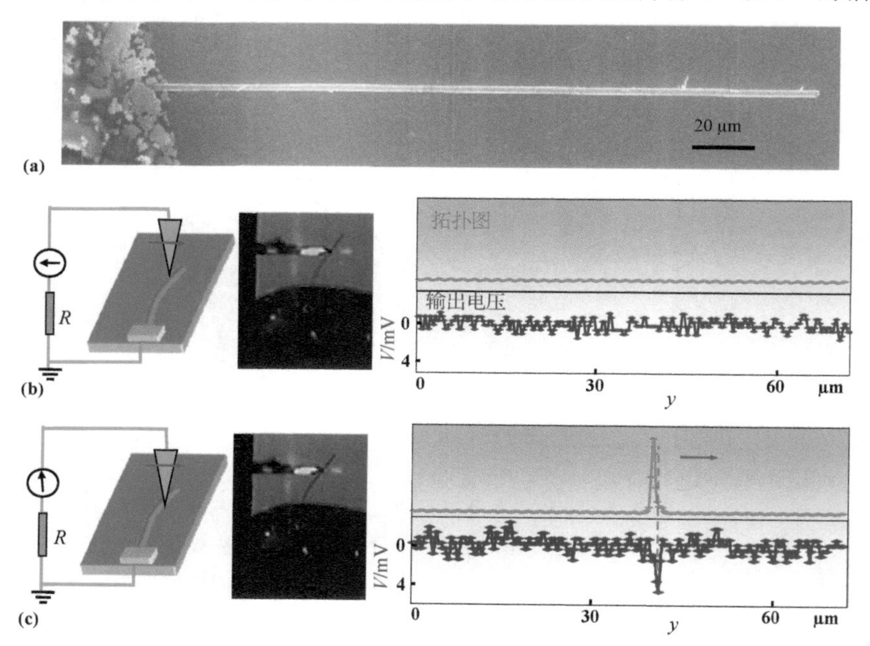

图 4.5 原位观测压电 ZnO 带把机械能转化为电能的过程。(a) 一端通过银浆固定于硅基底、另一端为自由的 ZnO 带的 SEM 图。带的截面为矩形。当探针扫过带的中部时，(b)(c) 三个特征快照和相应的拓扑图(红线)与输出电压(蓝线)。左边为实验情景的示意图，箭头来表示探针的扫描方向。(b)中，由拓扑图判断知，AFM 把带推向右端运动，但是还没有划过其顶部并越过它的顶部截面，这时检测不到输出电压。(c)中，由拓扑图中出现的峰可知，AFM 推带朝右端运动已经越过它的顶部截面，输出电压图中出现了一个尖锐的负峰。相对于法向力的图像(拓扑图中的峰)，输出电压峰有一个延迟。引自文献[5]

我们设计了一系列实验来检验上述提出的机制。我们的实验基于用原子力显微镜操纵单根氧化锌线/带[5]。选择一根足够长以至于可以在光学显微镜下看到的氧化锌线/带，一端通过银浆固定在硅基底上，而另一端是自由端。基底是本征硅因此它的导电性很差。把线置于基底上但是要和基底保持一小段距离以此消除除了固定端外和基底间的摩擦[图 4.5(a)]。当原子力显微镜探针扫过线/带时，同时记录拓扑图(扫描器的反馈信号)和负载两端相应的输出电压。拓扑图反映的是垂直于基底法向力的变化，仅当探针扫过线时会有一个凸点出现。当探针扫描线/带时，持续监控导电探针与地之间的输出电压。在实验的任何阶段都没有施加外部电压。整个实验过程和输出图像都有视频录制，因此我们能直接观察电的产生过程。

从拓扑图可以直接获得探针是否划过这个纳米带，因为它体现悬臂梁受到的法向力。当探针推这根线但没有越过它时，从拓扑图[图 4.5(b)]中扁平的输出信号来看，并没有输出电压产生，这表明拉伸端并没有产生压电放电过程。一旦探针越过纳米带并与压缩端接触(如拓扑图中尖峰所示)，就测到了一个尖锐的输出电压峰[图 4.5(c)]。通过分析拓扑图和输出电压图中分别测得峰的位置，我们注意到放电发生在当探针将要离开这根线的时候。这清晰地表明了压缩端引起了负的放电电压。

4.1.4　n 型材料纳米发电机的原理

我们现在考虑压电势的本质。压电势是由晶体中离子的极化而非由自由电荷的移动造成的。离子的电荷是刚性的并且是固定于原子上的，因此它们不能自由移动。半导体纳米线内的自由载流子会屏蔽这些压电电荷，但是它们并不能完全抵消/耗尽这些电荷。考虑到界面处的肖特基势垒，自由电子不能越过金属和氧化锌的边界，因此金属端积累电子和氧化锌端的压电电荷之间有可能形成一个“偶极”层。这和半导体物理中的 p-n 结截然不同。因此，压电势仍然保持住了，尽管它的大小可能会由于纳米线的有限导电性而有所降低。

合成出来的氧化锌纳米线通常是 n 型的。氧空位和杂质的出现以及占很大比例的表面原子(表面态)自然地使纳米线具有中等的导电性。这些自由载流子会屏蔽掉部分压电电荷，但是它们不会完全中和掉这些电荷。因此，即使考虑进氧化锌的中等程度导电性，虽然幅值减小了但压电势依然存在。

现在，基于能带模型，我们提出一个对纳米发电机电荷释放过程的理解。原子力显微镜探针(T)和纳米线是一个肖特基接触(势垒高度 Φ_{SB})，而这根纳米线和接地端(G)是一个欧姆接触[图 4.6(a)]。当探针轻轻地推纳米线时，在它的拉伸面会产生一个正的压电势 V^+。当探针继续推这根纳米线时，电子慢慢地从接地电极通过外部负载到达探针，但是由于接触区域的反向偏置肖特基势垒，电子不能越过探针-纳米线界面[图 4.6(b)]。在这种情况下由于纳米线内电荷载流子的屏蔽效应，探针积累的自由电子会影响纳米线中压电势的分布。压电势是由纳米线中刚性的、不能移动的离子电荷产生的，它不能被自由载流子完全耗尽。新建立的局部电势 V'^{+} 会略微降低导带(CB)的高度。

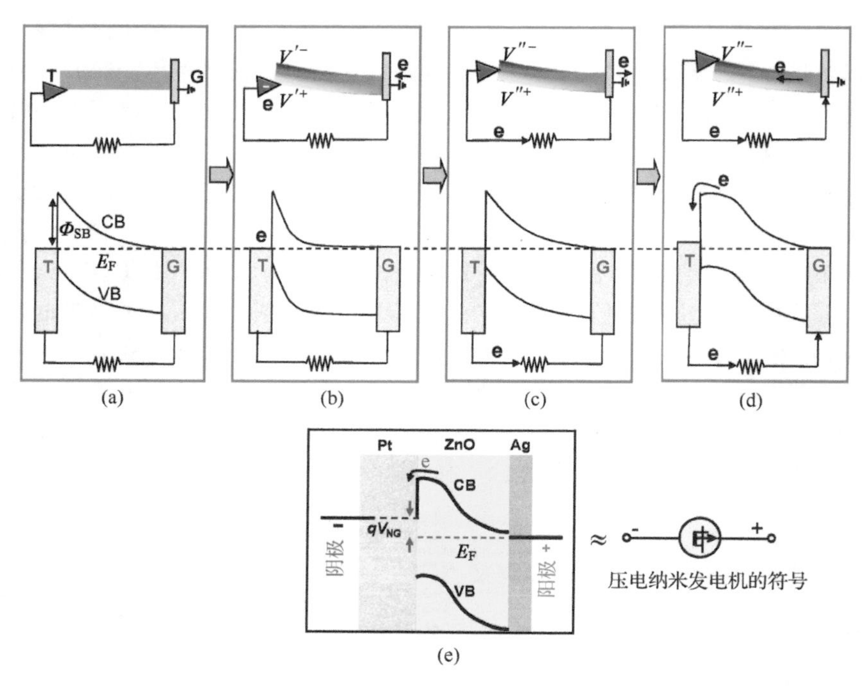

图 4.6 用来理解纳米发电机内电荷产生和流动过程的能带图。(a) 一端接地(G)另一端由导电 AFM 探针(T)推动纳米线的原理图和能带图。在探针-纳米线界面处存在一个肖特基势垒。(b) 纳米线一端被缓慢地推动，纳米线内的非对称压电势改变了导带(CB)的形状。接触区域局部正的压电势导致了由地经过负载流向探针的缓慢电流，电子将在探针积累。(c)当探针扫过纳米线并达到它的横向截面中点时，局部电势降到 0，这产生了通过负载向接地端的积累电子的回流。(d) 一旦探针达到压缩面，局部负的电势提升导带。如果压电势足够大，n 型 ZnO 纳米线中的电子可以流向探针。电路中电子的循环流动是输出电流。(e) 纳米发电机的能带图，它显示了输出电压以及压电势的作用。右图是用来代表压电纳米发电机的符号

接触模式下，当探针扫过纳米线并且到达纳米线的中心时[图 4.6(c)]，局部压电势为零。在这种情况下，由于局部电势的突然下降，原来在探针积累的电子会通过负载回流到接地端。这是一个比电子积累过程快很多的过程[如图 4.6(b)所示]。另外一个可导致同样结果的情况是探针暂时离开纳米线，这也可以导致积累

的电子向接地端的回流。

当探针到达纳米线的压缩端[图 4.6(d)]，局部电势降到 V''^{-}（负的），这将导致探针附近导带的上升。如果由纳米线弯曲度所决定的局部电势能升高得足够大，纳米线中局部积累的 n 型载流子可以很快地从接触部分流向探针，这将导致外电路中电子的循环流动，因此会产生一个电流。这个过程比电荷的积累过程快得多，因此在外部负载产生的瞬变电势已经大到超过了噪声水平而可以被探测到。

探针-纳米线界面处的肖特基势垒是纳米发电机的必要条件，它就像一个“门”一样用来分离和缓慢地积累电荷、然后再快速地释放电荷。而欧姆接触情况下却没有这个“门”，因此也就没有电荷的积累和释放，从而接收不到可观测的信号。

接下来的问题是输出电压有多大？这个问题可以用图 4.6(e)中所示纳米发电机的能带图来回答。压电势的作用是克服金属-氧化锌界面的阈能驱动电子从氧化锌流入 Pt 电极，但是它并不直接决定输出电压的幅值。随着大量的电子涌入 Pt 电极，局部费米面也随之上升。因此输出电压是 Pt 与底电极 Ag 的费米能级的差。

必须指出的是，尽管单根纳米线产生的总电量 Q 很小（约 1000～10 000 个电子），但这些电子的快速释放可以产生一个大到可测量的电流/压脉冲，因为 $V_L \approx R_L Q/\Delta t$，其中 Δt 是电荷释放过程的时间间隔。由这些纳米线和系统的电容 C 计算出的输出电压，$V=Q/C$，仅适合于静态过程！这种方式计算出来的电压远小于实验上观测到的电压脉冲幅值。

对图 4.6 所示的电荷流动过程做一个总结，第一个过程，电子通过负载从接地端到探针的流动和回流；第二个过程是压电势驱动电子通过纳米线的循环流动。这两个过程产生的电流都是流向同一个方向，这造成了一个相对于接地电极的负电压，这是一个重要的性质。如果电荷释放过程很快那么输出电流可以很大。在原子力显微镜探针接触的情况下，第二个过程是主要的过程。整个能量输出过程可以用一句话来概括：压电势驱动外部电子的流动是纳米发电机的功率输出过程。

4.2　p 型材料纳米发电机

4.2.1　输出信号的性质

众所周知，生长出来的氧化锌纳米线通常是典型的 n 型。用原子力显微镜测量得到的压电输出通常是一个负的电势输出，并且这个电势在探针接触到纳米线压缩端时被观测到。我们最近测量了 p 型氧化锌纳米线的发电特性，结果如图 4.7(a)(b)所示。对照已经得到的 n 型氧化锌纳米线结果，相对于纳米线根部的接地端，外部负载的输出电压一直是正的。为了确认这个结果，我们用相同的原子力显微镜探针在相同的实验条件下并且几乎在相同的时间，测量了 n 型氧化锌纳米线的发电特性，如图 4.7(d)和(e)，这显示了一个明显的负电压输出。更重要的是，对比纳米线的形态学图像，输出电压峰出现在探针与 p 型纳米线接触的前半个阶段[图 4.7(b)]，而在探针与 n 型纳米线接触的情况下它发生在后半个阶段[图 4.7(f)]。这些明显的区别与纳米发电机的机制直接相关。

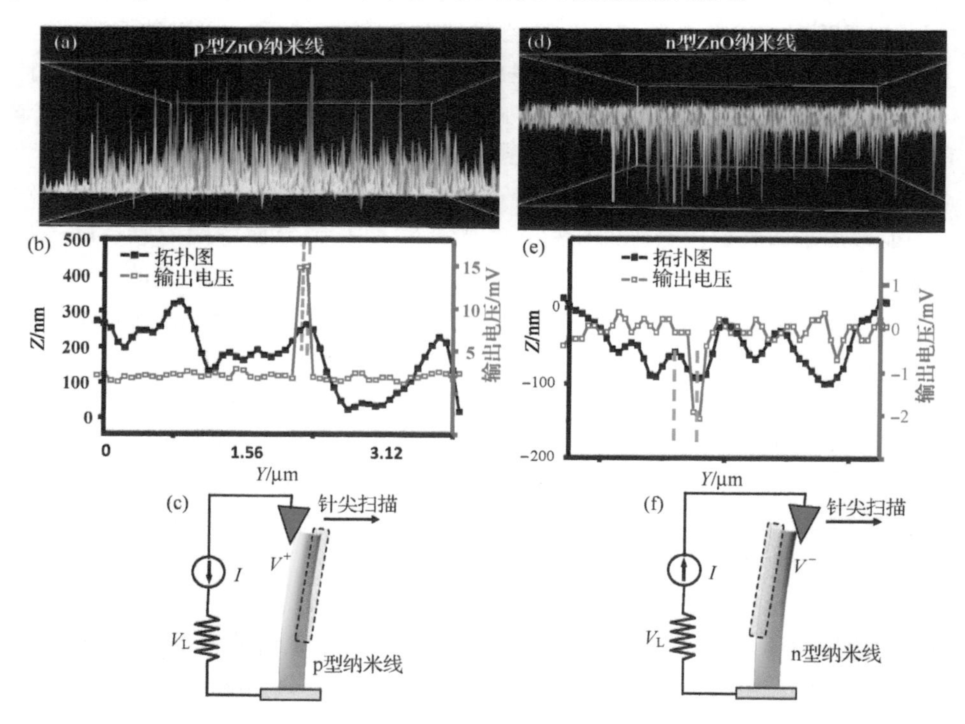

图 4.7 基于 n 型和 p 型 ZnO 纳米线纳米发电机的对比。(a)被一个 AFM 探针在接触模式下扫描时，p 型 ZnO 纳米线阵列输出电压的 3D 图，和(b)拓扑扫描图与输出电压扫描图的对比，它显示了正的输出电压产生在探针达到纳米线压缩端时候。(c) p 型纳米线纳米发电机的工作机制。(d) 被一个 AFM 探针在接触模式下扫描时，p 型 ZnO 纳米线阵列输出电压的 3D 图，和(e)拓扑扫描图与输出电压扫描图的对比，它显示出负的输出电压产生在探针达到纳米线拉伸端时。(f) n 型纳米线纳米发电机的工作机制

对于 p 型纳米线，费米能级的位置更接近于价带底。若半导体具有较高电势，则金属-半导体是正向偏置的，反之则是反向偏置的。正如图 4.7(c)所示，当探针和纳米线接触时，压缩端产生的负的压电电荷会部分地被带正电的空穴屏蔽。一旦拉伸端正压电势的幅值超过驱动 p 型载流子或者金属探针中的电子越过结的阈值时，在外部负载上将可以观测到一个正的输出电压。这个情况发生在金属探针和纳米线接触的前半个阶段。

对于n型纳米线,若金属有一个较高的电势,则金属-半导体是正向偏置,反之是反向偏置的。正如图4.7所示,当探针与纳米线接触时,拉伸端所产生的正压电电荷会部分地被电子屏蔽。一旦探针与纳米线的压缩端接触,探针和纳米线之间就会产生一个电势差,它具有负的压电势。压缩端的压电势驱动电子流过结,这导致外部负载负的电压。这件事发生在金属探针与纳米线接触的后半个阶段。

4.2.2 p型和n型纳米线的检验标准

对于氧化锌薄膜,可以通过两种方式来确定样品是n型还是p型的导电性:测量霍尔效应或者塞贝克效应,这些都是很完善并且相当方便的技术,这是因为为薄膜制作电极很方便。然而,由于维度比较低,我们很难对氧化锌纳米线做这种测试。目前,基于场效应晶体管(FET)的单根纳米线输运性质测量能够用来确定氧化锌纳米线中载流子的类型。FET被广泛地用来研究单根半导体纳米线的电子性质。

我们提出了一个新的检验单根氧化锌纳米线载流子类型的标准,它是基于接触模式下纳米线被导电原子力显微镜探针弯曲情况下的压电输出[8]。p型/n型壳/核纳米线给出正的压电输出,而n型纳米线产生负的压电输出。重要的是,对三个不同系列的样品来说结果是可重复并且可靠的。这个发现结合前面关于掺磷p型氧化锌纳米线的结果,牢固地确立了一个不需要破坏样品而确认氧化锌纳米线导电类型的简单技术。

一致取向的垂直n型氧化锌纳米线是用脉冲激光沉积(PLD)在硅基底上合成的。有关合成的细节将在其他地方系统地报道。掺氮的p型壳层是采用非等离子体辅助MOCVD做的,用二乙基锌作为锌源并用混合过的O_2(13 sccm*)和NO(13 sccm)作为氧源和氮掺杂源。生长温度固定在400 ℃并且沉积厚度是300~400 nm。

图4.8(a)显示的是用PLD生长出的纳米线阵列的SEM图,插图显示的是单根纳米线。合成纳米线的典型直径约100~150 nm。图4.8(b)展示的是扫过面积为20μm×20μm的n型氧化锌纳米线阵列后,输出电压的三维(3D)图像。当用包覆了Pt的原子力显微镜探针扫过时,n型氧化锌纳米线产生负的输出电压。一个典型的电压输出轮廓如图4.8(c)所示,它反映了当原子力显微镜探针接触到纳米线的压缩端时有负的电压产生,正如电压峰相对于拓扑图中峰的延迟所暗示的那样。这个延迟是n型氧化锌纳米线的一个独特的性质。

* sccm为standard cubic centimeter per minute的缩写,即标准状况下毫升每分钟。

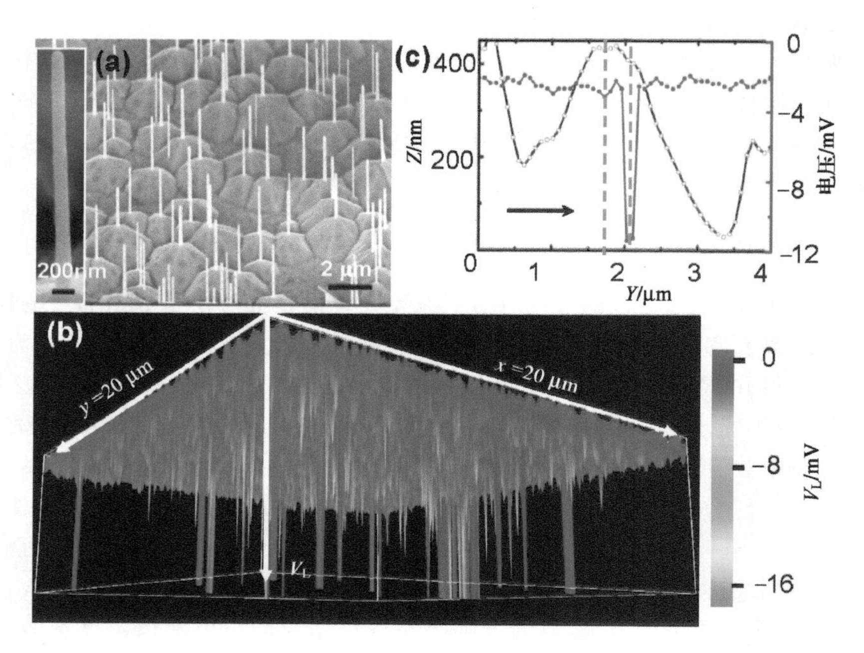

图 4.8　(a) 脉冲激光沉积制备出的 ZnO 纳米线阵列的 SEM 照片；插图是单根纳米线(NW)，其直径约 150 nm。(b) 制备出的 n 型 ZnO 纳米线的三维电压输出图。(c)典型的 AFM 拓扑结构(黑)和相应的输出电压(蓝)的线扫描图

第二步，用通过 PLD 生长出的纳米线阵列作为模板，采用非等离子体辅助 MOCVD 均匀地在纳米线阵列的表面上沉积一层掺 N 的 p 型氧化锌薄层(300～400 nm)。通过霍尔效应测试来表征生长在玻璃基底上的 p 型薄膜的电子性质，需要指出的是薄膜的生长条件与沉积在氧化锌纳米线上的 p 型壳层的条件是一样的。

图 4.9(a)为沉积了 p 型层后纳米线的 SEM 图。n/p 核/壳纳米线的典型直径约 400 nm，见图 4.9(a)中的插图。和之前生长的纳米线相比，这些均匀并且直径更大的 n/p 核/壳纳米线表明了 p 型层已经成功地外延生长在 n 型纳米线上(这也可以通过未在此处给出的电子衍射图样来确认)。当用导电原子力显微镜以接触模式扫过面积为 20μm×20μm 的 n/p 核/壳氧化锌结构后，产生的电压输出的 3D 图见图 4.9(b)。n/p 核/壳纳米线在整个扫描范围内产生正的电压输出。正如图 4.9(c)所显示的，详细的分析表明，相对于探针的扫描方向电压峰超前于拓扑图像中的峰。图 4.9(d)给出了更多的证据表明所有的正电压峰均发生在原子力显微镜探针接触到纳米线相应的拉伸端时刻。我们发现，在一个相当长的时间内，能够可重复地观测到 n 和 n/p 核/壳纳米线在压电响应方面的差别。

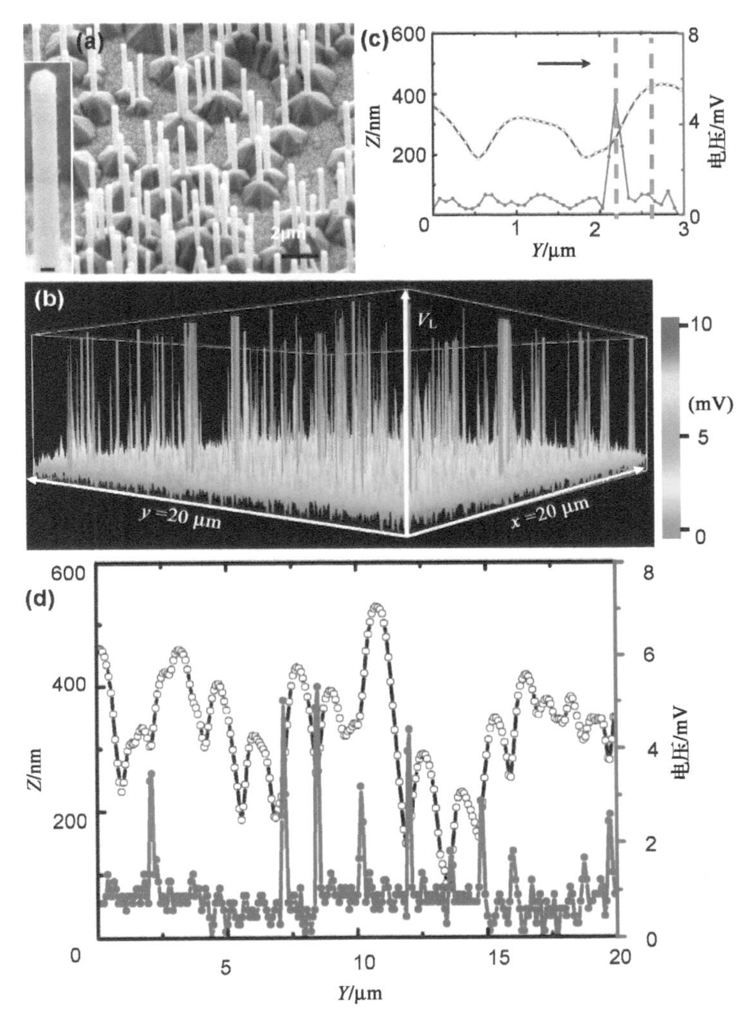

图 4.9　(a) n/p 核/壳纳米线阵列的 SEM 图。插图是单根纳米线，它的直径约 400 nm。(b) n/p 核/壳 ZnO 纳米线电压的三维输出图。(c) 典型 AFM 拓扑结构(黑)和相应输出电压(蓝)的线扫描图。(d) 20 μm 长的典型 AFM 拓扑结构(黑)和相应的输出电压(蓝)的线扫描图；电压峰产生于 AFM 探针接触到纳米线的拉伸端时

4.3　基于其他纤锌矿结构纳米线的纳米发电机

除了氧化锌，纤锌矿家族中的 GaN [9]、InN [10]、CdS [11] 纳米线也已被用来发电。GaN 和 InN 的输出特别鼓舞人心，单根纳米线可以给出 1 V 的输出电压

(图 4.10)。其电荷输出过程的机制完全和氧化锌的一致。我们预期如果能生长出高质量的 GaN 纳米线阵列,就可以制作出高输出的纳米发电机。

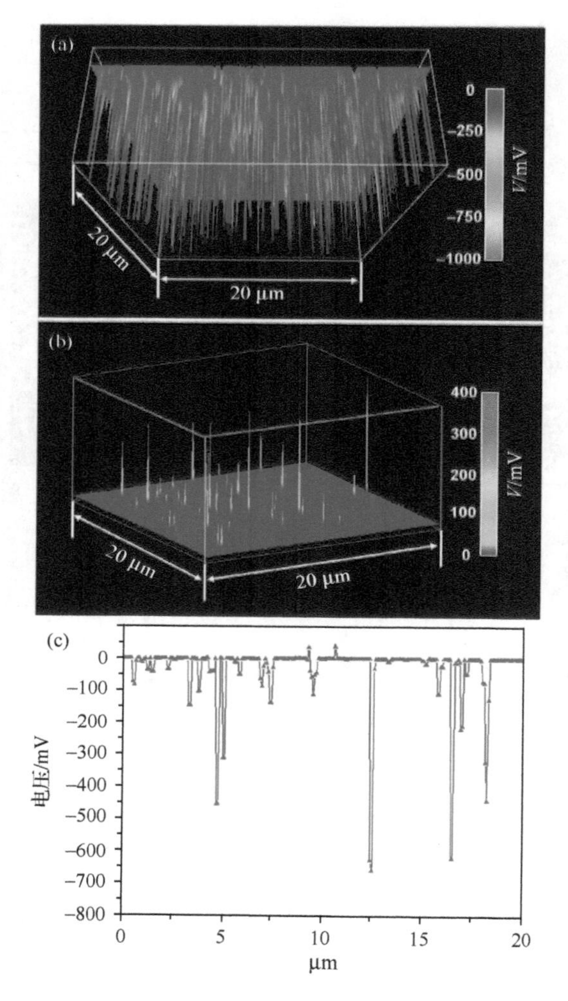

图 4.10　InN 纳米线压电输出的 AFM 测量。3D 图和输出信号线扫描图显示输出电压可以达到−1 V

4.4　基于横向固定纳米线的纳米发电机

本节中,我们将演示一种基于对压电细线做周期性拉伸-释放(压电细线)(微米线,纳米线)的交流(AC)发电机,它牢牢地和两端的金属电极接触,横向黏结并且被封装在一个弹性基底上[12]。当压电细线被弯曲的基底拉伸时,沿着压电细线会产生一个压电势降。至少在压电细线的一端做成一个肖特基势垒以此作为阻挡外电路电子流过压电细线的“门”，因此压电势可得以保存。当压电细线分别被拉伸和释放时，这个压电细线作为一个“电容”和“电荷泵”用来驱动外电路中电子的来回流动用来形成一个充电和放电过程。在 0.05%～0.1% 范围的形变下重复地拉伸和释放单根压电细线可以产生一个输出电压达～50 mV 的交流输出。压电细线的能量转换效率可以达到 6.8%。通过连接一系列多个 AC 发电机可以扩展输出。报告的工作展示了在聚合物薄膜中一个耐用的，接触没有滑动的，并且可封装的纳米线技术，它可以用来搜集来自振动，空气流动/风和机械形变的低频能量。柔性 AC 发电机是可行的并且在实际上可以用来植入到肌肉内，嵌入衣服中，建于表层，或放入鞋垫内。

4.4.1　基本设计

发电机是通过把一根氧化锌压电细线横向粘在 Kapton 聚酰亚胺膜上而制作出的[图 4.11(a)][13]。氧化锌压电细线是用物理气相沉积方法合成的，它们的典型直径是 3～5 μm，长度是 200～300 μm。我们选择长的压电细线是因为它们容易操作，但同样的过程也适用于纳米线。用银浆把氧化锌压电细线的两端牢牢地固定在柔性基底上。把一个电流/电压测量计接到压电细线的两端，这样可以不在电路中引入任何外接电源。

为了测量受到机械形变时压电细线产生的电能，我们用一个马达驱动的机械手为基底引入一个周期性的机械弯曲。最终基底的弯曲半径约 2 cm，这远大于压电细线的长度。另外，Kapton 膜的厚度远大于压电细线的直径。这样的结果就是，弯曲基底膜可以为固定在它外表面的压电细线引入一个 0.05%～0.1%的拉伸形变[图 4.11(b)]。由于氧化锌的压电性，沿着压电细线可以产生一个压电势场，它可以驱动外电路(或导线)中电子的流动。当基底被周期性地拉伸和释放时，相应地，压电细线也被周期性地拉伸和释放，这就可以产生一个交流电。可以把基于多根压电细线的纳米发电机集成起来以提高输出电压[图 4.11(c)]。整个结构被封装在一层薄的绝缘蜡或者柔性聚合物中，这样在基底的形变过程中可以保证它的物理稳定性[图 4.11(c)]。

4.4.2　输出测量

在测量单根线发电机(single wire generator，SWG)发电性能之前和之后，对其输运性质进行表征来理解它的性能和信号输出。对于一个能有效给出输出功率的正常 SWG，它的 *I-V* 特性显示出一个肖特基行为。这是一个好 SWG 的最明显特征。为了在原理图中合适地体现出肖特基势垒的位置，在左端引入一个二极管符号作为记号，对照它可以规定输出信号的符号。在随后的讨论中，我们定义具有

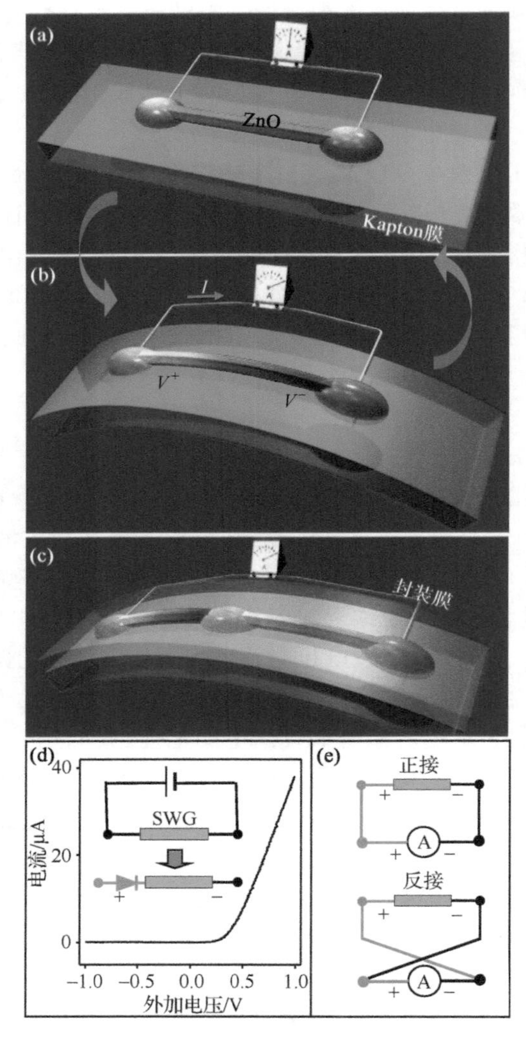

图 4.11　柔性基底上压电细线发电机的设计。(a) 压电细线放在 Kapton 聚合物膜基底上，它的两端与基底和连接导线紧密相连。为了封装，把整个压电细线和接口覆盖一层绝缘柔性聚合物或者石蜡(为了清晰起见这里没有显示)。(b) 基底的机械形变产生拉伸应变并且在压电细线产生相应的压电势，它驱动外部负载中电子的流动。(c) 把由多根细线制成的发电机封装在薄的柔性膜内，与软材料集成可以提高机械稳定性与环境适应性。(d) 能有效发电的 SWG 的 I-V 曲线，显示出典型的肖特基二极管特性并具有约 0.3 V的正向开启电压。在我们的研究中，定义 SWG 具有肖特基行为的接触端作为正端，其中引入一个二极管符号代表界面处的肖特基接触(下面的图)。(e) 所有测试都必须进行的极性反转测试的定义

肖特基二极管的一端是 SWG 的正端。

测量短路电流(I_{sc})和开路电压(V_{oc})来表征 SWG 的性能。为了确认所测得的信号是由 SWG 而不是由测量系统给出的,我们对所有的测量都做了“极性反转”测试(见第 5 章)[图 4.11(e)]。电流计正接到 SWG,即正负探针分别接在 SWG 的正负极,在每次快速拉伸(fast streching,FS)聚合物基底时都可以测到一个相应的正电压/电流脉冲[图 4.12(a)],而快速释放(fast released,FR)基底时可以观测到一个相应的负峰。对于 FS 和 FR,我们指在 2cm 半径下基底弯曲的角弯曲速度约为 260°/s。每一周期 FS 和 FR 的输出电压/电流分别是一对正峰和负峰。一个直径约 4 μm、长度约 200 μm 的单根压电细线所给出的输出电压是 20～50 mV,输出电流为 400～750 pA。尽管 FS 和 FR 时,电流峰的大小不同,这可能是由于应变速率的不同,但是峰所含面积是一样的(表 4.1);而且,两个过程中输运的电荷量几乎是一样的(差别在 5%以内)。对每一个形变过程,输运的总电荷约 10^8。

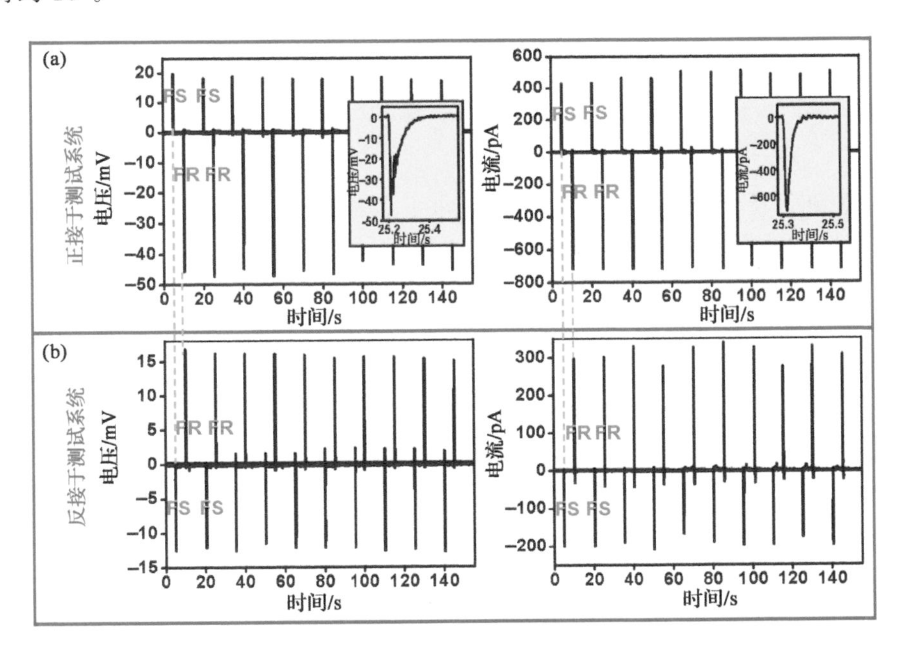

图 4.12　单根线发电机的开路电压、短路电流以及发电机的稳定性。(a)(b)当重复快速拉伸(FS)、快速释放(FR)时产生的交变电压和电流,显示出在测试系统正接和反接时输出信号的反转。极化反转测试是排除系统假信号的标准。(a)和(b)中的插图分别是放大的输出电压和电流峰。I-t 曲线下的面积是总的输运电荷

表 4.1　通过对图 4.12(a)中 *I-t* 曲线电流峰所含面积进行积分计算出的 SWG 在快速拉伸和快速释放时产生的总电荷

输出电流峰	快速拉伸时产生的总电荷/(10^{-11}C)	快速释放时产生的总电荷/(10^{-11}C)
一	1.49	−1.88
二	1.73	−1.87
三	1.76	−1.86
四	1.74	−1.94
五	1.85	−1.72
六	1.67	−1.92
七	1.86	−1.77
八	1.90	−1.87
九	1.90	−1.69
十	1.79	−1.85
平均	1.77	−1.84

注：负号意味着电荷沿相反的方向流动。

当电流计反接时[见图 4.11(e)]，即正负探针分别连到 SWG 的负正极，图 4.12(b)中测得的电压和电流是图 4.12(a)中相应曲线的一个反转。输出信号可以反转表明电能的确由 SWG 产生。

产生电流的幅值取决于所加应变的变化速率。快速拉伸和快速释放单根 SWG 可以产生交流电压/电流输出[图 4.13(a)(b)]，而快速拉伸、缓慢释放(slow released，SR)，或者缓慢拉伸(slow streching，SS)、快速释放时，强的电能输出仅在形变速度很快时[图 4.13(c)(d)]才发生。我们所谓的缓慢拉伸和缓慢释放是指，在 2 cm 半径下弯曲的角弯曲速度约为 7°/s。通过极性反接，输出信号会反转[图 4.13(e)(f)]，这毫无疑问地证明了信号是由 SWG 产生的。缓慢拉伸或者缓慢释放会产生一个很宽但幅值较小的输出信号，但是快速拉伸、缓慢释放或缓慢拉伸、快速释放时电流峰所含面积几乎是一样的(4%以内，见表 4.2 和表 4.3)，这说明：不论应变速率和应变过程如何，一个固定的应变所释放的总电荷量是一样的。因此，在纳米线拉伸和释放过程中总的输运电荷是守恒的，并且 SWG 几乎没有漏电流。

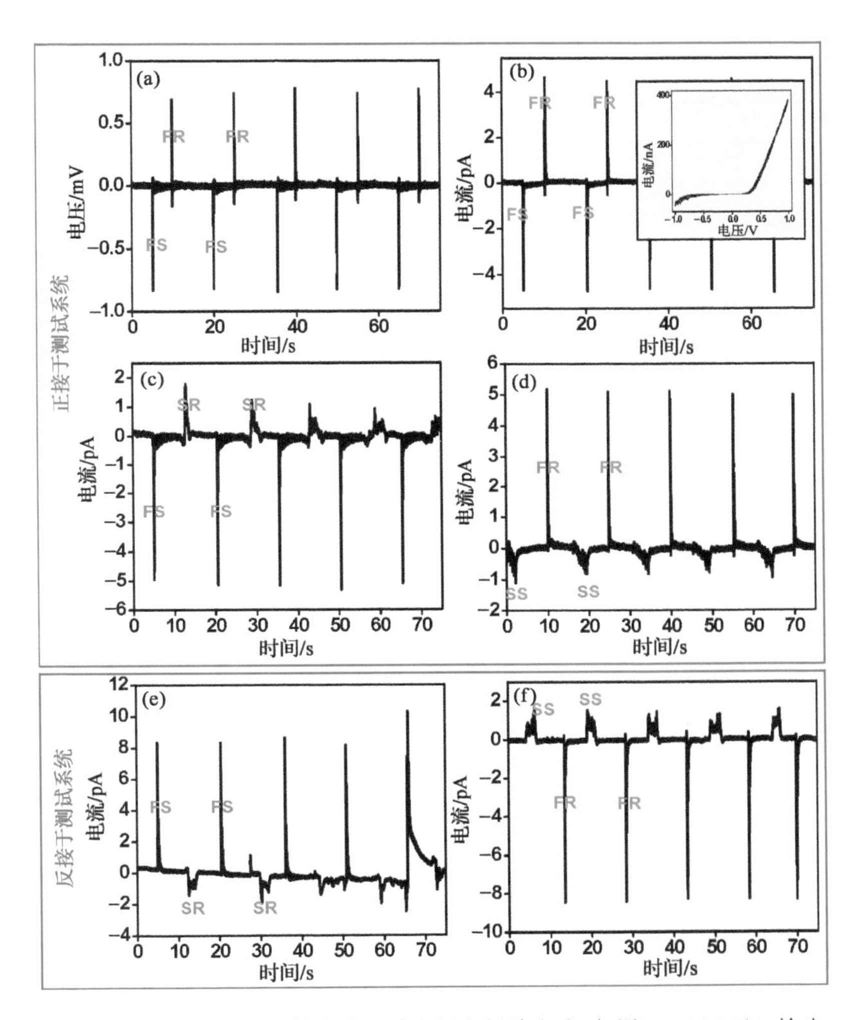

图 4.13　单根线发电机输出的开路电压和短路电流，与图 4.12(a)(b) 输出信号的符号相反。重复快速拉伸(FS)、快速释放(FR)时单个 SWG 产生的交变压电和电流。(c)(d)快速拉伸、缓慢释放(SR)或者缓慢拉伸(SS)、快速释放时产生的电流，显示输出电流幅值显著降低但输出峰展宽。每个过程所输运的总电量相同。(e)(f) 反接于测试系统时类似于(c)(d)中的电流输出，但显示出输出信号的反转

表 4.2 SWG 缓慢拉伸和快速释放时产生的总电荷，它是通过对图 4.13(c)中 *I-t* 曲线峰所含面积进行积分得出的

输出电流峰	缓慢释放时产生的总电荷/(10^{-13}C)	快速拉伸时产生的总电荷/(10^{-13}C)
一	8.02	−6.75
二	6.95	−7.39
三	7.49	−7.47
四	7.39	−7.55
五	8.97	−8.21
平均	7.76	−7.48

注：负号意味着电荷沿相反的方向流动。

表 4.3 SWG 缓慢拉伸和快速释放时产生的总电荷，它是通过对图 4.13(f)中 *I-t* 曲线峰所含面积进行积分得出的

输出电流峰	缓慢拉伸时产生的总电荷/(10^{-13}C)	快速释放时产生的总电荷/(10^{-13}C)
一	14.9	−16.44
二	15.44	−16.81
三	16.695	−15.90
四	17.795	−15.53
五	17.89	−14.48
平均	16.54	−15.83

注：负号意味着电荷沿相反的方向流动。

4.4.3 纳米发电机的原理

我们提出 SWG 的工作原理是基于在有肖特基势垒和在拉伸应变下压电细线产生内部压电场的情况下系统的能带结构[13]。实验上我们所用的氧化锌压电细线沿 c 轴方向生长。众所周知，氧化锌的(0001)和(000$\bar{1}$)面分别截止于 Zn 和 O 面。在测量时经常会在一端出现非对称的肖特基接触。与费米能级为 E_F 的金属电极相接触的氧化锌压电细线的能带图如图 4.14(a)所示，左端(L)有一个高为 Φ_{SB} 的肖特基势垒，右端(R)是一个欧姆接触。肖特基势垒由一个二极管符号表示。第一步，一旦施加一个拉伸应变，在压电细线内会产生一个压电场[图 4.14(b)]，这是由于在晶体中离子电荷是与极化的原子相联系的，不能自由移动。只要应变一直保持，压电电荷可以在压电细线停留几秒或者更长时间而不会被自由载流子“耗尽”。第一种情况下，我们假定压电势在肖特基势垒端是正的 V^+ 而在欧姆端是负的 V^-（假定 $V^+ > V^-$）。在这种情况下，相对于左端电极，右端电极的导带和费米能级上升了 $\Delta E_p = e(V^+ - V^-)$。因此，电子将从右端通过外部负载 R_L

流到左端，因为在处于正向偏置但局部电压低于正向二极管开启电压(约 0.3 eV)时，肖特基势垒处的电阻依然很高。由于肖特基势垒的出现，电子会在左端电极和氧化锌压电细线的界面处积累。这个过程会一直继续直到积累电子产生的电势平衡了压电势，因此两电极的费米能级会达到一个新的平衡[图 4.14(c)。这是图 4.14(e)中第一个正的输出电流/电压峰产生的过程。

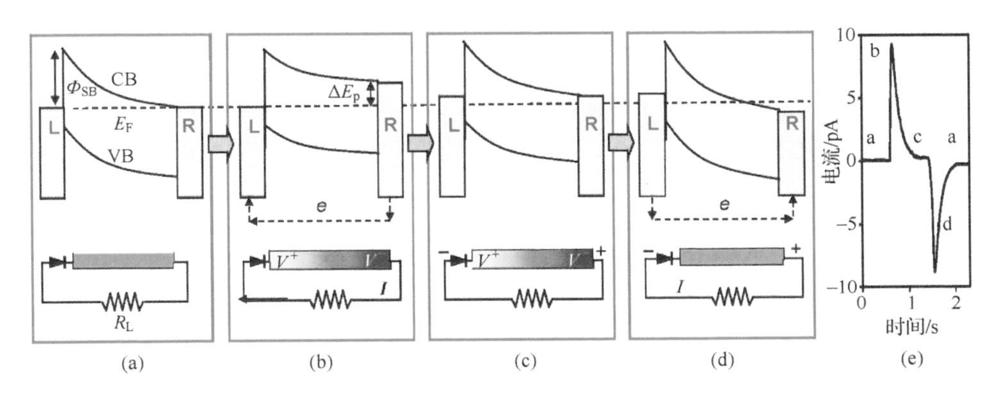

图 4.14　由能带图阐述的交流电单根线发电机电荷产生和输出机制。(a) 两端是金属电极的 ZnO 压电细线的能带图，其中 CB 和 VB 分别是 ZnO 压电细线的导带和价带。下方的图是实际测量电路的示意图，引入了一个小的负载电阻 R_L，它远小于压电细线和/或接触的电阻。(b)～(d)当压电细线被拉伸、重新达到平衡、然后释放时，SWG 的能带图，显示了在假定肖特基势垒端具有高的压电势，而另一端的欧姆接触具有一个较低的压电势时，产生一对正和负电压/电流峰(见正文)。(e) 实验测得的 SWG 输出电流，其中(a)～(d)对应的过程由相应的标记 a～d 标定

在第二步，当聚合物基底释放时，压电细线中的拉伸应变也随之释放。压电势的突然消失使右端电极的费米面降低了 ΔE_p，随之原来积累在左端电极和压电细线界面处的电子由于界面处的肖特基势垒而通过外电路回流[图 4.14(d)]。当电极两端的费米能级达到平衡并且系统回到原始状态时，如图 4.14(a)所示，这个过程就结束了。这个过程产生了如图 4.14(e)所示的负输出电流/电压峰。如果没有漏电流，那么不论应变的过程如何，这两步中输运的总电子数是相同的(见表 4.1～表 4.3)。重复最后两步可以产生交流电输出。

在另一种情况下，我们假定压电势在肖特基势垒端是负的 V^- 而在欧姆端是正的 V^+，因此相对于右端电极，左端电极的费米能级上升了 ΔE_p[图 4.14(f)]。因此，由于界面处出现的肖特基势垒，电子通过外部负载从左端电极流向右端电极。自由电子可以进入压电细线并且屏蔽压电电荷但不能中和/耗尽压电电荷，因为它们是附着于原子上的刚性电荷，不能自由移动。为了演示屏蔽效应可能造成电势幅值的降低，局部电势被记为 V_1^- 和 V_1^+。积累在左端电极的电荷被固定于原

子上，不能自由移动[见图 4.14(g)]。因此这可能使一些残余电荷留在电极处。这个过程一直持续，直到自由电子移动产生横跨压电细线的电势平衡掉了压电势并且两电极处的费米能级达到了新的平衡[图 4.14(g)]。这是压电细线被拉伸时产生一个负的电压/电流峰的过程。

接下来，一旦释放了应变，压电势消失，用来屏蔽压电电荷的自由电荷可以自由移动。这时，右端电极的费米能级高于左端电极的费米能级，同时外电路的电阻低于压电细线和接触的电阻，导致电子从右端电极通过外电路向左端电极回流。当两端的费米能级达到平衡时，即如图 4.14(a)所示开始的情况，这个过程就结束了。这是当释放压电细线时，产生一个正的电压/电流输出峰的过程。

4.4.4 线性连接

通过串联或者并联纳米发电机可以提高它们的输出电压或电流。在串接两个 SWG 之前，通过 *I-V* 曲线的测试来判断它们端部肖特基势垒的极性，如图 4.15(a)(b)所示，以便于能够按照正确的极性和次序进行连接。把两个 SWG 串接后，相应的 *I-V* 特性仍然显示肖特基特性。测量得到的电压近似等于两个 SWG 的和[图 4.15(b)]。把两个 SWG 反向串接，输出电压是二者之差[图 4.15(c)]。这个线性叠加特性和反接输出极性反转特性是判断信号是真正来自 SWG 的充分必要条件(见第 5 章)。

最后，增加应变速率可以显著地提高输出电流和电压的峰值[图 4.15(d)]。在弯曲频率为 60 r/min 时，输出电压接近于正弦曲线[图 4.15(d)]，例如交流电的情况。

4.4.5 能量转换效率

我们估算了 SWG 的能量转化效率(图 4.16)[13]。假定 Kapton 基底在被弯曲时的曲率半径是 R，基底的厚度是 h，氧化锌细线的长度是 L，直径是 D。因为 $R \gg h$，并且 $h \gg D$，氧化锌纳米线的应变近似等于 Kapton 膜外表面的应变，$e \approx h/2R$[图 4.16(a)]。Kapton 基底的厚度是 50 μm，并且半径 R 介于 2.0 cm 至 3.0 cm 间。根据上述公式和 h、R 的值，细线的形变 $e=0.05\% \sim 0.1\%$。拉伸之后存储在压电细线中总的机械形变能 $W_m = 1/2EA(L-L_0)^2/L_0$，其中 E 是压电细线的弹性模量，L_0 和 L 分别是其原始长度和应变后的长度，A 是其截面积。产生的总电能 $W_e = \int VI\,\mathrm{d}t$ [图 4.16(b)(c)]。此处报道氧化锌细线的直径 D 约 4 μm，L_0 约 200 μm，E 约 30～50 GPa，ε 约 0.05%。不算基底 Kapton 膜，压电细线自身的能量转化效率，可以达到 6.8%。

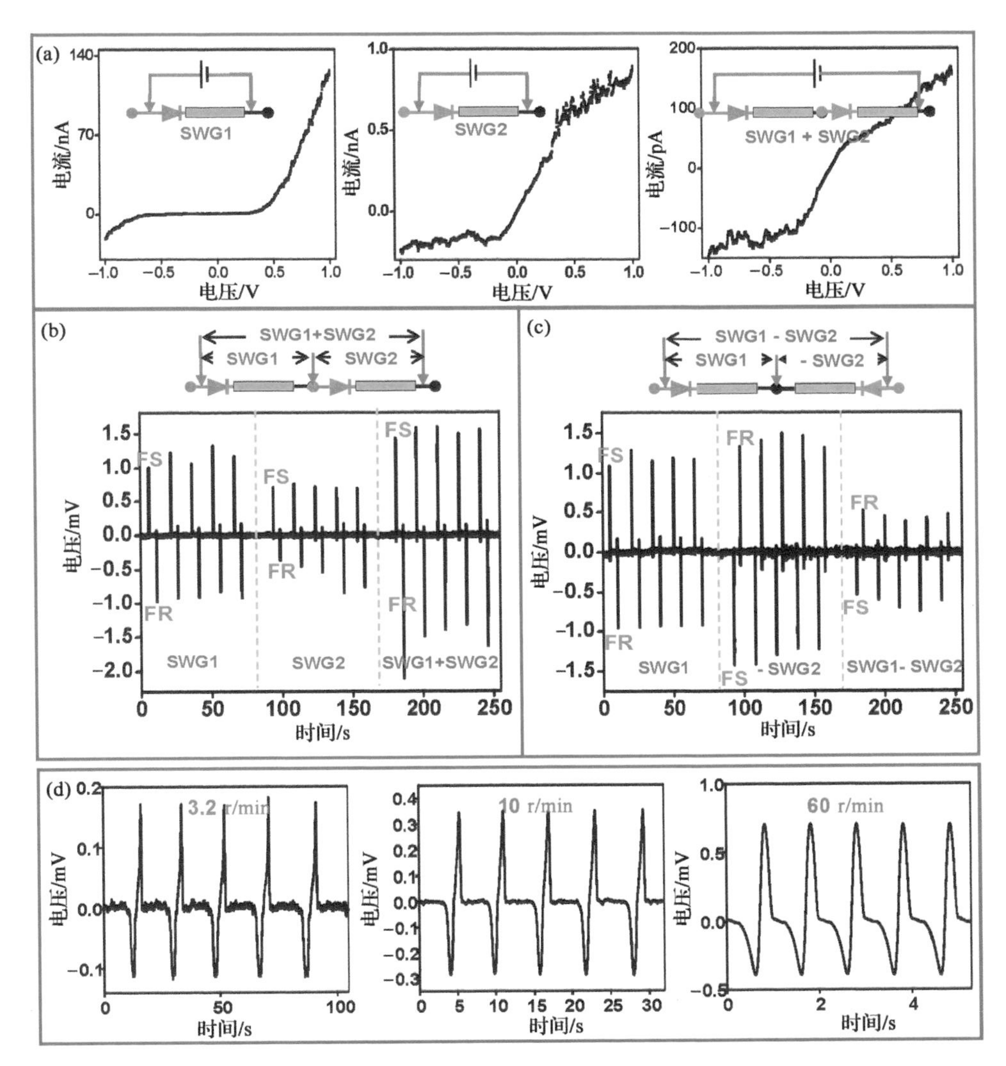

图 4.15　串联两个 SWG 来显示提高输出功率的可能性。(a) 两个单个 SWG 的 I-V 特性和串接后的输运性质，利用这些我们可以确认发电机的极性。肖特基特性是发电的关键。(b) 两个单个 SWG 以及将其串接之后的输出电压，显示出输出电压的线性相加。输出是在相同实验条件下测得的，只是如顶部图所示，测量时连在了不同的节点上。(c) 两个单独的 SWG 以及反向串联后的电压输出，显示出反向串联后的输出是这两个 SWG 各自输出电压之差。SWG 输出信号的线性叠加是排除系统假信号的判据。(d) 应变速度的增加使得输出电压增大。在 60 r/min 下，输出电压曲线接近正弦曲线

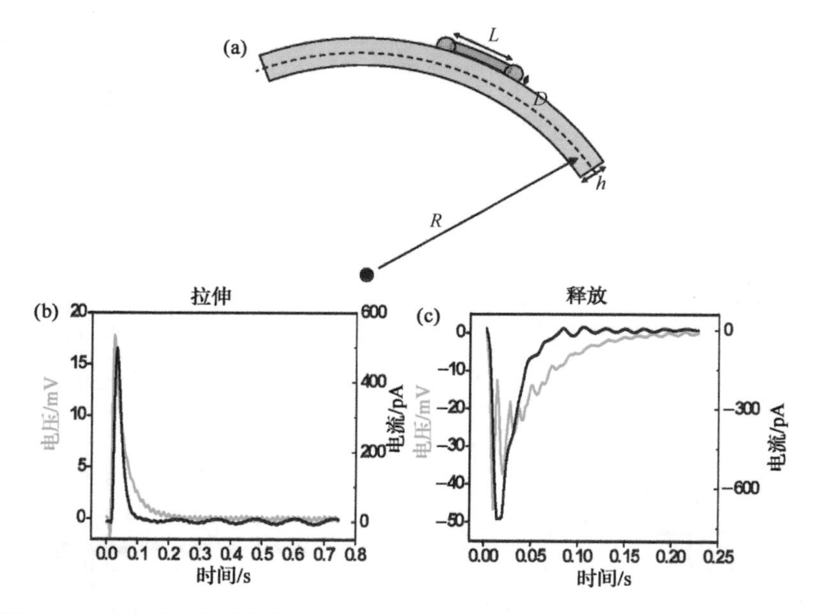

图 4.16　压电线的能量转换效率计算。(a) 当基底膜弯曲时，压电线内产生拉伸应变。(b)(c)拉伸和释放 SWG 时的输出电流和电压

4.4.6　收集生物机械能

4.4.6.1　体外情况

生物具有充足的机械能，例如走路、呼吸以及心跳。频率与强度分布广是一个挑战性的问题，这严重阻碍了利用传统技术收集能量的进程。我们的方法在不增加成本的情况下提供了一项收集轻微幅度不规则机械运动的新型技术。

第一个实例是我们利用手指驱动 SWG 搜集生物机械能[13]。SWG 使用的纳米线直径是 100～800 nm，长度为 100～500 μm。封装 SWG 的柔性聚合物层提高了它的耐用性和适应性。如图 4.17(a)中的插图所示，SWG 被固定在食指的关节处。食指的敲打可在构成 SWG 的纳米线中产生应变速率 $4\times10^{-3}\sim8\times10^{-3}\ s^{-1}$、最大应变约 0.2%。正如先前讨论的，应变产生了一个沿纳米线长度方向的压电极化并因此在其两端产生了一个电势差，这可以驱动外电路中电子的流动。这类物理运动是一种非常轻微、缓慢的运动。

图 4.17(a)(b)分别给出了测量的开路电压和闭路电流。周期性的峰对应于手指的周期性敲击。图 4.17(a)显示输出电压可以达到 25 mV，而图 4.17(b)中单个 SWG 的输出电流可以超过 150 pA。

除了人类的手指，我们还演示了用 SWG 收集活仓鼠的运动来产生电能。用

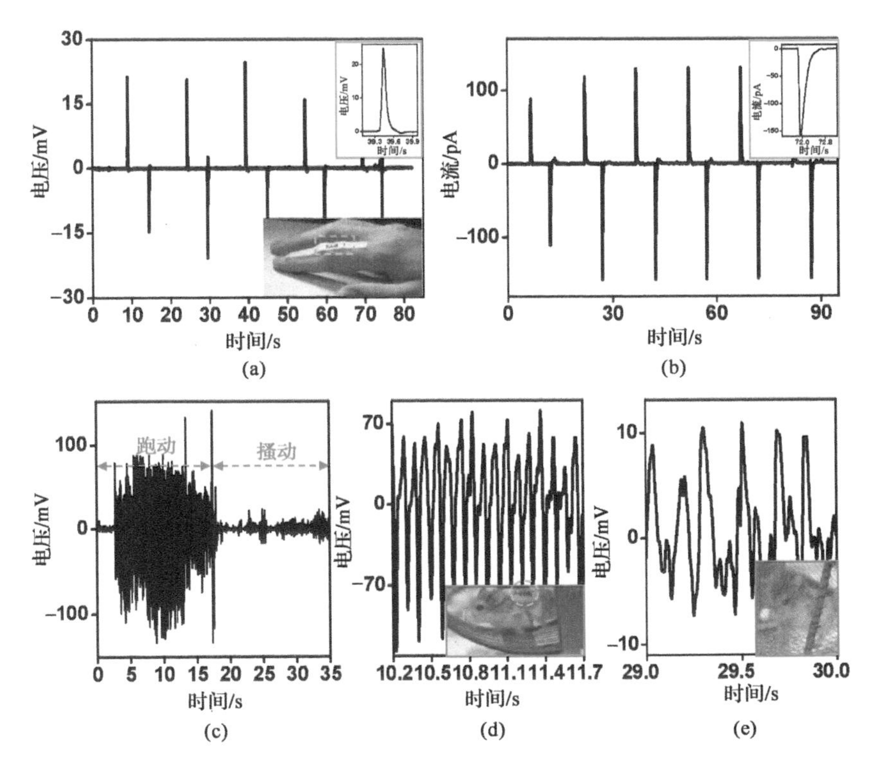

图 4.17　用纳米发电机从生物系统中搜集能量。固定于食指上单根线发电机(插图所示)的(a)开路电压和(b)短路电流。(c) 仓鼠跑动或摇动时,它所穿夹克上纳米发电机的开路电压输出。(d)和(e)是分别对应于跑动仓鼠与摇动仓鼠产生的放大了的电压输出。(d)和(e)内的插图是背上有纳米发电机的仓鼠的照片

来做实验的仓鼠属于 Campbell 仓鼠,它可以产生规则和不规则的运动,例如跑和摇。为仓鼠穿上一个特制的夹克,这样仓鼠可以在笼子内自由移动并且同时能够驱动所穿马甲上的 SWG。我们在不影响仓鼠运动的情况下测量了 SWG 的输出电信号,见图 4.17(c)～(e)。仓鼠跑和摇这些不同的运动方式产生了给 SWG 截然不同的机械能样式,以及相应不同的输出能量强度。正如预期的,SWG 的电能也随之变化。图 4.17(d)为来源于一个跑动仓鼠的放大输出电压信号,它表现出明显的周期性,幅值约 50～100 mV,频率约 10～11 Hz。这个周期性与仓鼠跑动的步调一致。SWG 在仓鼠上的输出信号明显高于在人类手指时产生的输出,这是由于同手指敲击相比,仓鼠的跑动可以产生一个快得多的应变速度。为了对比,仓鼠摇动而产生的电压输出见图 4.17(d),由于仓鼠运动的不规则和较低的运动强度,而使得这时的电压输出也不规则并且幅值较小。测量的闭路电流显示出了同样的现象。一个跑动的仓鼠产生了约 0.5 nA 的交流电,而一个摇动的仓鼠则产

生了一个较低的不规则电流输出。

4.4.6.2 体内情况

在体内的情况下，由于体内工作条件下有生物流体的存在，整个装置被封装在一个柔性聚合物中，以此来隔开周围的环境介质并提高其耐用性[14]。大多数情况下，SWG 的典型输出小于 50 mV 和 500 pA。一个有效的 SWG 必须有一端在测量前后保持肖特基特性。一个 SWG 的输出电压和电流必须满足极性反转测试。为了标记和参考的方便，我们定义 SWG 具有肖特基接触的一端为正端。当测试系统的正负探针分别与 SWG 的正负极接触时，被定义为正接。调换探针后的连接称为反接。两种情况都需要测试。两种连接方式的信号幅值可能会因为测量系统中小的偏置电流而有所不同。因此真实信号的幅值是这两种接法测得数值的平均。

做了一组实验来把大鼠横膈膜的扩张和收缩造成的机械形变转化为电流（图 4.18）。实验所用的是成年鼠 SD（Hsd：Sprague Dawley，雄性，200～224 g）。大鼠的麻醉过程：第一步是吸入异氟醚气体（1%～3% 混入医用纯的氧气），然后分别注射氯胺酮鸡尾酒（腹腔，氯胺酮 50～90 mg/kg，二甲苯胺噻嗪 5 mg/kg）和丁丙诺啡（腹腔，0.03 mg/kg）作为麻醉的诱导和维持。首先切开气管，然后用一

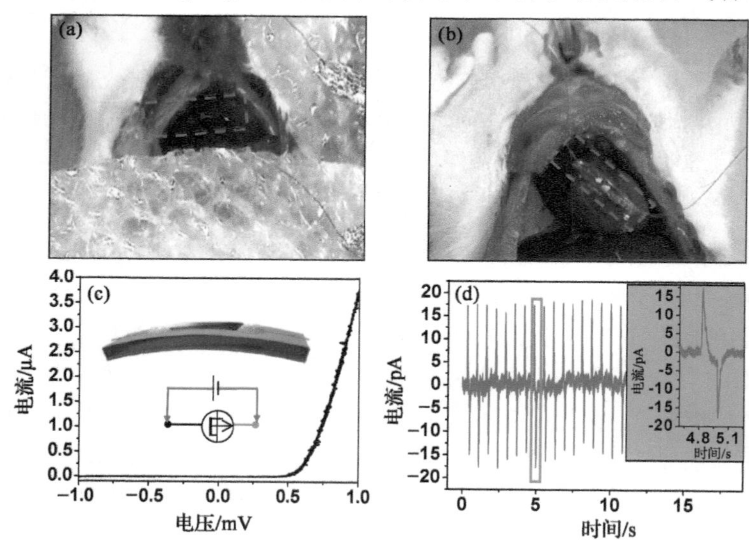

图 4.18 用一个 SWG 从活鼠的呼吸和心跳中来搜集能量。一个 SWG 粘贴在活鼠的(a)横膈膜上和(b)心脏上，它们驱动这个 SWG 周期性弯曲产生交流电输出。(c) SWG 的 *I-V* 特性。插图显示的是这个 SWG 的示意图和它与测试系统的连接图。(d) 在体内条件下 SWG 的典型电流输出[14]

个气管插管连接呼吸器，这可以提供人工呼吸并维持整个实验过程中大鼠的生命。然后打开大鼠的腹腔，使SWG能够被植入横膈膜的腹部端(图4.18)。为了方便观测和操作，在适当的缝合后切除了它的部分肝脏。

与基于垂直排列纳米线阵列的纳米发电机相比，所报道的柔性纳米发电机具有以下创新点。第一，压电细线被牢固地固定在聚合物基底上，因此电极和纳米线之间没有滑动/擦洗/摩擦。从基本工作原理到技术设计，都大大提高了纳米发电机的稳定性和耐用性。第二，整个发电机系统被柔性聚合物所覆盖，因此它可以被封装/嵌入到软材料中。这使得它能够被用在流体中和恶劣的条件下如液体/水/气体可以渗入的场合。可以通过合理地串联这些单个发电机来提高输出功率；有可能在一个共同的基底上集成上千个这样的发电机而形成一个柔性供电层/膜(见第7章)。第三，新的设计消除了在封装过程中需要在顶部锯齿电极和纳米线阵列维持一个空隙(50～100 nm)的麻烦，使得实际制造时变得更为容易而且成本小。最后，开发的这种纳米发电机能够扩展到使用其他压电纳米线/微米线的情形中，例如$Pb(Zr,Ti)O_3$，它具有大的压电系数。柔性发电机能够被植入到肌肉中，置于衣服中，插入表面层和放入鞋垫内，这是可行的和实用的。所演示的原理和设计建立了一种新的基本法则和技术，可以用来从环境中收集能量用于生物医学、环境监控、国防科技和个人电子产品中。

参考文献

[1] Z. L. Wang, J. H. Song, *Science* **312**, 242 (2006).

[2] X. D. Wang, J. H. Song, P. Li, J. H. Ryou, R. D. Dupuis, C. J. Summers, Z. L. Wang, *J. Am. Chem. Soc.* **127**, 7920 (2005).

[3] Z. L. Wang, *J. Nanoscience and Nanotechnology* **8**, 27 (2008).

[4] X. D. Wang, J. H. Song, Z. L. Wang, *J. Materials Chemistry* **17**, 711 (2007).

[5] J. H. Song, J. Zhou, Z. L. Wang, *Nano Letters* **6**, 1656 (2006).

[6] P. X. Gao, J. H. Song, J. Liu, Z. L. Wang, *Adv. Materials* **19**, 67 (2007).

[7] J. Liu, P. Fei, J. H. Song, X. D. Wang, C. S. Lao, R. Tummala, Z. L. Wang, *Nano Letters* **8**, 328 (2008).

[8] S. S. Lin, J. H. Song, Y. F. Lu, Z. L. Wang, *Nanotechnology* **20**, 365703 (2009).

[9] C. T. Huang, J. H. Song, W. F. Lee, Y. Ding, Z. Y. Gao, Y. Hao, L. J. Chen, Z. L. Wang, *J. Am. Chem. Soc.* **132**, 4766 (2010).

[10] C. T. Huang, J. H. Song, C. M. Tsai, W. F. Lee, D. H. Lien, Z. Y. Gao, Y. Hao, L. J. Chen, Z. L. Wang, *Adv. Mater.* **36**, 4008-4013 (2010).

[11] Y. F. Lin, J. H. Song, D. Yong, S. Y. Lu, Z. L. Wang, *Adv. Materials* **20**, 3127 (2008).

[12] R. S. Yang, Y. Qin, L. M. Dai, Z. L. Wang, *Nature Nanotechnology* **4**, 34 (2009).

[13] R. S. Yang, Y. Qin, C. Li, G. Zhu, Z. L. Wang, *Nano Lett.* **9**, 1201 (2009).

[14] Z. Li, G. Zhu, R. S. Yang, A. C. Wang, Z. L. Wang, *Adv. Mater.* **22**, 2534 (2010).

第 5 章　纳米发电机输出信号的表征

由于纳米发电机的各向异性、小的输出信号以及测量系统和周围环境的影响，对纳米发电机输出信号真实性的判定至关重要。测量系统本身、机械变形过程中微米线和电路的电容改变以及单根线发电机和测量系统的耦合这些因素在测量时都会影响单根线发电机的输出，以至于测量时会观察到虚假信号。为了区分虚假信号和单根线发电机的真实输出电信号，我们提出了 3 类判据共 11 项判断准则来排除虚假信号[1,2]。发电机要同时满足：1 个肖特基特性准则、2 种极性反转测试以及电流电压的 8 种形式线性叠加准则。发电机所产生的真实电流电压信号必须同时满足以上所有判断准则。这些判据准则适用于所有类型的纳米发电机，可以作为判断发电机输出信号真假的标准。

5.1　输出电流

测量短路电流时，我们首先测量正接时的情况，即测量系统的正负探针分别与纳米发电机的正负极相连。图 5.1(a)和(b)分别给出了单根线纳米发电机 A 和 B 的测量结果，其中的插图为连接的形式。正的电流峰对应于基底向内弯曲时压电细线从自由状态到拉伸状态所产生的输出电流。当弯曲的基底恢复自由时，压电细线回到无应力的自由状态，这一过程导致一个负的电流峰。关于输出信号产生的机理已在别处经过报道。

为了验证输出的信号是氧化锌细线压电性能引起的真实输出电信号，我们做了极性反转测试，即把电流计的正负探针分别与单根线纳米发电机的负极和正极相连。这种情况下测得的短路电流如图 5.1(c)和(d)所示，输出信号与图 5.1(a)和(b)中的输出信号符号相反。压电细线的拉伸产生一个负的脉冲，而其恢复自由时产生一个正的脉冲。对于极性反转测试的满足可以排除由于系统电容变化所引起的可能误差。当单根线纳米发电机发生形变时，接触电阻的变化可能产生一个信号，但当反接时该信号不会从正变负。此外，我们也注意到正反接时纳米发电机的输出量值有所变化，这种变化可能是由于测量系统具有一个偏置电流造成的。如果该偏置电流加强单根线纳米发电机正接时的输出电流，则会减弱纳米发电机反接时的输出电流。纳米发电机的真实输出电流应为其正反接时输出信号数值的平均值。

因为单根线纳米发电机的一端存在肖特基接触，极性反转测试不足以排除掉

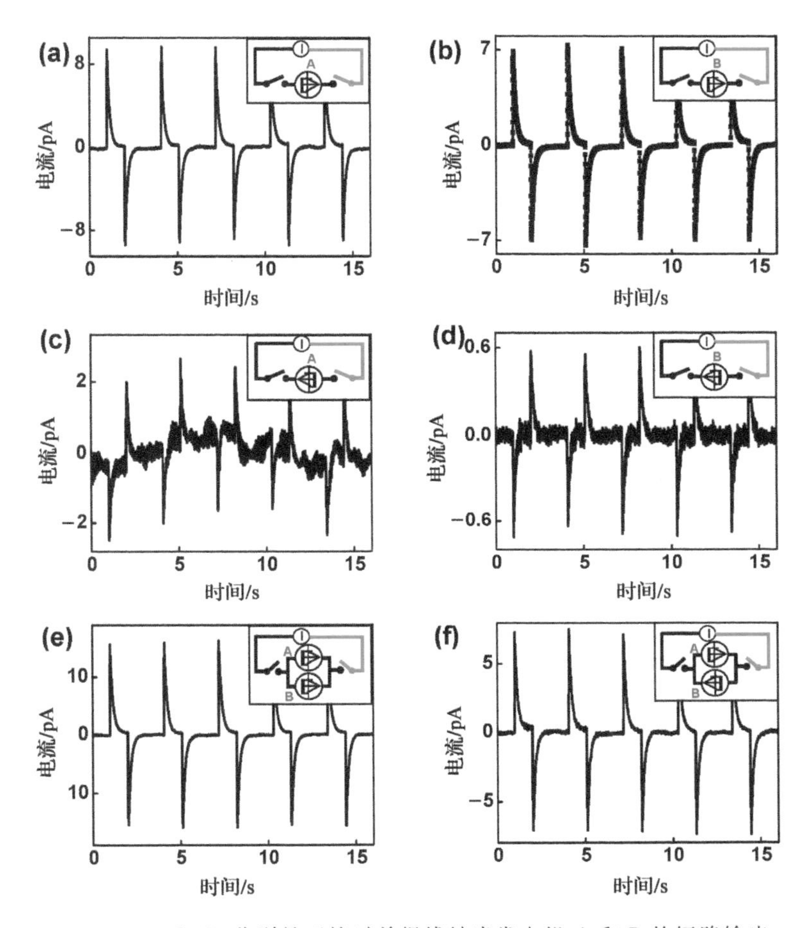

图 5.1　(a)和(b)分别是正接时单根线纳米发电机 A 和 B 的短路输出电流。(c)和(d) 分别是反接时单根线纳米发电机 A 和 B 的短路输出电流。(e)和(f) 单根线纳米发电机 A 和 B 的并联显示了纳米发电机的电流"叠加"和"抵消"性质。所有插图均相应地表明这两个单根线纳米发电机相对于测量系统的连接形式

所有的伪信号。因此,利用线性叠加法则来进一步的排除其他伪信号。我们把两个单根线纳米发电机并联在一起看是否满足电流的线性叠加。由于单根线纳米发电机的一端是肖特基接触,我们需要注意这两个纳米发电机的连接方向。图 5.1(e)表示两个纳米发电机同向连接时的电流测量结果,输出电流被增强而且约等于图 5.1(a)和图 5.1(b)所示输出电流的和。作为对比,当两个纳米发电机如图 5.1(f)所示反向连接时,其输出电流是两个纳米发电机相应连接时输出电流的差。因此,两个单根线纳米发电机满足电流的线性叠加法则。同时,两个纳米发电机的并

联连接也满足极性反转测试条件。

5.2 输出电压

图 5.2 给出了单根线纳米发电机的输出电压。如图 5.2(a)和(b)所示，当压电细线被拉伸时，发电机 A 和 B 产生一个正的电压信号，当恢复自由时，产生负的电压信号。此外，输出电压也满足极性反转测试[图 5.2(c)和(d)]。为了进一步

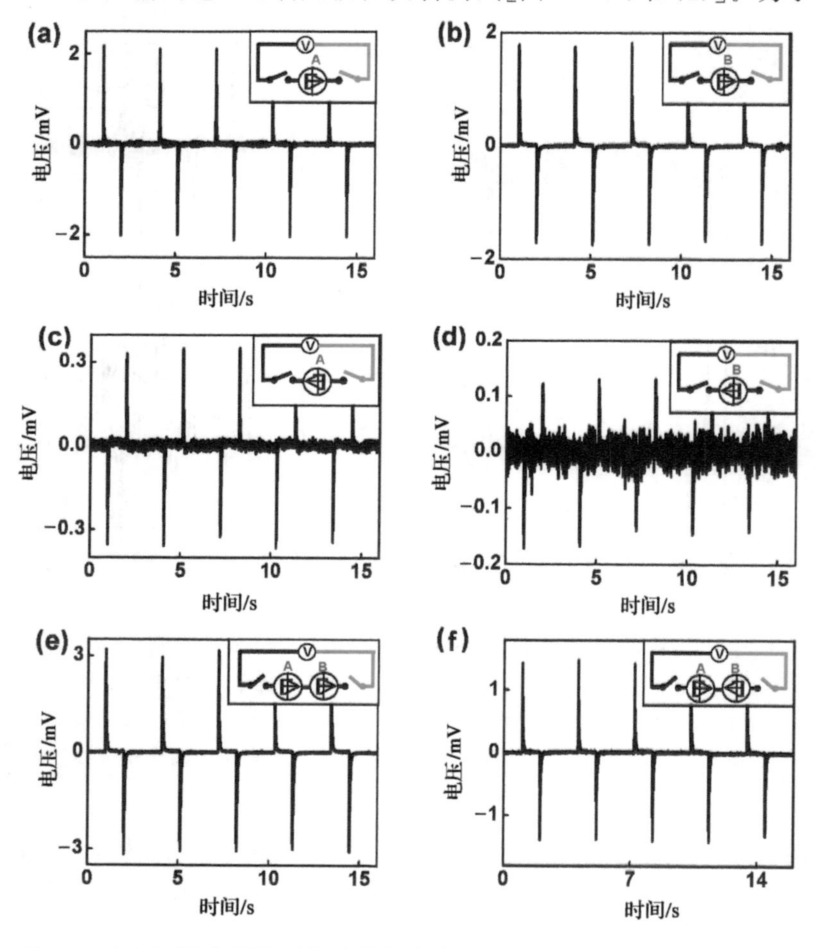

图 5.2 (a)和(b)分别是正接时单根线纳米发电机 A 和 B 的开路输出电压。(c)和(d) 分别是反接时单根线纳米发电机 A 和 B 的开路输出电压。(e)和(f) 单根线纳米发电机 A 和 B 的串联显示了纳米发电机的电压“叠加”和“抵消”性质。所有插图均相应地表明单根线纳米发电机相对于测量系统的连接形式

地验证信号、表征纳米发电机，有必要测量两个纳米发电机串联时的输出电压，如图 5.2(e)和(f)所示。当两个纳米发电机同向串联时，得到提高了的输出电压。相比之下，当两个纳米发电机反向串联时，最终的输出电压降低。因此，这两个单根线纳米发电机满足电压的线性叠加关系。同时，串联的单根线纳米发电机也满足极性反转测试条件。

通过对单根线纳米发电机弯曲时产生的输出信号取平均值，把图 5.1 和图 5.2中的输出电流和电压列于表 5.1 中。为了讨论的简化，我们定义正向连接时单根线纳米发电机 A 测得的电压和电流分别为 V_A^+ 和 I_A^+，反向连接时的电压和电流分别为 V_A^- 和 I_A^-。对于纳米发电机 B 采用同样的定义方式。理想情况下，应该是 $V_A^- = -V_A^+$，$I_A^- = -I_A^+$。然而，考虑到测量系统偏置电流的影响，测量的电压/电流可能不相等。但任何情况下，在纳米发电机被反向连接时其真实的电输出都应该改变正负符号。表 5.1 中的头两行表明纳米发电机 A 和 B 满足输出电压和电流的极性反转测试法则。

表 5.1　**纳米发电机 A 和 B 在如图 5.1 和 5.2 所示各种不同连接形式下所产生的电流和电压总结**

	电流/pA		电压/mV	
	正接	反接	正接	反接
SWG A	9.54	−2.42	2.13	−0.36
SWG B	7.31	−0.7	1.81	−0.15
SWG A+SWG B	16.2	−3.76	3.18	−0.37
SWG A−SWG B	7.33	4.65	1.46	1.5

表 5.1 中的后两行显示了八种连接形式下电流和电压的线性叠加判据。如图 5.1(e)和(f)中插图所示，当单根线纳米发电机 A 和 B 并联连接时，测量的电流(表 5.1 中最后两行中的电流)遵循以下条件：

$$I_{A+B}^+ = I_A^+ + I_B^+$$
$$I_{A+B}^- = I_A^- + I_B^-$$
$$I_{A-B}^+ = I_A^+ + I_B^-$$
$$I_{A-B}^- = I_A^- + I_B^+$$

如图 5.2(e)和(f)中插图所示，当单根线纳米发电机 A 和 B 串联连接时，测量的电压(表 5.1 中最后两行中的电压)遵循以下条件：

$$V_{A+B}^+ = V_A^+ + V_B^+$$
$$V_{A+B}^- = V_A^- + V_B^-$$
$$V_{A+B}^+ = V_A^+ + V_B^-$$
$$V_{A-B}^- = V_A^- + V_B^+$$

5.3 总　　结

总的来说，我们发展了两项判据，即极性反转判据和10种形式的电流、电压线性叠加判据，以此来甄别纳米发电机的输出信号。这两项判据可以排除一般的系统误差并作为不同类型压电纳米发电机表征的指导标准。这一研究对于面向实际应用的纳米发电机的进一步研究和规模化都是相当重要的。

参考文献

[1] R. S. Yang, Y. Qin, C. Li, L. M. Dai, Z. L. Wang, *Appl. Phys. Letts.* **94**, 022905 (2009).
[2] R. S. Yang, Y. Qin, L. M. Dai, Z. L. Wang, *Nature Nanotechnology* **4**, 34-39 (2009).

第 6 章　基于垂直纳米线阵列的高输出纳米发电机

尽管第 4 章所提出的原理适用于能量收集[1]，但是单根压电纳米线的输出功率非常小。为了通过规模化的方法来大幅度地提高输出功率，需要开发新的方法。在本章中，我们提出利用垂直纳米线阵列实现输出功率规模化提高的两种方法。

6.1　超声驱动纳米发电机

至于基于原子力显微镜针尖机械扰动的纳米发电机，我们必须进行创新地设计，从而在以下方面来极大地提高纳米发电机的性能：首先，必须以脱离原子力显微镜的方式使得纳米线发生机械形变，以便于在大范围内利用与环境适应的、移动的和经济的方法产生电能；其次，需要所有纳米线同时连续地发电，并且所有电能都可以被有效地收集和输出；最后，用来发电的机械能应该是来源于环境中的波动/振动的形式，这些机械振动的频率较低，甚至在几赫兹范围。我们已经研发了一种全新的方法来解决这些挑战[2]。

6.1.1　为何采用锯齿形电极？

图 6.1(a)和(b)给出了原子力显微镜针尖激发压电纳米线产生电能输出的机制，这在第 4 章中也已讲述。为了取代原子力显微镜针尖来弯曲纳米线，我们首先考察了“倒 V 形”(i-V)电极。一旦 i-V 电极在外力的驱动下向下运动，例如，纳米线被弯向左边，如图 6.1(c)所示，在开始的接触点，局域的拉伸应变就会导致一个正电势。在这种情况下，因为局部的接触是反向肖特基势垒，不允许电荷流动，所以压电势会保持下来。当电极进一步地推动纳米线直到纳米线弯曲到一定程度以至于接触到 i-V 电极的另一侧[图 6.1(d)]时，局部的接触是正向偏置的肖特基势垒，这时，局部的电压降驱动电子流动。因此，我们可以利用 i-V 电极来代替原子力显微镜的针尖。i-V 可以进一步地推广到如图 6.1(e)所示的锯齿形电极，它是由镀铂的硅构成的。其中，铂镀层既能提高电极的导电性，又可以在电极与氧化锌的界面构造肖特基接触。实际上，只要可以与氧化锌形成肖特基势垒，镀层金属可以是任何导电的合金。锯齿形电极的作用就像一系列相互平行的原子力显微镜针尖一样。电极被操控放置在纳米线阵列上方一定距离处。弯曲或振动引起的纳米线与电极之间的相对弯曲/位移有望产生连续不断的电能输出。

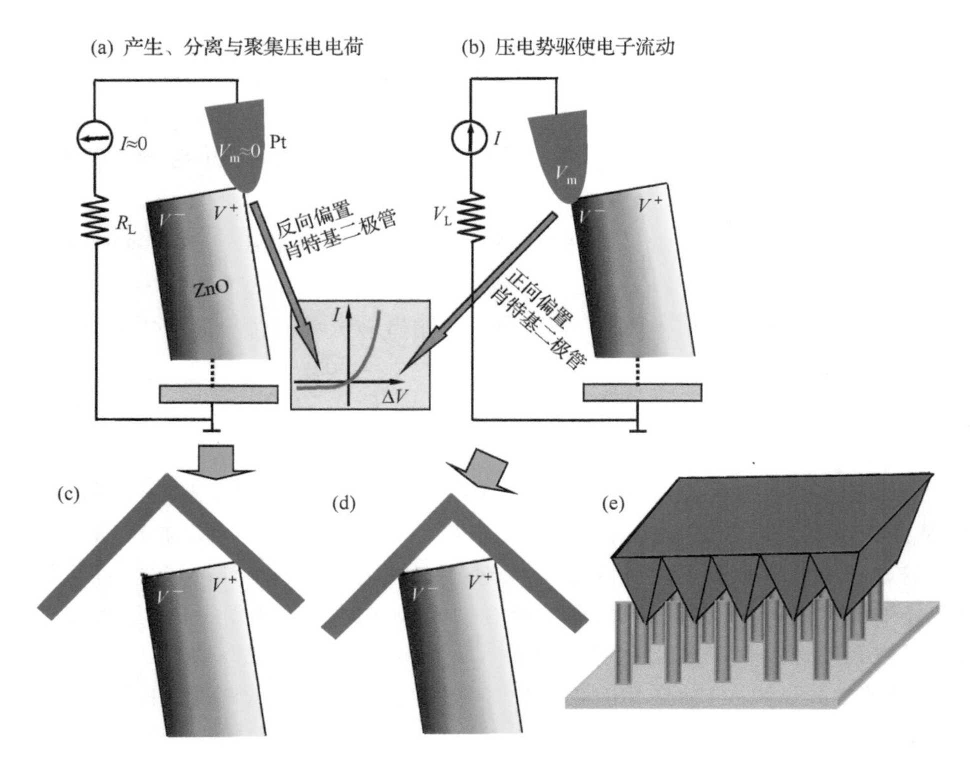

图 6.1　(a)(b) 压电纳米线在原子力显微镜针尖弯曲下的电流产生过程。(c)(d) 根据图(a)(b)所示机理引入锯齿形电极来收集数百万根纳米线产生的电能的想法。(e)排列性锯齿形电极

6.1.2　工作机理

图 6.2(a)～(c)给出了纳米线与锯齿形电极之间可能的四种接触形式。纳米线Ⅰ和Ⅱ分别被电极向左、向右弯曲。不考虑到它们的弯曲方向，纳米线Ⅰ和Ⅱ产生的电流可以相加来提高总的输出电流。纳米线Ⅲ用来详细阐述超声波引起的振动。如图 6.2(c)所示，当纳米线Ⅲ的压缩边接触电极时，与纳米线Ⅰ相同的放电过程使得电流由电极流入纳米线。纳米线Ⅳ是一种短的纳米线，在电极的压力下产生压应变，没有弯曲。这种情况下，纳米线顶部产生的压电电压是负的。因此，电极与氧化锌的界面形成正向肖特基势垒，电子可以自由流过界面。结果，当纳米线发生形变时，电子由纳米线流入顶部的锯齿形电极。这一放电过程如果显著，那它也必将对测量到的电流有贡献。输出电流是所有起作用的纳米线输出电流的和，而由于所有的纳米线是并联的，因此纳米发电机的输出电压只由单根纳米线的输出电压决定。

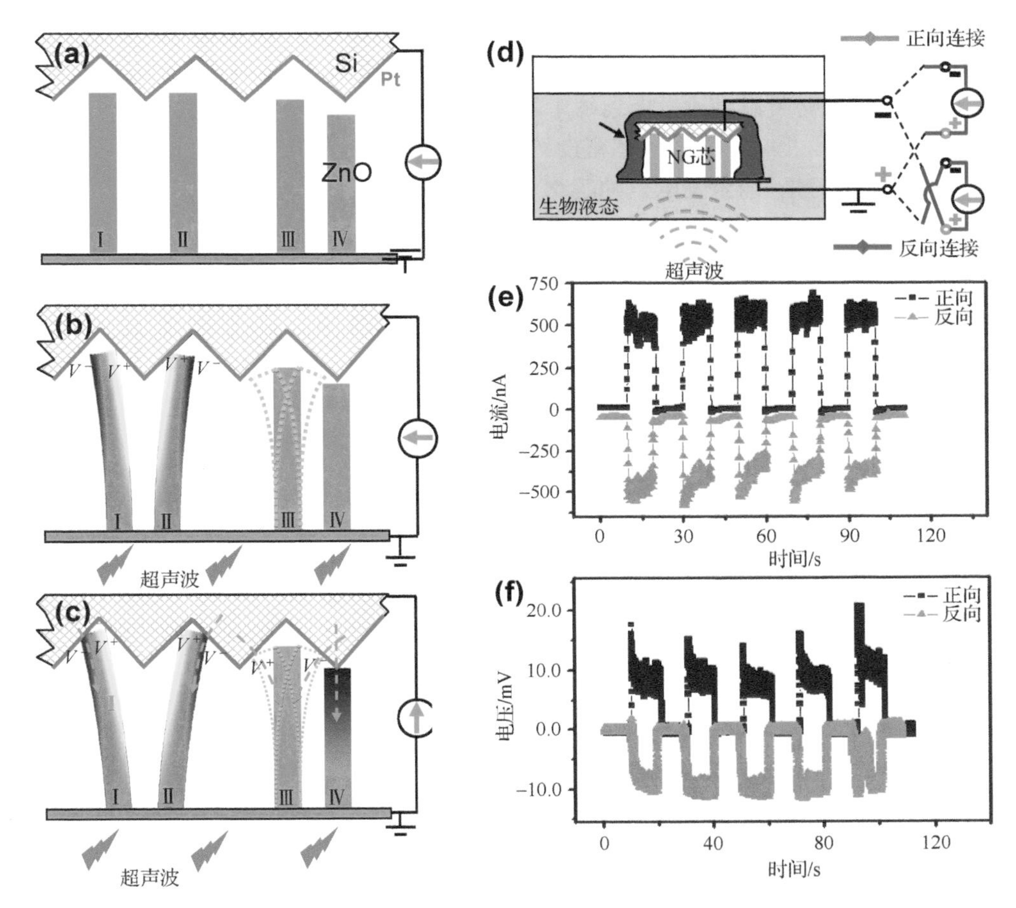

图 6.2　超声波驱动纳米发电机的工作机理。(a)锯齿形电极示意图以及四种代表性的纳米线构型。(b) 超声波引起电极推动/弯曲纳米线时，纳米线 I 和 II 中的压电势；由于电极与纳米线界面处存在反向肖特基势垒，不能产生电流。纳米线 III 在超声波激励下振动，纳米线 IV 没有弯曲，处于一个完全的压应变状态。(c) 一旦纳米线接触到相邻的锯齿，电极与纳米线界面处的肖特基势垒变成正向偏置，发生压电放电，可以在外电路中观察到电流。(d) 工作于生物液态中的纳米发电机的示意图以及表征纳米发电机性能的两种连接类型。粉色和蓝色曲线分别代表电流/电压计正向连接和反向连接时的情况。(e)(f) 周期性开关超声波时测量的两种不同连接方式下的短路电流和开路电压

6.1.3　纳米发电机在 50 kHz 超声波作用下的输出

封装好的纳米发电机被放置在水浴中来测量短路电流和开路电压。每隔 15 s 周期性地打开频率为 41 kHz 的超声波。图 6.2(e)给出了超声波被打开和关闭时的短路电流，测量结果清楚地表明输出电流来源于超声波激发下的纳米发电机，因

为电流输出与超声波的工作周期完全一致。类似的情况在开路电压的测量中也可以观察到[图 6.2(f)]。这种类型的纳米发电机表现出约 500 nA 的高电流输出和约 10 mV 的高电压输出。考虑到纳米发电机的有效面积为 6 mm^2,这相当于输出的电流密度约 8.3 $\mu A/cm^2$,功率密度约 83 nW/cm^2。

必须指出的是,纳米发电机的工作不是依赖于像其他一些能量收集技术所需的机械共振,而是基于材料的机械形变。这一设计使得纳米发电机可以在赫兹、千赫兹到兆赫兹的宽频率范围内工作。这种宽工作频率范围的适用性极大地扩展了纳米发电机在收集各种各样机械能方面的应用。

6.2 集成的纳米尖-纳米线相向排列方法

如上节所述,锯齿形电极可以作为集成化的平行针尖阵列从所有有效的纳米线同时产生、收集并输出电能。然而,在这一设计中,纳米线的不均匀高度以及在基底上的随机分布可能会使得很大一部分纳米线对能量转换没有作用;而且为了保持锯齿形电极和纳米线阵列之间距离刚好合适,即保证纳米线既可以被自由地弯曲又与电极接触紧密,封装技术至关重要。本节中,我们将提出一种新的纳米发电机制备方法,它由集成化的成对纳米刷组成,而这些纳米刷是由覆盖金属镀层的锥形氧化锌纳米尖阵列和六方柱状氧化锌纳米线阵列构成[3,4],它们可以在低于 100 ℃的条件下利用化学方法分别在普通基底的两面生长。把一片这种结构的基底紧密地放置在另外一片上形成一层一层的刷状结构,就可以在超声波的激发下产生直流电。集成四层构成的纳米发电机可以输出电压为 62 mV、功率密度为 0.11 $\mu W/cm^2$ 的直流电。

6.2.1 制备方法

要制备纳米发电机,首先在双面抛光的硅片上合理地生长方向和形状可控的氧化锌纳米线阵列。第一步是利用原子层沉积技术在硅片两个表面都沉积一层厚度为 100 nm 的 Al_2O_3膜,这层膜将作为绝缘层来保证纳米发电机在相邻层之间独立运转;第二步是利用直流磁控溅射在基底的上下表面沉积 20 nm 厚的铬层(不能在基底的边壁上沉积);紧接着,利用射频磁控溅射在基底的上下表面沉积 50 nm的氧化锌层(不能在基底的边壁上沉积)。铬层既可以增加氧化铝层与氧化锌层之间的附着力,又能作为普通电极收集来自于每一对有效纳米尖/纳米线的电荷。

通过稍微改进的化学法,具有所需形貌的一致取向氧化锌纳米线阵列便可以在硅片的两面生长。利用 4 ℃ 0.5 mmol/L 的醋酸锌乙醇溶液冲洗硅片,然后把基底在 350 ℃下烘烤 15 min,就可以在基底的表面生成(0001)织构化的氧化锌种子层,从而诱导氧化锌纳米线和纳米尖对的生长。可以利用不同的醋酸锌乙醇溶液来调整氧化锌种子层的密度。通过改变生长温度、生长时间可以对氧化锌阵列的形貌进行调控。通常说来，在低的生长温度和长的生长时间下形成纳米线[图 6.3(b)，(g)]，而在高的生长温度和短的生长时间下形成纳米尖[图 6.3(c)，(h)]。氧化锌纳米线/纳米尖阵列的形貌可控生长可通过把基底浮在 5 mmol/L、摩尔比为 1∶1 的硝酸锌和六亚甲基四胺生长溶液表面上进行，生长中基底的两面可以使用不同的生长条件(100 ℃下生长 24 h 可以得到锥形的纳米尖，70 ℃下生长 48 h 可以得到六方形截面的纳米线)。最后，利用磁控溅射在纳米尖的表面均匀覆盖一层 100 nm 厚的金层形成金属纳米尖阵列。

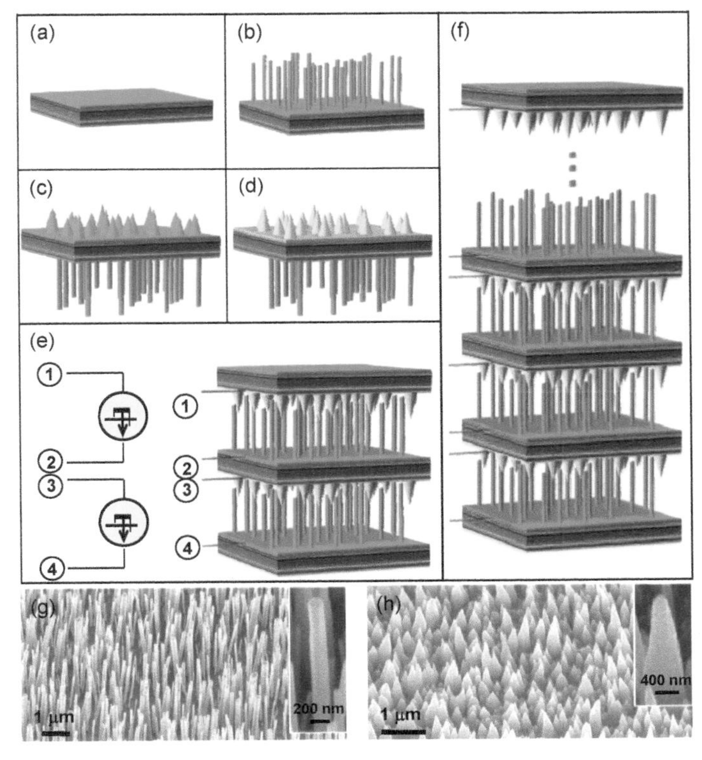

图 6.3　多层纳米发电机、氧化锌纳米线和纳米尖阵列生长的设计制备步骤。(a) 涂敷醋酸锌种子层后的生长基底。(b) 利用湿化学法在基底一侧生长六棱柱形氧化锌纳米线阵列。(c) 在基底另一侧生长锥形纳米尖阵列。(d) 利用磁控溅射在纳米尖阵列上镀上一层金膜。(e) 叠加三层如图(d)所示硅片结构形成的两层纳米发电机，镀金的纳米尖阵列与裸纳米线相对放置并且插入纳米线阵列中。右边是代表纳米发电机的设计符号。(f) 通过叠加多层硅片结构集成的三维多层纳米发电机。(g) 湿化学法生长的六棱柱形氧化锌纳米线阵列在 60°倾斜视角下的扫描电镜照片。(h) 湿化学法生长的锥形氧化锌纳米尖阵列在 60°倾斜视角下的扫描电镜照片。插图是单根纳米线和纳米尖的放大的扫描电镜图

可以把两片生长了纳米结构的硅片叠加在一起制成纳米发电机，其中镀金的纳米尖部分地插入到纳米线间隙中[图 6.3(e)]。同样，可以把多层硅片一层一层地叠加在一起制成多层的纳米发电机[图 6.3(f)]。如同原子力显微镜的针尖阵列一样，镀金的纳米尖阵列轻微地插入到下面纳米线之间的间隙中，就像两个刷子面对面地轻度交叉在一起。这样的设计对纳米线的高度均匀性没有严格的要求，也不需要在层与层之间维持一个特定的间距，这使得多层纳米发电机的封装变得更为容易。每一层与相邻层间被 Al_2O_3 薄膜绝缘。与输出的导线连接在一起后，使用环氧树脂对整个结构进行密闭封装来避免液体渗入。在相应的发电过程中，裸露的氧化锌纳米线阵列一侧为正电极，负极为镀金的纳米尖阵列一侧。

6.2.2　工作机理

能量产生过程可能会涉及以下几种效应：摩擦起电、热电和压电。通过在原子力显微镜下对单根纳米线发电过程的光学成像以及使用 WO_3、Si 和碳纳米管作为对比进行电测量，可以排除摩擦起电的可能。至于热电效应，容积约 1 gal* 的超声波腔室中温度相对均匀，在尺寸为几毫米的纳米发电机上肯定不会有明显的温度梯度。

能量转换过程可以理解为压电势对局部能带结构的改变，压电势在纳米线拉伸侧为正，在纳米线压缩侧为负，是非对称的。因为金的功函数为 4.8 eV，大于氧化锌的电子亲和能 4.5 eV，因此，如图 6.4(a)所示，在金与氧化锌的界面处形成肖特基接触(势垒高度 Φ_{SB})。一旦纳米尖接触到纳米线，肖特基势垒出现。当纳米尖缓慢地推动纳米线时，沿着纳米线的宽度方向形成应变场，纳米线的外表面为拉伸应变，内表面为压缩应变。这种不对称的应变沿着纳米线的宽度方向产生不对称的压电势分布，纳米线的压缩面为负(V^-)，拉伸面为正(V^+)。需要着重指出的是，压电势是由晶体中的离子在纳米线受到机械变形时产生的，它们不能自由移动，它可以被纳米线中的自由载流子部分地屏蔽，但是不能被完全中和或者耗尽。这意味着即使考虑到氧化锌纳米线中存在适度的自由载流子，压电电势依旧可以保持下来。当纳米尖与纳米线的拉伸面接触时，纳米线具有比纳米尖高的局部电势，反向肖特基势垒(Φ_{SB})阻止电子流过界面[图 6.4(b)]。因为当纳米尖推动纳米线时，压电势可以在纳米线内部非常快地建立起来，因此，在推动的每一时刻，整个系统都是处于平衡的状态。换句话说，如果把该过程的每一时刻拍照下来，比如图 6.4(b)，系统是始终处于平衡的。这是因为电荷的流动速度要远大于纳米尖的扫描速率。当纳米线的弯曲程度继续提高时，它的压缩一侧可能会接触到相邻的纳米尖，因此，纳米线局域的负电势使得纳米线在靠近纳米尖区域导带的局部形状

* 加仑，非法定计量单位，1 gal=4.405 L。

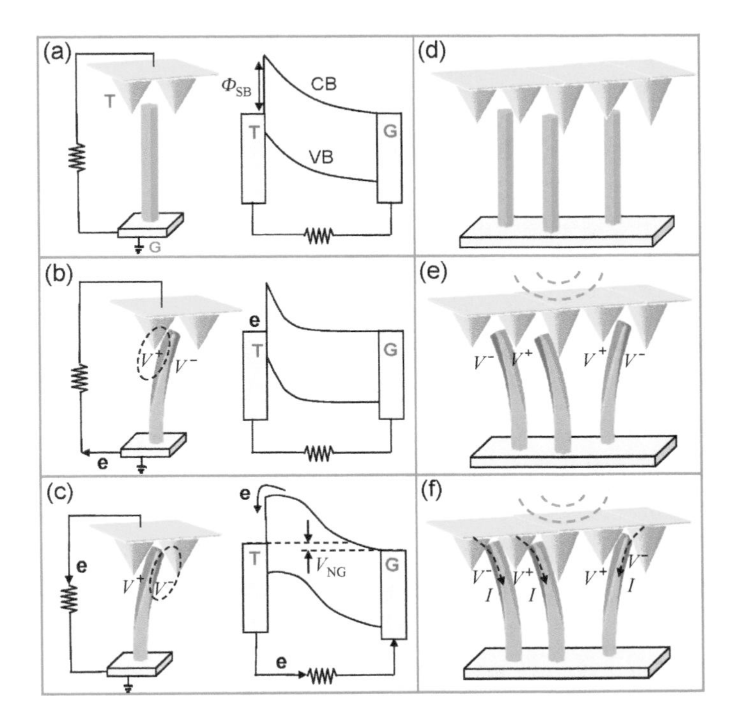

图 6.4　考虑纳米线左右边界处能带图的单层纳米发电机物理机理。(a) 纳米发电机和相应电子能带示意图,图中的"T"是金纳米尖,"G"是接地的纳米线。(b) 在超声波的激励下,纳米尖与纳米线在垂直方向和水平方向上都存在相互位移,因此纳米线在接触区域被弯曲,接触的纳米线外表面被拉伸。产生的局域正压电势导致纳米线与金电极形成反向肖特基势垒。该图代表了纳米尖与纳米线接触的平衡状态。(c) 当纳米尖与纳米线之间的相对位移足够强时,纳米线被弯曲至其压缩面与相邻的纳米尖接触。然后,局部负压电势把肖特基势垒变成正向偏置,驱动电子由纳米线流向纳米尖。如果考虑到上千根纳米线电子的贡献,就可以形成稳定的电流。该图代表多根纳米线参与发电过程的平衡状态。(d) 高度和水平分布相对均匀的相互接触的多根纳米尖与纳米线的示意图。(e) 不管纳米线向左弯还是向右弯,它与纳米尖的最初接触面总是其正电势的拉伸面。(f) 当纳米线压缩面与相邻纳米尖接触时,压电势驱动产生电流。所有纳米线与纳米尖可以同时接触,也可以稍微延后接触,但产生的瞬态电流都是沿同一方向流动,即从纳米尖流向纳米线

改变[图 6.4(c)]。根据理论计算,压电势几乎延伸到整个纳米线的长度,而由于局部能带升高,它对能带形状最重要的改变是在靠近肖特基接触的区域。如果因纳米线弯曲导致的局域势能升高到足够大,纳米线中局部积累的 n 型载流子就可

以快速流经接触界面进入纳米尖，从而在外电路中产生电子的循环流动，例如输出电流。只考虑一对纳米尖和纳米线的话，这一过程是瞬时的。但是如果我们考虑几千个纳米尖/纳米线对，这一过程就是相对稳定的过程了，具有连续稳定的电流输出。肖特基势垒所扮演的角色是阻止电子从纳米尖流入纳米线，它对于压电势的维持和从纳米线到纳米尖的电子释放来说是至关重要的。压电势所扮演的角色是驱动来源于氧化锌纳米线的电子突破金-氧化锌界面的临界势垒从而流入镀金的纳米尖。压电势并不直接决定输出电压的大小。

在超声波驱动的纳米发电机中，成千上万根纳米线以随机相位的形式贡献输出电能。尽管每一根纳米线是处于一种非平衡的瞬态，但成千上万根纳米线的统计平均效果就相当于处于一个稳定的状态，具有稳定连续的输出。这类似于太阳能电池中的过程，单个光子只能产生一个或几个电子形成电脉冲，但是当成千上万个光子以随机相位的形式照射到太阳能电池上时，就会形成连续的电流。这个概念也可以用来理解纳米发电机的输出电压。如图 6.4(c)所示，当更多的电子注入金纳米尖时，如上所述，考虑所有纳米线统计贡献的积累电子，它会升高局部的费米面。因此，理论输出电压是顶部金纳米尖与底部氧化锌纳米线的费米能级之差，即图 6.4(c)中的 V_{NG}。但在实际情况中，必须考虑接触电阻、系统电容和可能的漏电流，所有这些都可能会降低测得的输出电压。

当纳米发电机在水浴中受到超声波振荡时，超声波会使得硅片和/或氧化锌纳米线在垂直或水平方向振动，并且在镀金纳米尖的压迫下使得纳米线发生相对弯曲/偏转[图 6.3(e)]。纳米线弯曲/偏转的程度取决于超声波的强度。所以超声波的变化会改变输出信号，我们组已经对此进行了研究。纳米尖明显比纳米线更厚、更硬[图 6.3(g)(h)]。不管纳米线向左弯还是向右弯，肖特基势垒和纳米线的单向生长使得所有纳米线产生的电流可以有效地叠加[图 6.3(e)(f)]，尽管输出电压由单根纳米线的性能决定。只要超声波打开，就可以观察到连续稳定的电流输出。

6.2.3 提高性能

叠层集成的纳米发电机表现出提高的输出电流和电压[3]。把纳米发电机的两个独立单层并联，例如把图 6.3(e)中的电极①和③相连、电极②和④相连，输出电流为两个纳米发电机输出电流之和。如图 6.5(a)所示，纳米发电机的单层 L1 输出约 13 nA 的短路电流，另外一层 L2 在相同情况下输出约 10 nA 的电流。把它们同向并联后，输出电流提高到平均 22 nA[图 6.5(a)中的红色曲线]。把它们反向并联后，输出电流只有 3 nA[图 6.5(a)中的紫色曲线]，这相当于它们各自输出电流之差。从图 6.5(a)可以看出，L1＋L2 情况下的输出信号远没有 L1－L2 情况下的输出信号“稳定”。这是因为 L1＋L2 情况下，双倍增强了超声波强度和频率

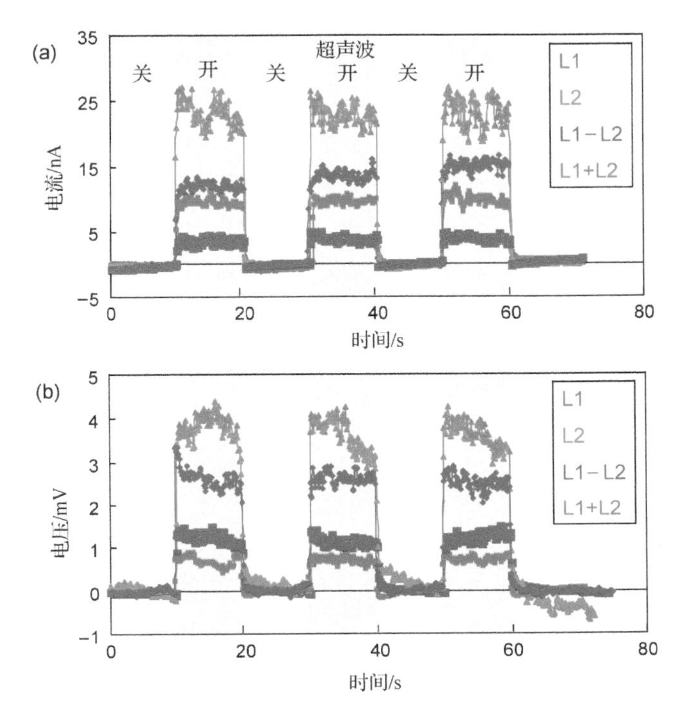

图 6.5　两个单层纳米发电机在并联与反并联连接、串联与反串联连接时的输出电流和电压，结果表明通过三维集成纳米发电机来提高输出功率是可行的。(a)并联、反并联连接时纳米发电机的输出电流。(b)串联、反串联连接时纳米发电机的输出电压。超声波开关的时段已在图中标出。每一个纳米发电机的表面积是 6 mm^2

不稳定引起的信号不稳定，而 L1－L2 情况下削弱了这种不稳定。

以类似的方式把纳米发电机的两层串联在一起，比如把图 6.3(e)中的电极②和③相连，输出电压为纳米发电机两层输出电压之和。图 6.5(b)中，L1 层输出电压约 2.6 mV，L2 层输出电压约 0.8 mV。当纳米发电机的这两层同向串联在一起并且在相同情况下进行测试时，平均输出电压约 3.5 mV[图 6.5(b)中的红色曲线]，是它们各自输出电压之和。进一步地，如果反向串联这两层，比如把图 6.3(e)中的电极②和④相连，输出电压只有 1.5 mV[图 6.5(b)中的紫色曲线]，相当于它们各自输出电压之差。

多层纳米发电机的集成在提高输出电压方面具有很大的潜力。一旦输出电压提高到足以驱动一个电子器件，例如一个二极管，那么就可以将纳米发电机的输出电能储存起来留待后用。为了演示这一方法的技术可行性，我们串联了几个纳米发电机。如图 6.6(a)所示，把开路输出电压分别为 11 mV、14 mV、16 mV 和 20 mV的纳米发电机四个单层 L1、L2、L3 和 L4 同向串联在一起，输出电压为预期的 62 mV 左右，相应的短路电流约 105 nA[图 6.6(b)]。每个纳米发电机的电流-电压曲线都表现出典型的肖特基特征。看起来 41 kHz 的超声波可以穿透很深的距离，因此其衰减效应不是一个重要的问题。表面积为 6 mm² 的四层集成纳米发电机的最大输出功率为 6.5 nW，可以获得 0.11 μW/cm² 的功率密度。

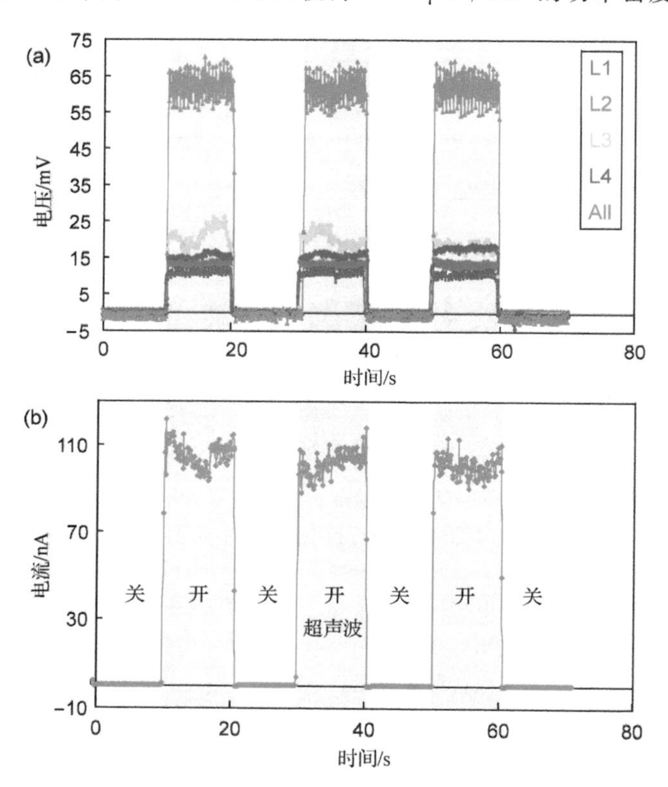

图 6.6　四层集成纳米发电机串联时的开路电压和短路电流。(a) 四层纳米发电机各自的开路电压以及串联后的结果。(b) 四层纳米发电机串联后的短路电流。超声波开关的时段已在图中标出。纳米发电机的表面面积是 6 mm²

6.3　端部稳固连接的集成化纳米发电机

我们报道了一个改进的新颖方法来大幅度地提高输出功率，这是一种基于两端与电极固定结合/接触的垂直取向氧化锌纳米线阵列的交流纳米发电机(AC-

NG)[5,6]。如果至少在纳米线与电极接触的一端存在肖特基接触，那么通过顶电极施加在氧化锌纳米线上的机械打击会导致纳米线的周期性低频单向应变，从而沿纳米线产生压电势，进而产生交流的电输出。这种交流纳米发电机的三层集成可以把输出电压提高至 0.243 V，峰值输出功率密度提高至约 2.7 mW/cm^3。把三层交流纳米发电机和基于氧化锌纳米线的 pH 纳米传感器或紫外纳米传感器集成在一起，一个"自驱动"纳米系统已经被演示出来，该系统全部使用氧化锌纳米线。这种自驱动纳米系统显示出作为一种独立、可靠并且可持续的工作单元，在动态压应力/应变存在的环境（例如鞋垫、车胎以及地毯/地板）中具有很大的应用潜力。

6.3.1　结构设计

自驱动纳米系统的核心是制备高输出电压/功率的纳米发电机。图 6.7 显示了三维集成封装交流纳米发电机的制备流程图。利用湿化学方法在表面镀金的扁平表面上生长垂直取向的氧化锌纳米线阵列。简要地说，首先利用磁控溅射在硅片上顺序镀上钛膜和金膜[图 6.7A(a)]，在此基底上，在低于 100℃下生长长度约 4 μm、顶部直径约 300 nm 的氧化锌纳米线[图 6.7A(b)，B(a)]。可以通过调节相应的化学反应参数来调节氧化锌纳米线的密度和长度。生长氧化锌纳米线后，旋涂一层聚甲基丙烯酸甲酯（PMMA）来完全填充纳米线之间的间隙[图 6.7A(c)，B(b)]。氧化锌纳米线从头到脚完全被 PMMA 膜覆盖。这一过程极大地提高了整个结构的稳定性和机械可靠性，并且避免了基底和顶电极之间的短路接触。为了使纳米线顶部从 PMMA 膜中暴露出来，使用氧等离子体刻蚀在 10 W 功率下把 PMMA 膜刻蚀 20 min，刻蚀掉顶部的 PMMA 膜[图 6.7A(d)，B(c)]，刻蚀后留下新鲜干净的氧化锌纳米线顶部和粗糙的 PMMA 表面织构[图 6.7B(c)中的插图]。随后把表面镀有 300 nm 铂膜的硅片直接放置在氧化锌纳米线上[图 6.7A(e)]，使其保持接触，在二者界面处形成肖特基接触。在用软材料对整个结构封装前引出电测量接线。测量在法拉第笼中进行，使用线性马达提供撞击速度为 0.1 m/s 下的机械应变。

6.3.2　工作原理

交流纳米发电机的工作原理是氧化锌纳米线压电性能和半导体性能的耦合。几个研究组的研究均表明纤锌矿结构的氧化锌纳米线沿平行于 c 轴的方向单向生长[7-9]。氧化锌纳米线的晶体学取向意味着纳米线在受到外应力时也会出现压电取向。在单轴应变作用下，四方配位锌-氧单元静态带电离子中心的偏离使得沿纳米线 c 轴方向出现压电势的梯度分布[图 6.7A(f)]。由于纳米线都生长在基底上，c 轴相互平行取向，因此沿着每根纳米线的压电势都具有相同的分布趋势，这

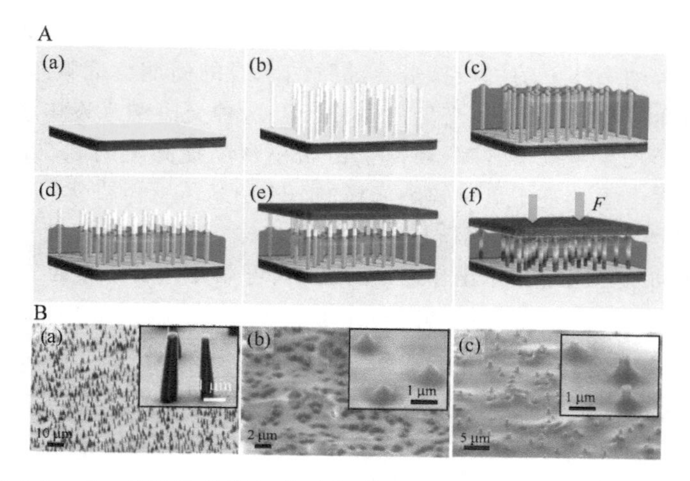

图 6.7 A. 交流纳米发电机的制备流程图：(a)在镀金的硅片上。(b)利用低温水热分解法生长氧化锌纳米线。(c) 旋涂 PMMA 以覆盖住氧化锌纳米线的底部和顶端。(d) 利用氧离子刻蚀掉纳米线的顶部 PMMA 后，露出纳米线新鲜干净的顶部，纳米线的大部分和底部仍被 PMMA 包覆，这可以极大地提高结构的牢固性。(e) 在纳米线的顶部沉积电极铂以形成肖特基接触。当单轴向应力作用于纳米线顶部电极时，纳米线被压缩，晶体学一致取向的纳米线沿其生长方向 c 轴产生宏观的压电势。(f) 纳米线在受到外力时出现压电取向。B. 样品的扫描电镜照片：(a) 在基底上生长的氧化锌纳米线。(b) 旋涂 PMMA 后。(c) 氧等离子体刻蚀后

会产生一个提高的宏观压电行为。当单轴向应力施加于顶电极时，纳米线处于单轴向压缩状态，比如肖特基接触一侧的纳米线顶端为负压电势，欧姆接触的纳米线底部为正压电势。为了讨论分析的简便，我们假设每一根纳米线上不存在剪应变分量，只有沿纳米线轴向的纯压应变。负的压电势使得导带和费米能级在纳米线的顶部相对于在其底部来说有所提高。因此，电子在外电路中会从纳米线的顶部一边流向纳米线的底部一边。然而，纳米线顶部的肖特基势垒阻止电子流过金属和氧化锌的界面。所以，这些电子被阻止并积累在纳米线的底部，底部的费米能级持续被积累的电子抬高直到压电势被完全屏蔽，纳米线两端的费米能级达到一个新的平衡。在这一过程中，电子在外电路中的流动可以以电流脉冲的形式被检测到。当从顶电极去掉外力时，纳米线中的压应变释放，其内部的压电势消失。然后，如果漏电流可以忽略的话，这些积累在底部的电子必然在外电路中回流，产生相反方向的电流脉冲。

在整个过程中，肖特基势垒所扮演的角色就像一个栅极的绝缘氧化物层，它非常薄，以至于纳米线内的压电场能够对外电路中的自由电子产生有效相互作用，同

时它又可以有效地阻止这些外电路中的移动电荷流经纳米线-金属的接触界面。压电势则像一个“电荷泵”一样，可以驱动电子的流动。基于同样的原因，如果肖特基势垒位于纳米线底部或者同时在纳米线的两端，也会出现同样的发电过程。对于交流纳米发电机的运转来说，一个基本的要求是至少在纳米线的一端存在肖特基势垒。

6.3.3　增强的输出信号

通过线性集成大量交流纳米发电机，输出电压和电流可以得到极大的提高。把输出电压分别为 80 mV、90 mV 和 96 mV 的三个交流纳米发电机串联连接在一起，可以获得 0.243 V 的输出电压(图 6.8A)，它在数值上几乎等于三个单独纳米发电机的输出之和。同样，把输出电流密度分别为 6.0 nA/cm^2、3.9 nA/cm^2 和 8.9 nA/cm^2 的三个交流纳米发电机并联连接在一起，可以获得 18.0 nA/cm^2 的电流密度输出(图 6.8B)，这也约等于三个发电机各自输出的数值之和。

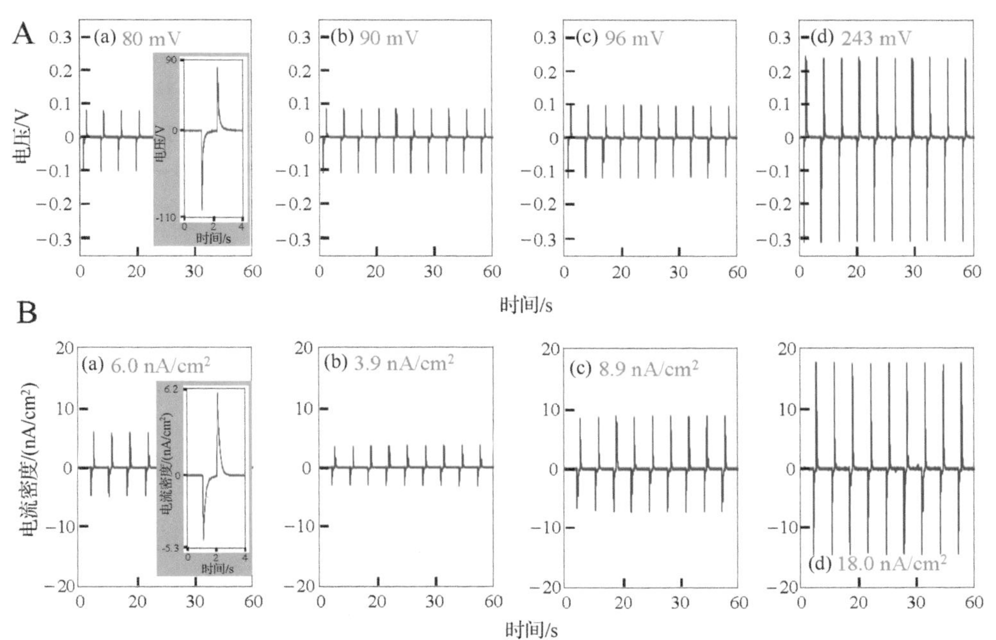

图 6.8　A. 串联集成交流纳米发电机来提高其输出电压。单个交流纳米发电机的输出电压分别是：(a) 80 mV，(b) 90 mV，(c) 96 mV。(d) 三个交流纳米发电机串联后，输出电压提高至 243 mV。B. 交流纳米发电机并联情况下输出电流的线性叠加。单个交流纳米发电机的输出电流密度分别为：(a) 6.0 nA/cm^2，(b) 3.9 nA/cm^2，(c) 8.9 nA/cm^2。(d) 把三个交流纳米发电机并联后，其输出电流密度提高至 18.0 nA/cm^2。图 A(a)和 B(a)中的插图是放大显示的单个脉冲

可以使用输出电压和电流的峰值对交流纳米发电机的最大功率密度进行估算。图 6.8A(c)和 B(c)中,交流纳米发电机的尺寸约 4 mm^2,输出电压为 96 mV,输出电流为 0.355 nA。纳米线的平均直径为 400 nm,长度为 4 mm,纳米发电机所包括的纳米线数量约 75 000 根(纳米线面密度为 1.9×10^6 cm^{-2})。保守地假设所有纳米线中有三分之一的纳米线非常同步地发电,估计所产生的功率密度将为 2.7 mW/cm^3,这是一个 PZT 悬臂梁所产生功率密度的 6～11 倍。

6.3.4 自驱动纳米传感器

交流纳米发电机已经和基于单根纳米线的纳米传感器集成在一起来展示一个自驱动的纳米系统[5]。把一个交流纳米发电机和一个氧化锌纳米线构成的 pH 传感器或者一个紫外传感器连接在一起,监控纳米传感器的分压。在一根氧化锌纳米线的表面镀上一层 10 nm 厚的氮化硅层,这层氮化硅非常薄、使得表面吸附的电荷可以和纳米线内部的载流子发生静电相互作用。以此纳米线为基础制成 pH 传感器。使用输出电压约 40 mV 的交流纳米发电机来驱动该 pH 传感器,可以清楚地观察到局域 pH 值的变化(图 6.9)。当缓冲溶液为碱性(高 pH 值)时,纳米传感器的表面由—O^- 基团控制。这些负电荷基团会在 n 型氧化锌纳米线的表面产生耗尽区域,使得氧化锌纳米线的电阻升高。因此,作为传感器的氧化锌纳米线上

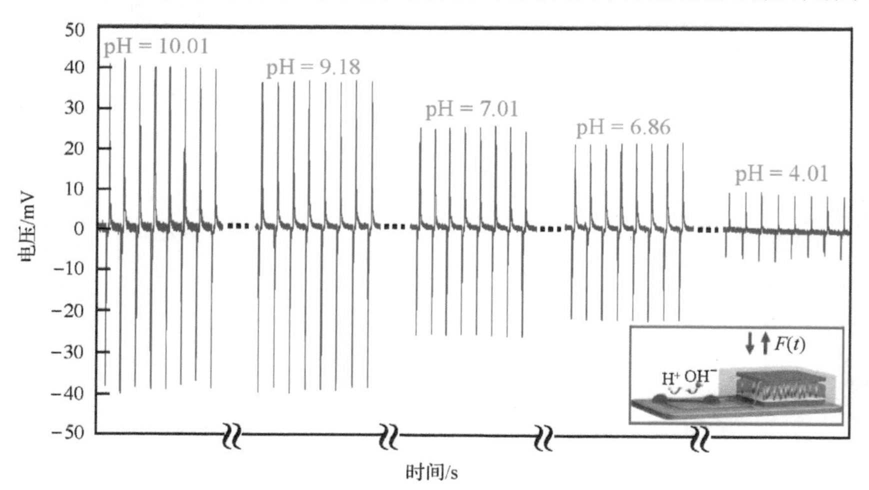

图 6.9 尺寸为 4 mm^2 的交流纳米发电机与纳米传感器集成在一起来演示完全由纳米线构成的“自驱动”纳米系统。使用频率为 0.16 Hz 的机械撞击,每一周期产生一对正-负输出电压/电流信号。单根氧化锌纳米线 pH 传感器上的电压降由输出电压约 40 mV 的交流纳米发电机提供,结果显示纳米传感器上的电压逐步降低,是局部 pH 值的函数。在氧化锌纳米线上覆盖着一薄层 Si_3N_4,并且测试在 1 h 内完成,因此,溶液的腐蚀作用可以忽略

的电压降较大。当缓冲液由碱性变成酸性(pH 值由高变低)时,纳米传感器的表面逐渐由—O^- 基团变为—OH_2^+ 基团。因此,氧化锌纳米线表面的耗尽区域减弱,这将降低氧化锌纳米线的电阻。当测试缓冲液的 pH 值从 10.01 变为 9.18、7.01、6.86 和 4.01 (pH 测试精度为±0.01,HANNA Instruments)时,pH 传感器上的电压降相应地发生变化(图 6.9)。

这种新型的交流纳米发电机具有很大的机械稳定性和可靠性,适于进行叠层结构的三维集成,可以应用于动态压应力/应变存在的场合,例如鞋垫、汽车车胎以及地毯/地板下。

参考文献

[1] Z. L. Wang, J. H. Song, *Science* **312**, 242 (2006).

[2] X. D. Wang, J. H. Song, J. Liu, Z. L. Wang, *Science* **316**, 102 (2007).

[3] S. Xu, Y. G. Wei, J. Liu, R. Yang, Z. L. Wang, *Nano Lett*. **8**, 4027 (2008).

[4] Y. Qin, X. D. Wang, Z. L. Wang, *Nature* **451**, 809 (2008).

[5] Xu, S.; Qin, Y.; Xu, C.; Wei, Y.; Yang, R.; Wang, Z. L. *Nature Nanotech*. **5**, 367 (2010).

[6] D. Choi, M. Y. Choi, W. M. Choi, H. J. Shin, H. K. Park, J. S. Seo, J. Park, S. J. Chae, Y. H. Lee, S. W. Kim, J. Y. Choi, S. Y. Lee, J. M. Kim, *Adv. Mater*. **22**, 2187 (2010).

[7] S. Y. Bae, H. W. Seo, D. S. Han, M. S. Park, W. S. Jang, C. W. Na, J. Park, C. S. Park, *J. Cryst. Growth* **258**, 296 (2003).

[8] J. Jasinski, D. Zhang, J. Parra, V. Katkanant, V. J. Leppert, *Appl. Phys. Lett*. **92**, 093104 (2008).

[9] C. Liu, Z. Hu, Q. Wu, X. Z. Wang, Y. Chen, H. Sang, J. M. Zhu, S. Z. Deng, N. S. Xu, *J. Am. Chem. Soc*. **127**, 1318 (2005).

第 7 章　基于横向纳米线阵列的高输出纳米发电机

在第 4 章提到的基于单根纳米线的交流纳米发电机设计中，把一根压电纳米线两端牢固地与金属电极相连，在一个柔性基底上对其横向黏结、封装，这种纳米发电机的弯曲可以依靠我们生活环境中的机械振动来进行。单根线纳米发电机演示了收集人体外或者动物运动所产生的低频机械能的一个可靠方法。然而，基于单根纳米线的纳米发电机输出功率相当有限。在实际应用中，必须对交流纳米发电机进行规模化的设计来把上百万根纳米线的输出集成起来，从而提高输出功率[1-4]。为了介绍集成化纳米发电机的设计，我们首先阐述一下基于单根纳米线的交流纳米发电机原理。因为纳米线的直径远小于基底膜的厚度，当基底拉伸时，纳米线受到一个纯粹的拉伸应变，并且在沿纳米线长度方向产生一个压电势降，纳米线晶体学方向的正 c 轴指向高电势一侧。至少在纳米线的一端和金属形成肖特基势垒，这一势垒像“门”一样阻止电子流经纳米线与金属的界面，使得电子在接触附近积累。这是充电的过程。当基底由应变状态恢复自由时，纳米线中的应变消失，相应的压电势也随之消失，积累的电子将通过外部负载回流。这是电荷释放的过程。对应纳米线应变和应变释放的过程，纳米线中的压电势像一个“电荷泵”一样驱动外电路中的电子来回流动。如果使得多根纳米线的充电和放电过程完全同步，交流纳米发电机产生的电压就可以被有效地叠加，产生一个高的输出。

7.1　横向集成纳米发电机[5]

有效地集成多个单根纳米线纳米发电机的输出，必须考虑以下几个因素：首先，纳米线阵列两端的金属接触必须是非对称的，一端形成肖特基接触，一端形成欧姆接触[图 7.1(b)]。根据前边所述的机理，必须满足这一条件。其次，纳米线两端的接触需要足够牢固，可以在纳米线两端沉积金属从而将端部完全包住，这样机械形变可以从电极有效地传输到纳米线。第三，氧化锌纳米线必须具有相同的晶体学取向来保证所有纳米线产生的压电势一致取向。因为通常情况下，氧化锌纳米线沿其 c 轴生长，考虑到其各向异性的纤锌矿结构和极化轴沿 c 轴[6-8]，需要把纳米线直接生长在基底上而不是通过化学组装的方法，后者通常只能使得纳米线方向一致取向而不能使其晶体学极性一致取向。极性一致取向的纳米线可以产生宏观的压电势。相比之下，c 轴随机取向的纳米线可能使得纳米线产生的电流相互抵消。最后，所有氧化锌纳米线必须同步地拉伸、回复，以使得所有纳米线产

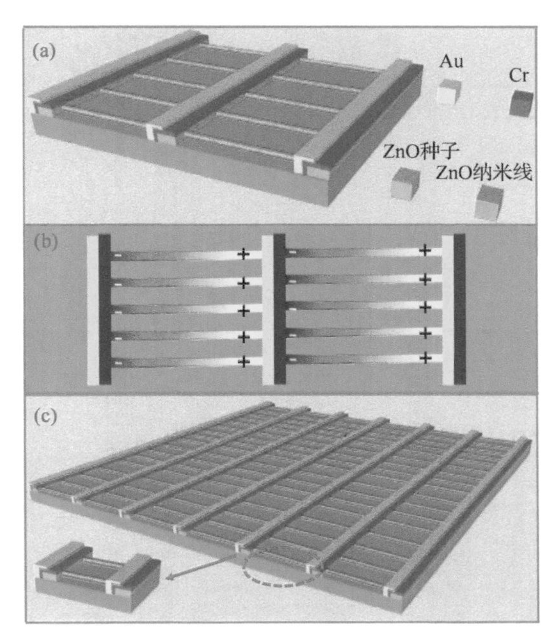

图7.1 横向集成纳米发电机(LING)阵列的设计。(a)LING的结构示意图,图中金和铬分别在纳米线两端构造肖特基和欧姆接触。(b)LING在受到机械变形时的工作机理。正负号表示纳米线内部压电势的极性。(c)多行纳米线构成的LING阵列的示意图

生的压电势极性在同一时间沿同一方向[图7.1(c)],从而产生最大的输出电压。

7.1.1 器件制备

横向集成纳米发电机的详细制备可以通过以下五步[图7.2(a)]完成:第一步,制备作为种子层的顶部覆盖铬层的氧化锌条状图案。厚度为125 μm的Kapton膜依次经过丙酮、异丙醇和乙醇的超声清洗后作为基底。使用3000r/min、40 s的旋涂参数在该基底上旋涂光刻胶,随后基底在110 ℃下烘烤10 min。首先使用光刻机进行光刻,然后沉积300 nm厚的氧化锌和5 nm厚的铬层。最后,经过显影、去胶,就得到了顶部覆盖铬层的条状氧化锌图案[图7.2(a1)]。第二步,只在条状氧化锌的一侧沉积铬而让其另一侧暴露。对第一步制得的结构旋涂光刻胶,然后使用二次光刻通过控制偏移位置来对条状氧化锌的一侧曝光。经过显影后只暴露出条状氧化锌的一侧。之后,溅射一层10 nm的铬。去胶后得到图7.2(a2)所示的结构。第三步,利用液相化学法在80 ℃下生长如图7.2(a3)所示的氧

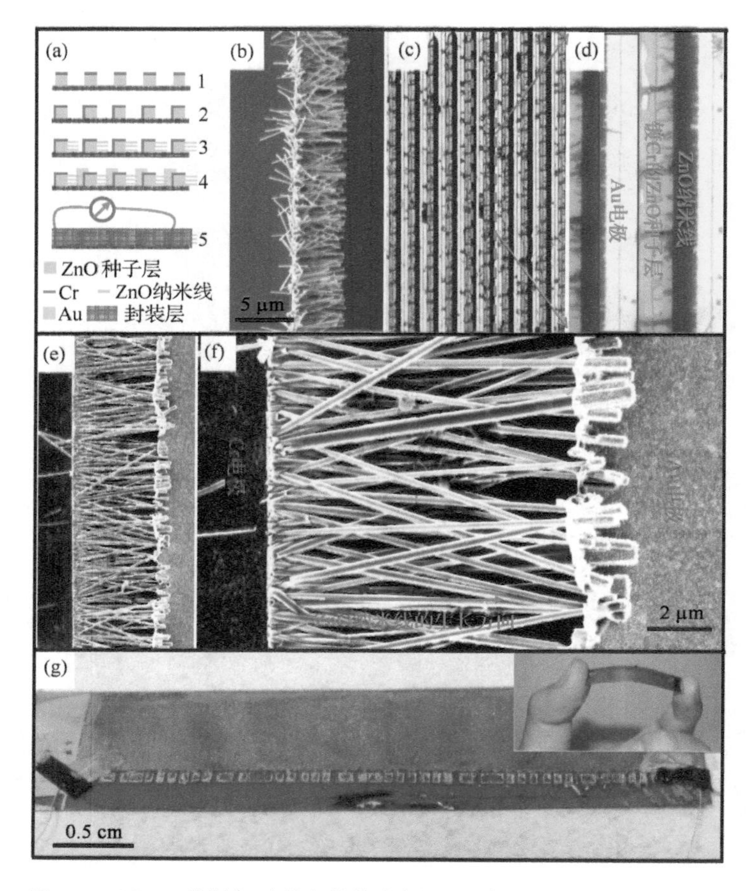

图 7.2　LING 的制备过程和结构表征。(a)与基底平面平行一致取向纳米线阵列生长示意图。(b)一行横向生长氧化锌纳米线阵列的扫描电镜照片。(c)(d)使用多行纳米线阵列制备的 LING 结构的光学显微镜照片。(e)(f)单行 LING 结构的扫描电镜照片。(g)LING 的低倍光学照片，插图表现了它的柔性

化锌纳米线阵列。在溶液中陈化 12 h 后，薄膜的表面颜色变成白色，表明薄膜被氧化锌纳米线阵列覆盖。最后，使用去离子水将其清洗几次，在 100 ℃下烘烤 1 h。图 7.2(b)给出了典型的横向生长氧化锌纳米线阵列的扫描电镜照片。大部分氧化锌纳米线一端固定地横向生长在种子层上。纳米线的长度约 5 μm，直径约几百纳米。通过更换陈化溶液以及增加陈化时间，可以控制纳米线的长度，使其生长至接触到另外一条电极[图 7.2(e)]。第四步，利用光刻技术来制备条状金电极，使其只沉积在被铬层覆盖的一侧[图 7.2(a4)]。控制金的厚度，保证纳米线与电极之间连接良好[图 7.2(f)]。最后，使用软的绝缘聚合物，比如光刻胶(MicroChem

PMMA 950K A2)，对整个结构进行封装[图 7.2(a5)]。这一封装层将氧化锌纳米线牢固地固定在基底上，使得纳米线随着 Kapton 膜外表面同步地拉伸、回复。图 7.2(c)是制备的横向集成纳米发电机的光学显微镜照片。氧化锌纳米线阵列通过图案化的电极首尾相连。图 7.2(e)和 7.2(f)显示了横向集成纳米发电机结构的扫描电镜照片。图 7.2(g)给出了一个完全封装的大尺寸横向集成纳米发电机，插图展示了它的柔性。

为了满足本章开始所述要求，合理设计以下实验程序(图 7.1)来制备横向集成纳米发电机。第一步是利用化学方法在低于 100 ℃下生长晶体学一致取向的氧化锌纳米线阵列[图 7.2(a)][9]。首先在聚合物基底上沉积条状氧化锌种子层阵列。这种阵列的顶部和一个侧面被铬层覆盖来阻止氧化锌的局部生长，使得可以利用化学方法只在暴露出氧化锌种子层的条状图案一侧与基底平行地生长氧化锌纳米线[图 7.2(b)]。生长时间可以控制纳米线的长度，使其生长至几乎与电极的一侧接触。随后，利用光刻技术沉积金层，将氧化锌纳米线顶端和金电极相连[图 7.2(c)(d)]。金的功函数高于氧化锌的电子亲和能，这使得氧化锌纳米线与金电极之间形成肖特基接触。而在另一侧，氧化锌和铬形成欧姆接触。通过沉积一层厚的金膜，纳米线的顶部完全被金包裹固定，这使得纳米线在机械形变时足够牢固，接触不会松动[图 7.2(e)(f)]。基底的拉伸在纳米线上产生拉伸应变，由于纳米线的结晶一致取向，这会沿着纳米线产生一个宏观的压电势。多行纳米发电机可以集成为一个柔性薄片[图 7.2(g)]。

7.1.2　输出测量

为了测量横向集成纳米发电机的能量收集性能，周期性的外力被用来弯曲 Kapton 基底，从而使纳米线经历一个周期性的拉伸-回复形变过程。因为Kapton 基底的厚度远大于纳米线的直径，线性马达对基底中部的推动会造成其外表面的拉伸，这会在其顶部的多行纳米发电机产生一个纯粹的拉伸应变。可以通过弯曲的曲率和基底膜的厚度来计算该拉伸应变的大小。在我们的实验中，以相对快的应变速率来推动 Kapton 基底，回复前在该位置保持 1 s，然后等待 2 s 再次推动基底。横向集成纳米发电机的可弯曲程度由其结构的牢固性决定。

对于提高横向集成纳米发电机的输出电压和输出电流来说，集成更多的氧化锌纳米线、改进电极与氧化锌纳米线的接触、增加应变以及应变速率都是非常重要的。图 7.3 给出了横向集成纳米发电机的输出电压和输出电流，在应变速率为 2.13%/s、应变为 0.19%的情况下，该横向集成纳米发电机可以输出约 1.2 V 的平均电压。这个横向集成纳米发电机由 700 行纳米线构成，每行含有约 20 000 根纳米线。当 Kapton 膜机械变形时，可以测得 1.2 V 的正向电压脉冲和 26 nA 的电流脉冲[图 7.3(a)(b)]。需要指出的是，纳米发电机拉伸和回复时所产生的电流/电压峰值稍有不同，这是两个过程所产生的应变速率不同导致的，拉伸时是由外力引起的，而回复是一个膜本身的自然回复过程。插图是一个形变周期所对应的开路电压 V_{oc}和短路电流 I_{sc}。拉伸造成沿着氧化锌纳米线的方向在靠近金电极的一侧形成压电势，这一电势会驱动外电路中的电子由低电势侧流向高电势侧，并且在界面处积累。1 s 后，纳米发电机回复，压电势消失，积累的电子往反方向回流。平均输出电压高于 1.2 V[图 7.3(a)中红色虚线所示]，最大输出电压可达 1.26 V。这一结果表明可以通过串联集成多行纳米线的方法来大规模地提高输出电压。多数输出电流峰大于 25 nA[图 7.3(b)中红色虚线所示]，最大电流峰为 28.8 nA。假设三分之一的纳米线对输出电流有贡献，则平均每根纳米线产生 4.3 pA的输出电流，这与原子力显微镜针尖激发所产生的约 10 pA 电流相当。如果去掉电极所占面积，纳米发电机的峰值输出功率约为 70 nW/cm^2。

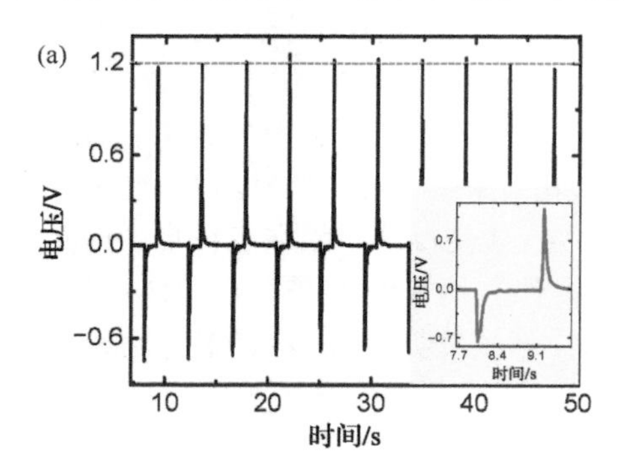

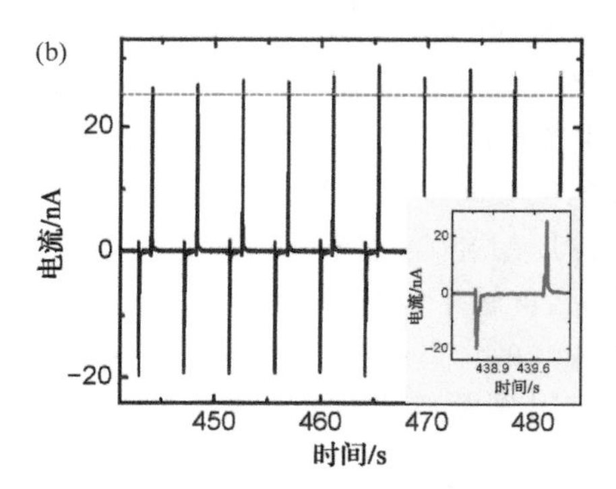

图 7.3 横向集成纳米发电机的性能。700 行纳米线阵列构成的纳米发电机的开路电压(a)和短路电流(b)。峰值输出电压最大为 1.26 V。插图是一个机械变形周期内的输出电压和电流。该 LING 以 2.13%/s 的应变速率周期性地发生最大 0.19%的应变

已经表明，利用横向集成的方法，横向集成纳米发电机结构可以极大地提高纳米发电机的输出电压。这对于纳米发电机的应用来说是一个主要的里程碑式进展。集成化纳米发电机有限的电流输出可能是由于以下原因：首先，生长的横向纳米线并非完美一致取向，其中很多纳米线从电极斜向伸出，这使得只有部分纳米线与金电极连接，而这部分被连接的纳米线中又只有一部分对电流输出起作用，称其为起作用的纳米线，而不起作用的那部分纳米线不仅对输出电流没有贡献，而且还会作为电容降低输出电压[10]。其次，金与氧化锌连接不紧，在往复的机械拉伸下可能会松动。这不利于给纳米线施加大的应变。在实验中，我们只施加了 0.19%的应变。理论计算表明，氧化锌纳米线在断裂前所能承受的最大拉伸应变为 6%[11]。最后，整个集成片的内阻为 1～10 MΩ，这种大的内阻也降低了总的输出电流。

7.2　柔性高输出纳米发电机[12]

本节中，我们报道一种简单有效的可扩展的刮扫式印刷的方法，用以制备柔性高输出纳米发电机(high-output nanogenerator，HONG)，该发电机可以有效地收集机械能来驱动一个小的商用电子元件。可以通过两步来制备 HONG。第一步，把垂直一致取向的氧化锌纳米线转移到接收基底上形成水平一致取向的纳米线阵列。然后在它上面沉积相互平行的条状电极来连接所有的纳米线。使用一层 HONG 结构，可以获得高达 2.03 V 的开路电压和约 11 mW/cm^3 的峰值输出功率。可以利用电容器来有效地存储发出的电能，并且成功地用其点亮一个商用的发光二极管(LED)，这对于从环境中收集能量建立自驱动器件来说是一个里程碑式的进展。对于将基于纳米线的压电纳米发电机应用于自驱动纳米系统来说，该研究开辟了一条途径。

7.2.1　原理和制备

在第 4 章中已经详细地讨论了横向固定的单根氧化锌纳米线如何把机械能转化为电能的机理。由于纳米线的直径比基底厚度小得多，基底向外弯曲会导致纳米线中产生单轴向拉伸应变。由于氧化锌纳米线的压电性能，应力导致沿纳米线长度方向的压电场，这会引起外电路中电荷的瞬时流动。纳米线固定端的肖特基接触可以控制电荷的流动。结果，单根线纳米发电机的拉伸和回复导致外电路中电荷的来回流动。该工作中，纳米发电机的输出通过集成成百上千根水平一致取向的纳米线而与纳米线数量成比例地提高。这种集成是利用一种简单、廉价而且高效的刮扫式印刷方法方法实现的。

该方法主要包括两步：第一步，把垂直一致取向的氧化锌纳米线转移到接收基底上形成水平一致取向的纳米线阵列。转移装置主要由两个平台构成[图 7.4(a)]。平台 1 具有一个面朝下的平面，支持垂直一致取向的纳米线；平台 2 具有一个曲面，支持接收纳米线的基底。在平台 2 的表面上加一层聚二甲基硅氧烷(PDMS)膜作为缓冲层来支持接收基底并提高转移纳米线的取向度。平台 2 曲面半径等于支撑平台的棒的长度，它可以自由地做圆周运动。在第二步中，沉积电极把所有纳米线连接在一起。

硅基底上垂直一致取向的氧化锌纳米线可以通过物理气相沉积法来合成。纳米线排列致密、尺度均匀，长度约 50 μm，直径约 200 nm，沿 c 轴方向生长[图 7.4(b)]。纳米线相同的生长方向保证了所有纳米线压电势的一致取向以及输出的成功比例增加，这将在随后阐明。生长了氧化锌纳米线的一小片硅片被固定在平

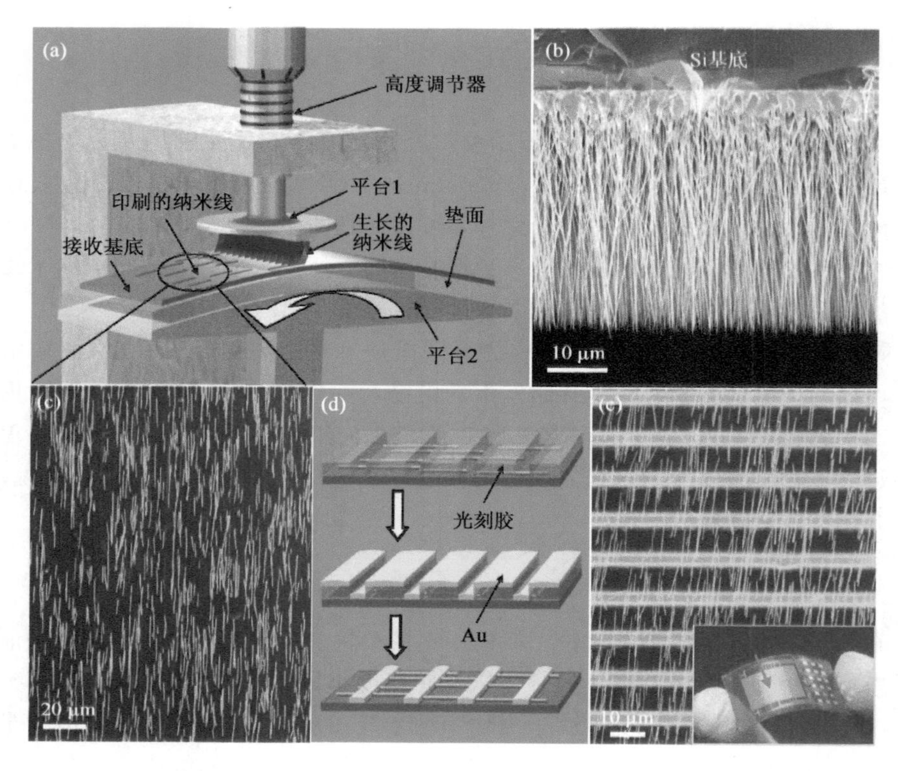

图 7.4 HONG 的制备过程和结构表征。(a)把垂直生长的氧化锌纳米线转移到弹性基底上形成晶体学一致取向纳米线阵列的实验装置示意图。(b)使用物理气相沉积法在硅基底上生长的氧化锌纳米线扫描电镜照片。(c)转移到柔性基底上的水平氧化锌纳米线扫描电镜照片。(d)在水平氧化锌纳米线阵列上制备金电极的过程，包括光刻、金属蒸镀和去胶。(e)两端沉积了金电极的氧化锌纳米线阵列扫描电镜照片。插图为制备好的 HONG。箭头表示 HONG 的有效工作区域

台 1 上，厚度为 125 μm 的一片 Kapton 膜固定在平台 2 上[图 7.4(a)]。接收基底与纳米线之间的距离可以精确地控制从而在二者之间形成松缓的接触。然后把接收基底逆时针方向扫过垂直纳米线阵列，在剪切力的作用下，纳米线就从硅基底上脱离，在接收基底上沿扫过方向一致取向排列[图 7.4(a)]。图 7.4(c)显示了转移后的纳米线，纳米线大概的平均密度为 $1.1\times10^{6}\ \mathrm{cm}^{-2}$。纳米线长度的不同可能是因为并非所有纳米线都从其根部断裂。

接下来，依次通过光刻和溅射沉积 300 nm 厚的金膜来制备均匀分布的电极图案[图 7.4(d)]。去胶后，在水平纳米线阵列的顶部就沉积了 600 行间距为 10 μm的带状金电极[图 7.4(e)]。金电极与氧化锌纳米线形成肖特基接触，这对

于纳米发电机的正常工作来说是必需的。如图 7.4(e)中插图箭头所示,在有效工作区域为 1 cm^2 的范围内,大约有 3.0 × 10^5 根纳米线,它们的两端与电极相连。最后,使用 PDMS 对整个结构进行封装来进一步地提高机械可靠性并保护器件免受化学品的侵入。

图 7.5(a)(b)为 HONG 工作机理的示意图。并联的纳米线共同贡献输出电流,而不同行中串联的纳米线则提高输出电压。值得注意的是,所有纳米线的相同生长方向和刮扫式印刷方法保证了水平纳米线的晶体学取向沿扫过方向一致取向,从而产生压电势的极性也一致取向,导致随所有纳米线按比例增加的宏观电势[图 7.5(b)]。

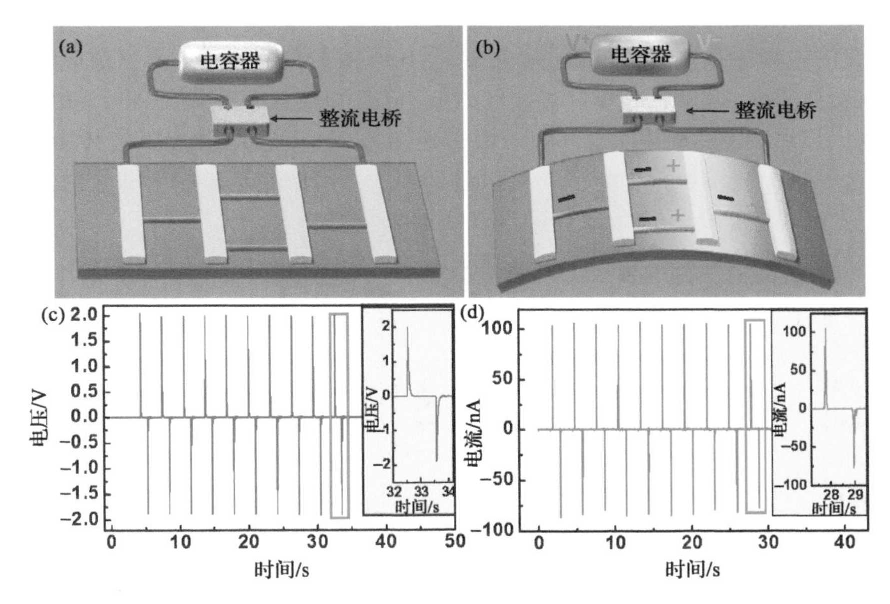

图 7.5　HONG 的工作机理和输出测量。(a)未发生形变时 HONG 的结构示意图,金用来和氧化锌形成肖特基接触。(b)机械变形时,输出按比例增加的示意图,正负号表示纳米线内产生的压电场极性。(c) HONG 的开路电压测量。(d) HONG 的短路电流测量。测量是在应变速率为 5%/s、应变为 0.1%、变形频率为 0.33 Hz 的情况下进行的。插图对应红色框内一个形变周期测量结果的放大图

7.2.2　输出测量

为了考察 HONG 的性能,使用线性马达以循环拉伸-释放激励(0.33 Hz)的形式来周期性地弯曲 HONG。测量开路电压(V_{oc})和短路电流(I_{sc})时需慎重地排除可能的伪信号。在应变为 0.1%、应变速率为 5%/s 的情况下,峰值电压和电流可

以分别达到 2.03 V 和 107 nA。假定所有集成的纳米线均贡献输出，那么单根纳米线产生的输出电流平均约为 200 pA，输出电压平均约为 3.3 mV。考虑到纳米发电机的工作面积 1 cm^2，获得的峰值输出功率约为 0.22 $\mu W/cm^2$，同我们最近报道的基于复杂设计的纳米发电机相比，该功率约提高了 20 倍。对于直径约 200 nm的纳米线来说，体积功率密度约为 11 mW/cm^3。

可以预期，进一步提高输出功率在技术上是可行的。如果把纳米线在整个工作区域均匀致密地封装成一个单层膜，并且它们都对输出有贡献，最大面输出功率密度可达约 22 $\mu W/cm^2$。体积功率密度预计可提高至 1.1 W/cm^3。把 20 层这样的纳米线阵列叠在一起，面输出功率密度可提高至 0.44 mW/cm^2。

HONG 的性能受到应变和应变速率的影响。对于一个给定的 5%/s 应变速率，应变的提高导致更大的输出[图 7.6(a)(b)]。同样，在 0.1%的恒定应变下，输出与应变速率成比例增加[图 7.6(c)(d)]。应变和应变速率超过某个特定值后，输出电压和电流发生饱和，这可能是由于逆压电效应，这是因为压电势会导致应变，而这一应变与外加应变相反。可以看到，0.1%的应变足以产生有效的输出，而这一应变远小于理论预言的氧化锌纳米线断裂应变(6%)[6]。

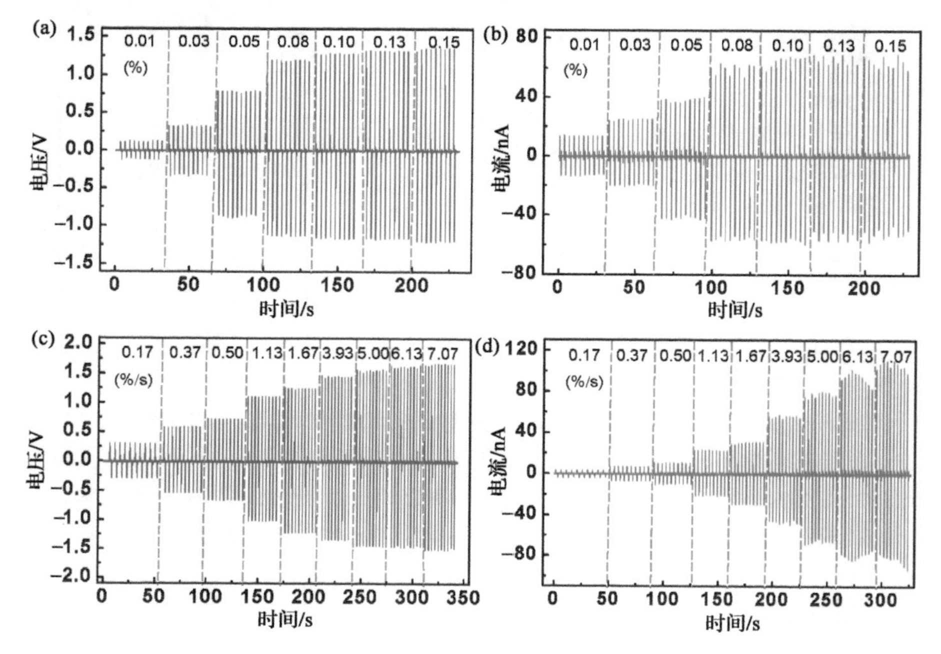

图 7.6 增加应变和应变速率时 HONG 的性能表征。(a)固定应变速率为 5%/s，提高应变时 HONG 的开路电压。(b)固定应变速率为 5%/s，提高应变时 HONG 的短路电流。(c)固定应变为 0.1%，提高应变速率时 HONG 的开路电压。(d)固定应变为 0.1%，提高应变速率时 HONG 的短路电流。在所有测量中，机械变形的频率固定在 0.33 Hz

7.2.3　发电量的存储

对于纳米发电机的实际应用来说，存储其所发电量和驱动功能器件是至关重要的步骤。在该工作中，通过使用一个充电-放电电路，经过连续的两步实现了这些目标(图 7.7)。开关的状态决定了电路的功能[图 7.7(a)插图]。开关打在位置 A 时，通过给电容器充电来存储电量。充电完成后，开关打到位置 B，释放电量来驱动一个功能器件，例如发光二极管。

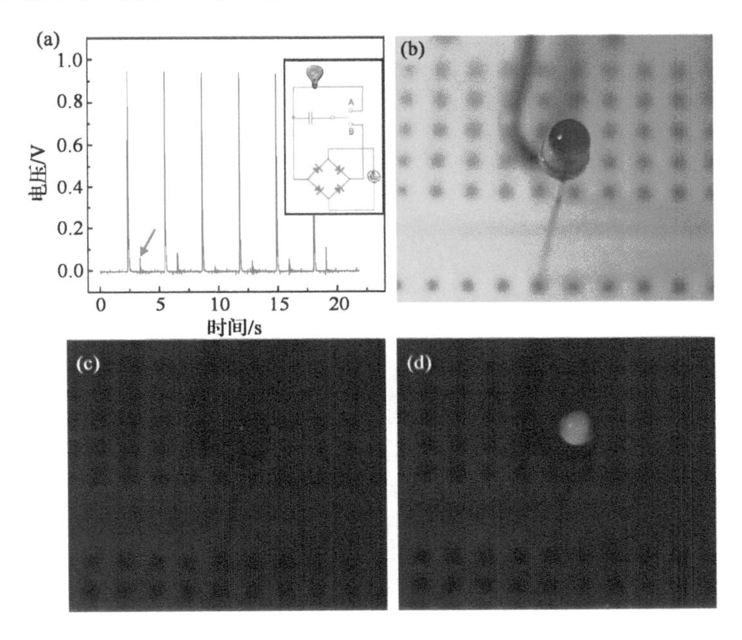

图 7.7　应用 HONG 产生的电能驱动商用发光二极管。(a)利用全波整流桥整流后的电输出。如箭头所示，负的输出信号被反转成正的信号。插图是用于存储和释放 HONG 所产生电能的充放电电路。(b)接入电路中的商用 LED。(c)被点亮前黑暗背景中的 LED。(d)黑暗背景下，LED 在 HONG 所产生电能下被点亮时的照片

对于成功有效的电量存储来说，如何充分利用交流输出的优势是个关键。因此，我们在 HONG 和电容器之间连接一个集成的全波整流桥。HONG 的输出经过整流桥后只有正向信号[图 7.7(a)]。尽管由于整流桥中二极管存在反向漏电流，这会使得输出整流信号[图 7.7(a)中箭头所指]略微减弱，而且当输出电流小时，这种减弱还很明显，通过整流桥获得的全波整流还是可以确保高效率地存储电能。为了促进充电过程，通过降低机械变形的周期把 HONG 的输出频率调高至 3 Hz。把 10 个电容并联在一起同时充电，最后一个电容的电压达到 0.37 V。

把有效能量产生效率定义为：电容器存储的能量与所有起作用纳米线的输入应变能之比，并且考虑电路中电子元件的性能。电容器存储的总电能为 $W_{\text{stored}}=CU^2n/2=1.37$ J。式中，C 为单个电容器的电容；U 为经过电容器的电压；n 为电容器的数量。因为氧化锌纳米线中起决定作用的是拉伸应变，剪切应变可以忽略，所以总的应变能可以估算为 $W_{\text{strain}}=\pi D^2 L_0 E\varepsilon^2 ftn_0/8=30$ J。式中，D 为纳米线的直径（200 nm）；L_0 为由电极间距固定的原始长度（10 μm）；E 为杨氏模量（30 GPa），ε 为纳米线的应变（0.1%）；f 为形变频率（3 Hz）；t 为总的充电时间（7200 s）；n_0 为集成纳米线的数量（300 000）。因此，估计有效电能产生效率约为 4.6%。该值应当低于单根纳米/微米线的电能转化效率（约 7%）。而单根线电能转化效率定义为产生电能（$W_{\text{generated}}=\int VI\,dt$。式中，$V$ 为电压；I 为电流）与输入应变能之比。降低的原因主要是在整流电桥和电容器上发生了能量损耗。

7.3　驱动一个发光二极管

充电完成后，把电容器从并联改为串联，可以产生 3.7 V 的总输出电压。存储的电能被用来驱动一个中心发光光谱为 635 nm 的商用红色发光二极管[图 7.7(b)]。该二极管的开启电压和正向偏置电阻分别为 1.7 V 和 450 Ω。开启放电过程可以产生最大 4.5 mA 的放电电流，并且可以点亮发光二极管。发光可以持续 0.1～0.2 s，并且在黑暗背景下可以被拍照保留下来[图 7.7(c)(d)]。在整个充放电过程中，没有引入其他电源。整个电路完全是一个自驱动系统，它包括三部分：能量收集器（HONG）、存储单元（电容器）和功能器件（LED）。

总的来说，我们利用刮扫式印刷方法成功地制备了高输出柔性纳米发电机。我们设法把垂直取向生长的氧化锌纳米线转移到一个柔性基底上，并且获得了晶体学一致取向的水平一致取向纳米线阵列，而且以此为基础制备了设计新颖的 HONG。它的峰值输出电压可达 2.03 V，电流可达 107 nA，峰值输出功率约 11 mW/cm^3，这大概是基于 PZT 材料悬臂梁能量收集器的 12～22 倍，展示了 4.6%的有效能量转化效率。HONG 产生的电能可以有效存储在电容器中，并且可以用来点亮商用发光二极管。进一步地，通过优化基底上纳米线的密度并且使用多层集成的方法，预言可以产生约 0.44 mW/cm^2 和 1.1 W/cm^3 的峰值输出功率密度。这是把基于纳米发电机的自驱动技术引入人们日常生活的关键一步，在移动电子设备、健康监控、环境检测、货船跟踪系统、红外监控乃至国防技术领域都具有潜在的应用。

参考文献

[1] C. Chang, V. H. Tran, J. Wang, Y. Fuh, L. Lin, *Nano Lett*. **10**, 726 (2010).

[2] Y. Qi, N. T. Jafferis, K. Lyons, Jr., C. M. Lee, H. Ahmad, M. C. McAlpine, *Nano Lett*., **10**, 524 (2010).

[3] M. Y. Choi, D. Choi, M. J. Kim, I. Kim, K. H. Kim, J. Y. Choi, S. Y. Lee, J. M. Kim, S. W. Kim, *Adv. Mater*., **21**, 2185 (2009).

[4] S. N. Cha, J. S. Seo, S. M. Kim, H. J. Kim, Y. J. Park, S. W. Kim, J. M. Kim, *Adv. Mater*. **22**, 4726 (2010).

[5] S. Xu, Y. Qin, C. Xu, Y. G. Wei, R. S Yang, Z. L. Wang, *Nature Nanotechnology*, **5**, 366 (2010).

[6] J. Jasinski, D. Zhang, J. Parra, V. Katkanant, V. V. J. Leppert, *Appl. Phys. Lett*. **92**, (2008).

[7] S. Y. Bae *et al*., *J. Crys. Grow*. **258**, 296 (2003).

[8] S. H. Lee *et al*., *Nano Lett*. **8**, 2419 (2008).

[9] Y. Qin, R. S. Yang, Z. L. Wang, *J. Phys. Chem. C* **112**, 18734 (2008).

[10] J. Liu, P. X. Gao, W. J. Mai, C. S. Lao, Z. L. Wang, *Appl. Phys. Lett*. **89**, 063125 (2006).

[11] R, Agrawal, B. Peng, H. D. Espinosa, *Nano Lett*. **9**, 4177 (2009).

[12] G. Zhu, R. S. Yang, S. H. Wang, Z. L. Wang, *Nano Letters*, **10**, 3151 (2010).

第 8 章　基于非接触纳米线的高输出纳米发电机

本章我们介绍一种简单、可靠、有效益而且可规模扩展的方法来制备高输出的纳米发电机，它可以用来连续地驱动一个商用的液晶显示器[1]。利用生长的氧化锌纳米线的锥状形貌，可以通过简单地把它们分散于平整的聚合物膜上形成合理的“复合”结构。在这种结构中，锥形纳米线的几何形貌使得纳米线的极化方向在薄膜法向的分量一致排列，从而在机械变形时产生沿薄膜厚度方向的宏观压电势，这一电势将驱动感生电荷在顶电极与底电极之间流动。以 3.67%/s 的应变速率对样品施加 0.11%的应变时，可以产生高达 2 V 的电压(相当于 3.3 V 的开路电压)。对于驱动小型个人电子器件来说，这是一项具有实际应用价值的通用技术。

8.1　基本设计

纳米发电机的基本结构是：构成单极化装配的大量锥形纳米线与 PMMA 的混合物夹在两层金属膜之间形成类似三明治的结构[1]。首先，使用电子束蒸镀的方法依次在 Kapton 膜(厚度 127 μm，Dupont™ 500HN)基底上沉积 50 nm 厚的金属铬层和 50 nm 厚的金层，然后在金属层上再旋涂一层厚的 PMMA(厚度约 2 μm)。根据原子力显微镜测量结果，PMMA 层的平整度优于 1 nm。实验中使用的纳米线是利用气相沉积法在固体基底上生长的长度大于 30 μm 的纳米线，由于沿轴向生长的速度远大于沿基面生长的速度，纳米线长成了锥形。锥状形貌对于本章所讨论的纳米发电机至关重要，这将在下文中进一步地详细论述。此后，把锥形纳米线和生长的基底一块浸入乙醇中，超声振荡，使锥形纳米线从基底上脱落，形成纳米线悬浮液。把一滴锥形纳米线溶液分散在 PMMA 膜上，则纳米线相对均匀地分布在基底表面，其横向的取向随机排列[图 8.1(a)(b)]。为了避免纳米线间的重叠和团聚，纳米线在基底上的面密度较低，每平方毫米约 1400 ～ 1500 根纳米线。旋涂约 100 nm 厚的 PMMA 层，滴加氧化锌锥形纳米线溶液，多次交替执行这两步操作，从而形成合理设计的“复合结构”。反复操作五个循环后，沉积另外一层约 2 μm 厚的 PMMA 层，接着沉积沉积 50 nm 厚的金属铬层和 50 nm 厚的金层作为电极[图 8.1(d)(e)]。为了发电，把制备的纳米发电机附在约 1 mm 厚的柔性聚苯乙烯基底上，在基底的背部施加外力来对组合结构施加应变。因此，当基底发生机械摆动时，纳米发电机受到压应变，从而纳米线也受到压应变，就像在随

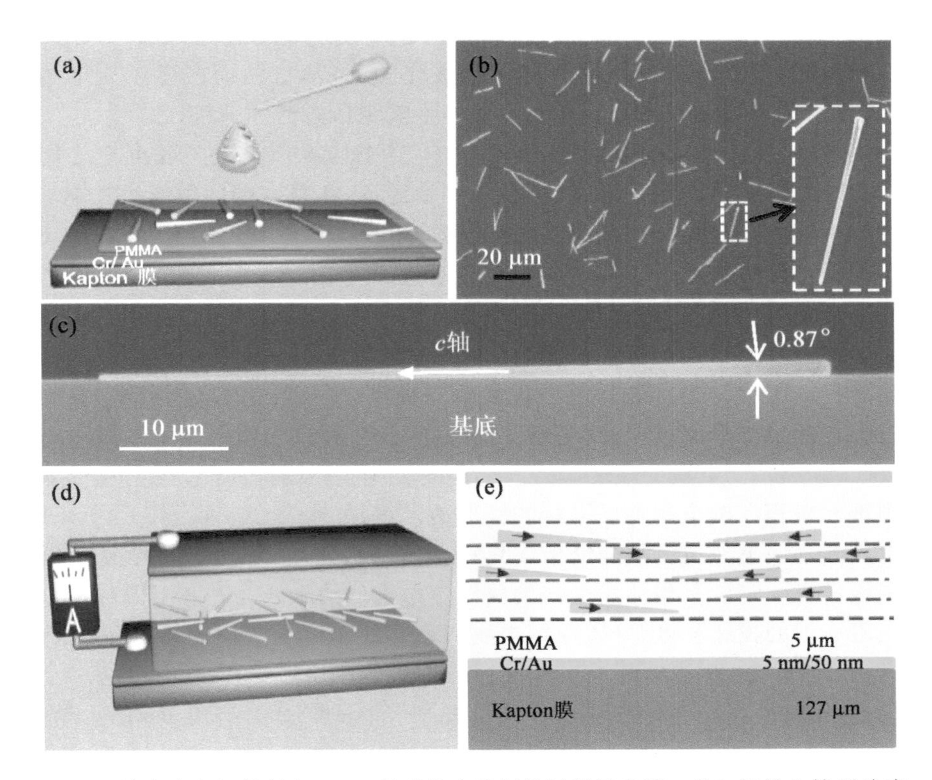

图 8.1　纳米发电机的制备。(a) 纳米发电机制备过程示意图。(b) 扫描电镜照片表明锥形纳米线相对均匀地横向取向随机地分布在基底表面，放大的插图显示了纳米线的锥状形貌。(c) 锥形纳米线躺在平整基底表面的截面 SEM 照片。纳米线的底面紧紧地贴在基底表面，纳米线的锥角是 0.87°。白色箭头表明纳米线的 c 轴向下指向基底。(d) 制备的器件的结构示意图。(e) 纳米发电机设计和工作原理(见正文)示意图

后的计算中所假定的那样。

8.2　工 作 机 理

这种纳米发电机的工作机理是锥形纳米线的单极组装[1]。锥形纳米线以横向取向随机的方式散布在基底上[图 8.1(b)]，其底面紧紧地贴在基底的平整表面上[图 8.1(c)]。考虑到锥形氧化锌纳米线沿[0001]方向生长，而这也是纳米线的极化方向，锥状形貌使得所有纳米线的极化投影方向非常有效地沿同一方向排列，如图 8.1(e)所示，即沿着与基底垂直并且指向基底的方向。该图中，虚线表示不同的沉积层数，箭头代表纳米线的锥状形貌和相应的 c 轴，也是纳米线的对称轴。根据这种几何形貌，每一根纳米线沿基底法向的分量是 $c\ \sin(\alpha/2)$。式中，α 为锥形

纳米线的锥角。所有纳米线沿基底法向的投影分量有效地叠加起来，这就是沿纳米线/聚合物这种复合结构厚度方向压电极化的起源，也因而产生了压电势。因此，单极化组装可能是在垂直于基底方向产生宏观压电势的关键。

我们现在用图 8.2(a)所示的一个简单模型来计算顶电极与底电极之间的压电势。整个结构被认为是一个悬臂梁，其一端固定，在另一端的顶部边缘施加一个周期性的横向力，计算顶电极与底电极之间的电压降。在我们的实验中，氧化锌锥形纳米线沿 c 轴方向生长。这种纳米线落在基底上时，它们在平行于基底的方向上随机取向地躺在基底上。当纳米线沿着 z 轴方向(与基底平行，如图 8.2 中坐标系所示)发生应变时，按照统计规律，有 50%的纳米线 c 轴沿 $+z$ 方向，50%的纳米线 c 轴沿 $-z$ 方向。为了在计算中以简单的模型来描绘这种取向形式，我们考虑基底上存在两个锥形纳米线，它们的 c 轴方向相反，并且与图 8.2 中 z 轴平行。因为锥形纳米线的密度很低，所以纳米线间的耦合作用很弱，因此，我们在计算时考虑每个单元中存在两个这种反平行的锥形纳米线，如图 8.2(e)所示。

考虑到基底上原位沉积的纳米线具有一定的线密度，作为计算单元的每对锥形纳米线占有一定的平均体积。如果我们考虑锥形纳米线在基底上的随机取向以及它们沿 z 轴的投影长度，可以在纳米线的真实线密度上乘以因子 $2/p$ 来计算其等价效应。因此，一对锥形纳米线所占有的平均体积由图 8.1(f)所示的一个矩形框(宽 50 μm，高 5 μm)来描述。纳米线的半径、长度和半锥角分别为 500 nm、45 μm和 0.4°。外部施加的剪切力为 40 MPa 时，相当于在纳米线的上边缘施加 0.01 N 的力，这会在纳米线的固定端产生 0.12%的压应变，与实验情况相近。计算中所用的材料参数为：氧化锌的各向异性弹性常数：$c_{11}=207$ GPa，$c_{12}=117.7$ GPa，$c_{13}=106.1$ GPa，$c_{33}=209.5$ GPa，$c_{44}=44.8$ GPa，$c_{55}=44.6$ GPa；压电常数：$e_{15}=-0.45\ \mathrm{C/m^2}$，$e_{31}=-0.51\ \mathrm{C/m^2}$，$e_{33}=1.22\ \mathrm{C/m^2}$；氧化锌相对介电常数：$k_{\perp}=7.77$，$k_{//}=8.91$；PMMA 的杨氏模量、泊松比和相对介电常数分别为：$E=3$ GPa，$\nu=0.4$ 和 $k=3.0$。所有计算均运用 COMSOL 软件包进行。

图 8.1(e)中，结构的左边固定，右边自由，垂直剪切力施加于结构右端的上表面。上下表面为电极，所以它们均为等势面。底电极接地。开路情况下，上下表面的总电荷必定为零。

我们的模型是像电容一样的板状结构中间夹着氧化锌锥形纳米线和 PMMA 构成的“介电层”。固定板的一端，在另一端施加横向机械力[图 8.2(a)]，首先计算板状结构的机械形变。在这样的形变情况下，根据下文中将要讨论的锥形纳米线对模型，就可以计算出纳米线中的压电场分布。在计算时，我们特意把锥形纳米线放在受到压应变的区域，以便反映实验中考虑到使用了背部基底从而使得整个纳米发电机受到纯粹的压应变的情形。最后，在正确考虑边界条件的情况下，就可以计算出上下电极板上感应电荷的分布，从而得到两个电极板之间的电势差。

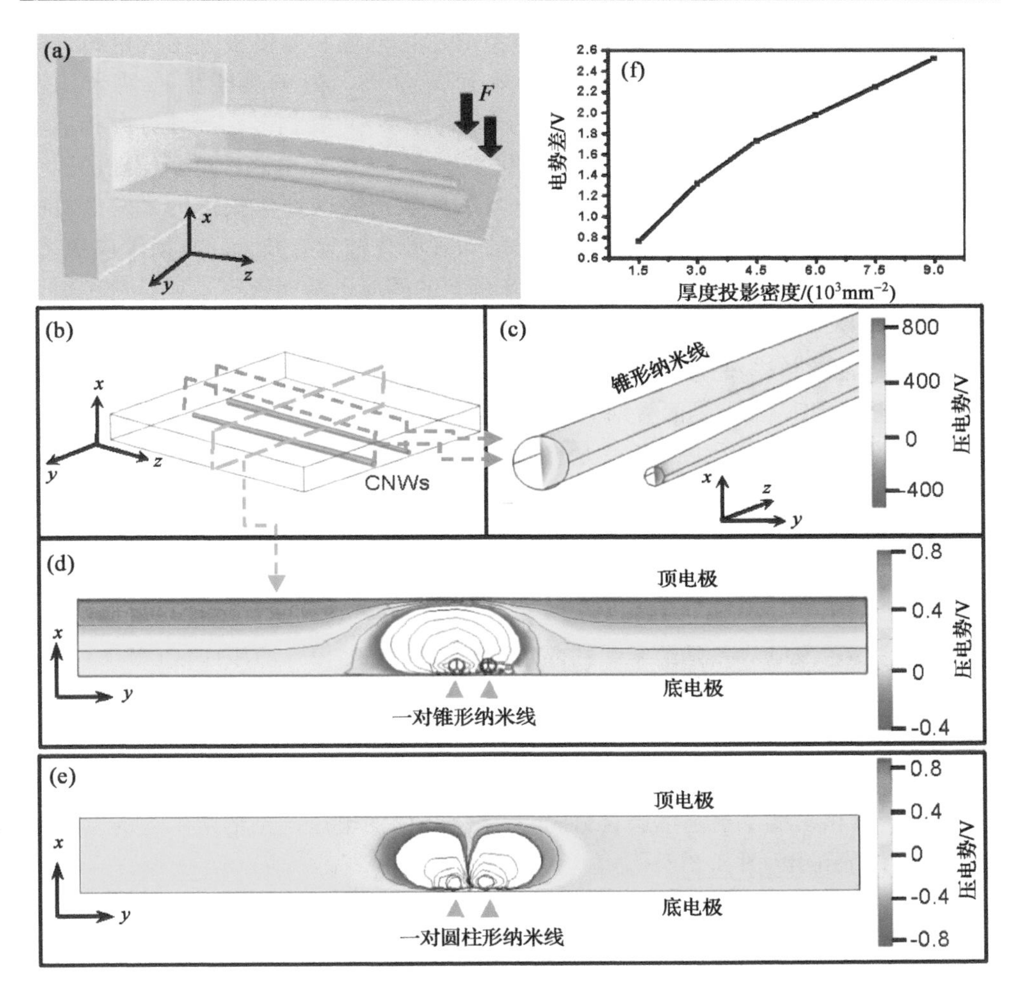

图 8.2　(a) 测量能量转化的装置示意图。为了更清楚地描述，未画出支撑纳米发电机的聚苯乙烯基底，也就是施加力 F 的地方。实际中，纳米发电机位于基底的上面。在变形过程中，锥形纳米线受到压缩应变。(b) 考虑纳米发电机包含一对锥形纳米线时，用于计算其上下电极间电势分布的单胞和模型。图中虚线框表示要展示的电势分布截面，具体计算结果分别见图(c)和(d)。由于沿截面电势变化量大，所以我们同时使用颜色梯度和等势线来表示局部电势。紧挨着锥形纳米线的空白区域是计算压电势小于－0.4 V的区域，这个区域之外选用有色曲线来显示细节，我们只用等势线来表示这个区域的细节。让锥形纳米线位于图(b)中单胞的底部，这是为了确保在施加横向剪切力时纳米线受到压缩应变，从而与实验一致。(e) 我们也计算了完美柱状纳米线(即锥角为零)产生的电势。结果表明在两个电极间没有电势差。本图为类似图 8.2(d)的截面计算压电势输出。(f) 纳米发电机上下电极间计算电势差随锥形纳米线厚度投影密度的变化曲线。上下电极间的距离保持恒定(5 μm)。在基底上均匀、密堆、单层覆盖时的线密度约为 90 000 mm^{-2}

在只考虑一级近似的情况下，我们的计算忽略了压电场和电极板上感应电荷之间的耦合。假定锥形纳米线是无掺杂的本征氧化锌。为了描绘锥形纳米线在PMMA膜上的随机分布，在如图 8.2(b)所示的模型中，我们考虑 c 轴方向相反的两个锥形纳米线。两个电极板之间感应电势差的产生是外电路中电子流动的驱动力。尽管由于局部应变的改变，极板间电势差的数值轻微地依赖于纳米发电机中锥形纳米线所处的相对深度，但此处提出的物理图像依然有效。一旦撤销应变，锥形纳米线内的应变释放，压电电场消失，基板上的感应电荷回流。这就是这种纳米发电机产生交流电的过程[2]。

为了更加清楚形象地描述计算出的电势，可以使用 (x,y,z) 坐标系来表达测量实验模型中[图 8.2(a)]的方向，以此坐标系来表达展现了电势分布[图 8.2(c)(d)]截面图[图 8.2(b)]中的各种方向。锥形纳米线内部的压电势相当高，因此在图 8.2(c)中单独画出。因为纳米线的锥状形貌以及其反向 c 轴，两根纳米线内的压电势在压应变的情况下是符号相反的，但同时伴有沿基底表面垂直方向电荷中心的微小偏离，而这个偏离就是上下表面电极产生感应电荷的基本机理。通过调整纳米线外部压电势的显示范围，图 8.2(d)清楚地显示了两个电极板之间 0.8 V 的感应电势差，该电势差是纳米线的固定端受到一个 0.12%的压应变(最大应变)时产生的，它也是交流纳米发电机的驱动力。为了进一步确认纳米线的锥状形貌是我们设计中压电势产生的关键，对于锥角为零的圆柱形纳米线也进行了相应计算，结果表明此时两个极板间没有电势差[图 8.2(e)]。此外，我们的计算同时表明：在总的沉积密度少于一单层材料时，上下极板间的电压与锥形纳米线的厚度投影密度近似成正比[图 8.2(f)]。

8.3　常规输出

我们首先测量了只沉积了一次锥形氧化锌纳米线(纳米线的密度为 1400～1500 mm^{-2})的纳米发电机的发电性能。需要注意的是，这一锥形纳米线的沉积密度非常低，因为完全堆满的单层锥形纳米线的线密度约 90 000 mm^{-2}。在应变速率为 3.67%/s，应变为 0.11%时，这种纳米发电机的输出电压约 0.25 V，输出电流约 5 nA。纳米发电机的输出与锥形纳米线的厚度投影密度近似成正比[图 8.3(a)]，这与图 8.2(f)所示的理论预测相符。当把锥形纳米线的沉积次数增加到 5 次、相应的厚度投影密度为 7000～7500 mm^{-2}时，输出电压提高到 1.5 V，输出电流提高到 30～40 nA[图 8.3(b)(c)]。可以使用一个二极管对输出电流进行整流、存储以备后用[图 8.3(d)]。纳米发电机可以经受 3 天的测试，显示出良好的稳定性[图 8.3(e)]。

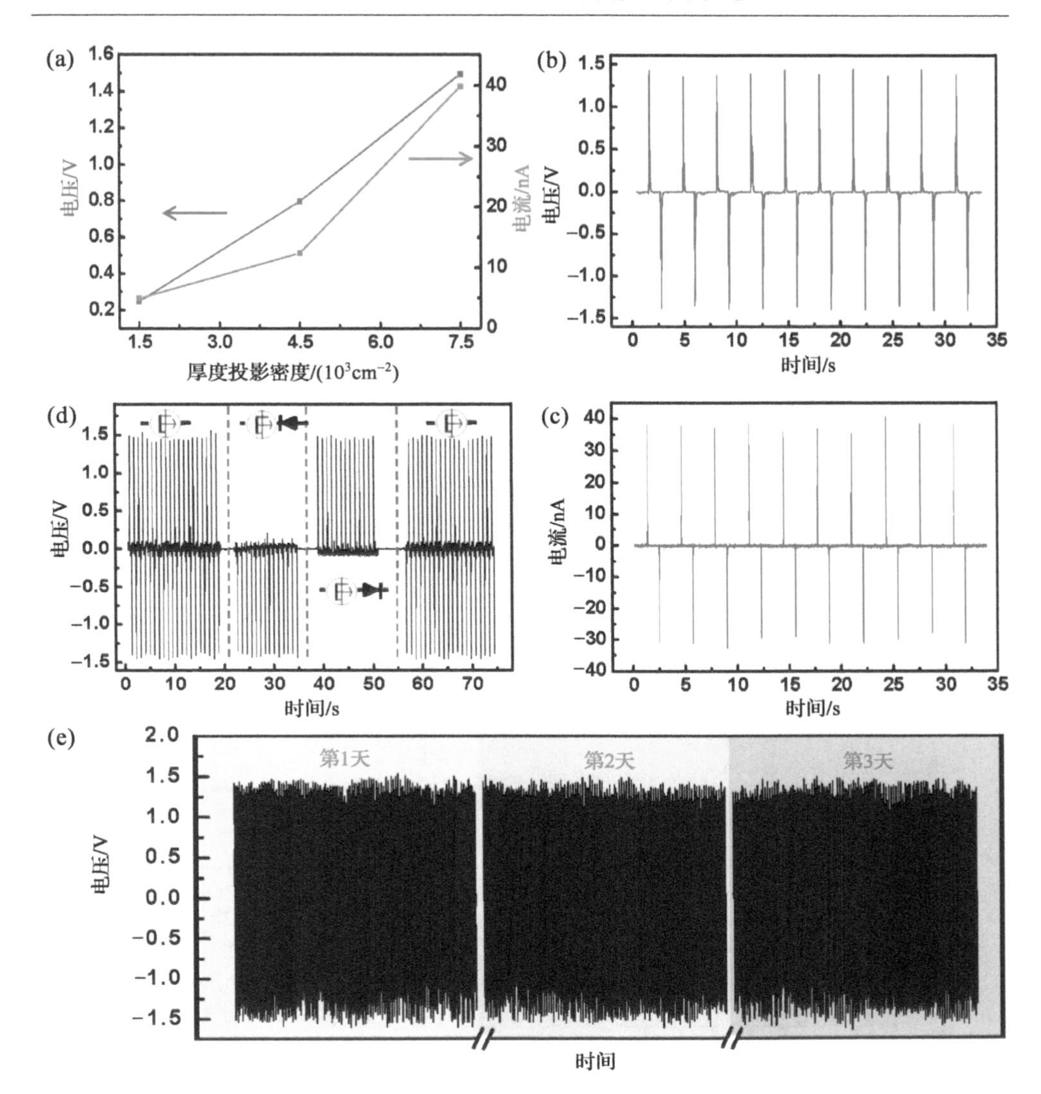

图 8.3　封装纳米发电机的性能。(a) 纳米发电机的测量电压及电流随锥形纳米线厚度投影密度的变化曲线。在厚度投影密度为 7000～7500 mm^{-2}时，纳米发电机的输出电压(b)和输出电流(c)。(d) 施加二极管对纳米发电机输出电流进行整流前后，纳米发电机的输出电压。(e) 对纳米发电机进行 3 天的测试以检验其稳定性。每天纳米发电机以 1.64 Hz 的频率连续运转 3 h

8.4　利用纳米发电机来驱动传统电子器件

纳米发电机的输出功率足以驱动一个液晶显示器屏幕。液晶显示器是一个非极化的器件，可以利用一个输出电势高于其临界极化电压的交流电源来将其驱动。

实验中所用的液晶屏是从一个夏普计算器上拆下来的,选择正确的连线方式使得显示器前面板上显示数字“6”,被点亮的区域和纳米发电机的大小差不多。在没有任何外接电源或测试仪器的情况下,直接把液晶显示器连接在纳米发电机上。图 8.4(a)是纳米发电机以 0.3 Hz 频率驱动一个液晶显示器时一个周期内不同时

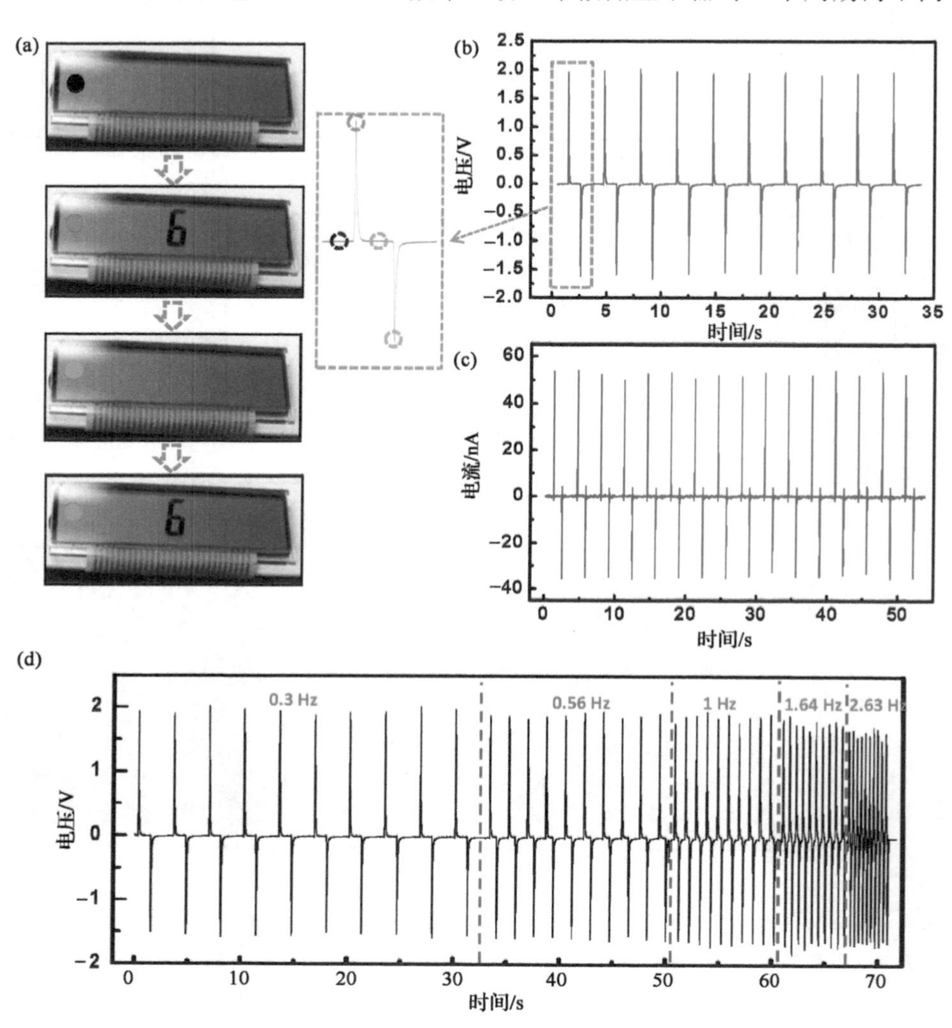

图 8.4　使用纳米发电机来驱动一个商用液晶显示器。(a) 纳米发电机以 0.3 Hz 频率工作驱动一个液晶显示器发光,一个驱动周期内四个不同时间点的二极管截图。(b)和(c)分别是纳米发电机的测量输出电压和电流。图(a)右边是一个周期内纳米发电机的输出放大图。我们使用不同颜色的实心圈来显示液晶显示器的亮度闪烁与纳米发电机交流输出峰值的对应关系。液晶显示器是从一个计算器上拆下的,纳米发电机只驱动整个显示区域的一部分。(d) 纳米发电机的输出随驱动频率的变化,这显示了纳米发电机的稳定性

刻的快照,可以看出显示器的每一次点亮对应纳米发电机的一个交流输出峰。可以测得 2 V 的电压输出(对应于 3.3 V 的开路电压)和 50 nA 的电流输出[图 8.4(b)(c)]。因此,当纳米发电机受到速率为 3.67%/s、大小为 0.11%的机械应变时,液晶显示器就被点亮。驱动频率的提高不会明显影响纳米发电机的输出[图 8.4(d)],而且每一个峰的输出都会点亮液晶显示器。

纳米发电机可以连续地点亮液晶显示器。液晶显示器是一个电容器件,它可以在一定的时间内释放输入的电荷,在电荷释放过程中如果剩余电荷产生的电场还超过其临界极化电压,则它可以被连续点亮。如果液晶显示器的放电时间比两次连续应变发生的时间间隔长,同时充电时间比人眼的响应时间短,那么就可以实现显示器的连续点亮。图 8.5(a)和(b)显示了输出电压为 1.5 V、输出电流为 300 nA的纳米发电机的性能。这一发电机的等效内阻约 5.3 MΩ,计算最大输出功率约 118 nW。当用纳米发电机来驱动显示屏时,它表现出连续被点亮的状态

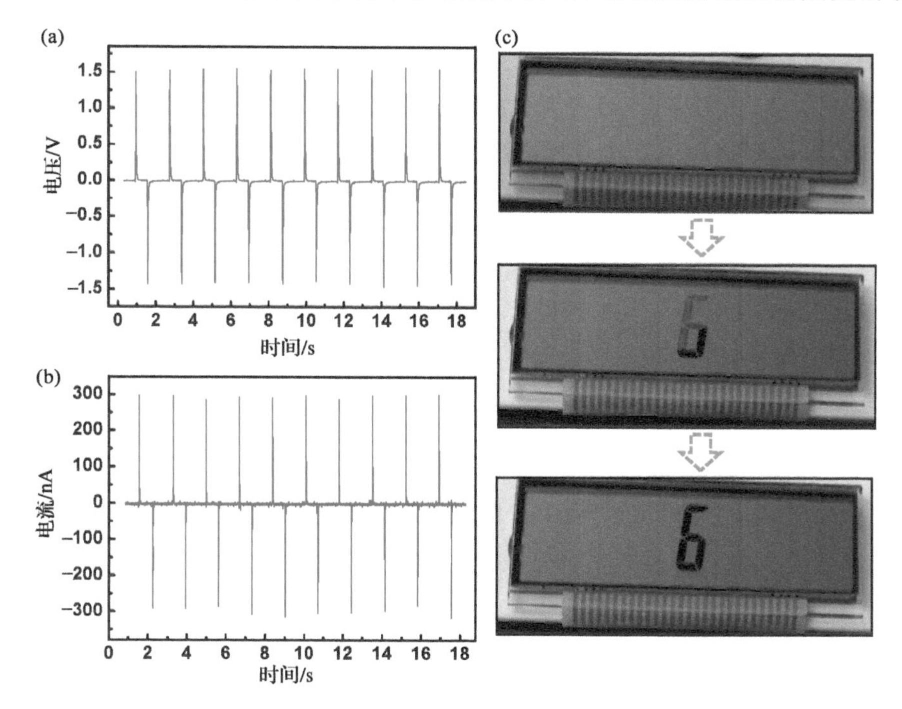

图 8.5　在机械应变频率为 0.56 Hz 时,使用一个纳米发电机连续驱动一个商用液晶显示器。(a)(b) 纳米发电机的测量电压和电流,峰值电压为 1.5 V,峰值电流为 300 nA。(c) 在周期应变频率为 0.56 Hz 时,纳米发电机来驱动一个液晶显示器工作,三张图分别给出了三个时间点的照片。开始时,数字"6"部分变亮,然后整个数字连续变亮

[图 8.5(c)]。从录像上我们可以看到,显示屏首先闪亮,然后,数字的部分区域被连续点亮。最后,经过纳米发电机几个周期的驱动,整个数字被完全连续地点亮。这意味着我们的纳米发电机可以产生足够大的输出来连续地驱动一个液晶显示器。

8.5 小　结

同薄膜相比,利用纳米线来收集能量有以下几个优点。首先,单晶氧化锌薄膜的生长需要在通常大于 400 ℃的高温下进行,这就限制了可选择的基底,尤其是用于柔性电子学的基底。相比之下,尽管纳米线需要在相对较高的温度下生长,但使用我们的"滴放"技术将这些纳米线从生长基底转移到任何其他基底则相对简单容易[图 8.1(a)]。第二,氧化锌和 PMMA 的复合结构远比氧化锌薄膜富有弹性。

与我们过去所展示的方法相比,这种新方法具有以下优势:首先,锥形纳米线被聚合物完全包裹,与电极没有接触。这种非接触的设计应该可以用来制作可靠性更高的牢固型纳米发电机。其次,从图 8.1 可以看出,这种纳米发电机的制备程序简单有效。最后,这一方法具有规模化的潜力,应该适用于工业化大规模生产。

总之,利用氧化锌纳米线的锥状形貌,通过把它们简单地分散于平的 PMMA 膜上形成合理的"复合"结构,就可以制成纳米发电机。PMMA 的平整表面使得锥形纳米线的 *c* 轴在垂直于基底方向的投影单极组装,从而在机械应变下沿复合结构的厚度方向产生一个宏观的压电势。这也说明一旦受到动态的机械应变,就可以在这种结构的上下表面出现感生电荷的流动,观察到交流电的产生。对于一个厚度投影线密度为 7000 mm^{-2}、尺寸为 1.5 cm×2 cm 的纳米发电机来说,一个应变速率为 3.67%/s、大小为 0.11%的应变就可以使其产生高达 2 V 的输出电压(等价于 3.3 V 的开路电压),这已经展示它足以连续地驱动一个商用的液晶显示器。尤为重要的是,纳米发电机的尺寸与其驱动液晶显示器的发光区域相当,这就可以在液晶显示器的背面集成纳米发电机,表明实时驱动一个柔性显示器是可能的。对于个人电子设备和自驱动系统来说,我们的纳米发电机是一种简单、成本低廉而且可以规模化的电源技术。

参 考 文 献

[1] Y.F. Hu, Y. Zhang, C. Xu, G. Zhu, Z.L. Wang, *Nano Letters* **10**, 5025 (2010).
[2] R.S., Yang, Y. Qin, L.M. Dai, Z.L. Wang, *Nature Nanotech*. **4**, 34 (2009).

第9章　基于纤维的纳米发电机

氧化锌纳米线可以在低温溶液条件下生长在任何类型、任何形状的基底表面，因此，可以在各种类型的基底上制备纳米发电机，包括各种聚合物、半导体以及金属、表面平整的基底甚至纤维基底。本章我们集中讨论制备在可以像头发一样细的纤维上的纳米发电机[1]。

9.1　微纤维-纳米线复合结构

9.1.1　结构制备

利用水热法，氧化锌纳米线沿径向生长在 Kevlar 129 纤维的表面。然后利用正硅酸乙酯使得纳米线之间、纳米线与纤维之间相互化学键合。把一根表面生长了氧化锌纳米线的纤维和另外一根表面先生长纳米线然后再镀金的纤维相互缠绕在一起，就组装成了一个双纤维纳米发电机。固定一根纤维的两端，让另外一根纤维来回运动，由于压电-半导体耦合作用，两根纤维之间的相对擦拭运动就导致输出电流的产生。当两根纤维相互滑动时，测量记录短路电流和开路电压。

在我们的实验中，使用直径为 14.9 μm 的 Kevlar 129 纤维。首先，先后在丙酮和乙醇中各超声清洗 5 min。使用磁控溅射在纤维的表面周围均匀沉积一层 100 nm 厚的氧化锌种子层。然后把纤维浸于 80 ℃的反应溶液中利用水热法沿纤维的径向生长氧化锌纳米线。室温下把 0.1878 g 的 $Zn(NO_3)_2 \cdot 6H_2O$ 和 0.0881 g的六亚甲基四胺(HMTA)溶于 250 mL 的去离子水中制成反应溶液。两种反应物的浓度均为 0.025 mol/L。溶液中反应 12 h 后，纤维变成白色，意味着其表面被致密的氧化锌纳米线覆盖。最后，取出纤维，用去离子水冲洗几次后在 150 ℃下烘烤 1 h。合成好的表面覆盖氧化锌纳米线的纤维被浸在 99.9%的正硅酸乙酯(TEOS)中2～3 min。由于氧化锌种子层与纤维之间的不匹配，氧化锌种子层通常具有一些裂缝，毛细力可以把正硅酸乙酯吸引进氧化锌种子层和纤维的界面以及纳米线的根部。因此，在氧化锌种子层的上下形成两层正硅酸乙酯。

图 9.1(a)给出了表面覆盖氧化锌纳米线 Kevlar 纤维的典型扫描电镜照片。沿着纤维的整个长度方向，柱状氧化锌纳米线非常均匀地覆盖在纤维表面，沿纤维径向生长。生长诱导的种子层中表面张力使得纳米线阵列的表面出现部分裂纹[图 9.1(b)]。所有氧化锌纳米线都是单晶，具有六边形的截面，直径在 50～

200 nm,典型长度为 3.5 μm。纳米线的顶部和侧面都很平滑、干净,表明它们可以可靠地形成纳米发电机所需要的金属-半导体结。纳米线之间的间隙在几百纳米量级,这足以使得纳米线被弯曲从而产生压电势[2]。由于其小的倾角(<±10°),纳米线的顶端相互分离,但是它们的底部紧密连接在一起[图 9.1(b)中插图]。因此,纳米线底部的连续氧化锌膜可以作为信号输出的公共电极。过去的实验表明,利用原子力显微镜对液相法生长的氧化锌纳米线进行操控可以产生高达 45 mV 的输出电压[3]。

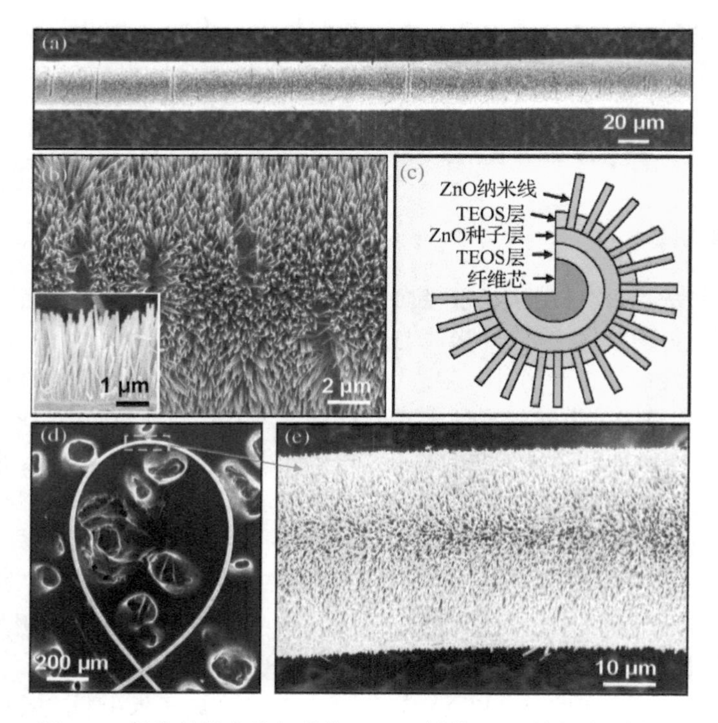

图 9.1　氧化锌纳米线包裹的 Kevlar 纤维。(a)沿径向覆盖了氧化锌纳米线阵的 Kevlar 纤维。(b)纤维的高分辨扫描电镜照片和截面照片(插图),显示了纤维上纳米线的分布。(c)使用 TEOS 来增强其机械性能的纤维截面示意图。(d)打成环形的纤维扫描电镜照片,显示了纤维-纳米线复合结构好的弹性和纳米线层在纤维上的强附着力。(e)环形纤维的放大部分,显示了氧化锌纳米线在纤维弯曲处的分布[1]

为了使纤维在表面生长氧化锌晶体膜和纳米线后仍保持好的弹性,我们使用一种表面涂层策略来提高纤维的机械性能以及纳米线在纤维上的附着力。如图 9.1(c)所示,两层正硅酸乙酯作为黏合剂渗入氧化锌种子层的上下区域。正硅酸乙酯的 Si—O 键与氧化锌纳米线表面的 OH^- 基团具有高的反应活性，它的有机链牢固地和聚酰亚胺纤维黏合在一起。结果，氧化锌种子层和纤维芯通过一薄层正硅酸乙酯紧密地连接在一起。而且，正硅酸乙酯易于形成交叉连接的分子链，纳米线被牢固地束缚在一起，它们的根部也束缚在一起并且固定在氧化锌种子层上，这就可以成功地阻止氧化锌纳米线在机械擦拭/滑动时被刮落/剥落。即使把纤维弯成一个直径约为 1 mm 的环，氧化锌纳米线覆盖层也不会出现裂纹、小片区域松动或剥落[图 9.1(d)]。在纤维弯曲部分，氧化锌纳米线仍然很好地沿纤维径向排列[图 9.1(e)]，这清楚地表明这种纳米线-微米纤维复合结构在受到机械变形和弯曲时是非常坚韧的。

9.1.2　纤维纳米发电机的制备

一个典型的双纤维纳米发电机是由两根 3 cm 长的纤维组成的，它们均由表面生长的氧化锌纳米线覆盖，不同的是一根镀金，而另一根未做此处理。利用直流磁控溅射来沉积金层。溅射时，纤维一端固定在样品台上，其他部分自由立在空中。因此，通过旋转样品台，就可以在整根纤维的周围表面均匀地沉积一层金膜。通常，金膜的厚度为(300±20) nm，这可以从溅射系统内安装的石英厚度监控器上读出。在组装双纤维纳米发电机时，氧化锌纳米线覆盖的纤维两端固定在玻璃基底上，一端接地并且作为正极与外接测量电路连接在一起。而镀金后纳米线覆盖的纤维一端与固定在基底上的一个小弹簧连在一起，其另一端与一根拉线连在一起，从而可以来回自由地运动。这根镀金的纤维作为纳米发电机的负极与外电路连接在一起。纤维纳米发电机的有效长度为 4～5 mm，典型情况下两根纤维相互缠绕 9 圈，每一圈长约 500 μm。

双纤维纳米发电机被固定在一个静止的台子上，其可移动的镀金纤维与一根拉棒连在一起。拉棒由一个旋转轴上局部带有突起的速控马达来驱动，马达旋转运动时，拉棒先后周期性地接触到旋转轴上有无突起的部分，其与纤维连接一端就会来回发生位移，从而把马达的转动变为拉棒在选定频率下的往复运动。在每一周期运动中，当拉棒抬高时，镀金的纤维首先往拉的方向运动，然后在纤维另一端弹簧的作用下缩回其初始位置。这样，就实现了两根纤维在控制频率下来回刷动。

为了演示氧化锌纳米线覆盖纤维的发电能力，我们设计了一个如图 9.2(a)所示的双纤维模型系统。取两根纤维，一根生长氧化锌纳米线后又镀了 300 nm 厚的金膜，另外一根只覆盖了刚生长的氧化锌纳米线，把它们相互缠绕在一起形成发电的核心部件。使用一个在可控频率下运转的外加马达来拉动/回复一根与上述纤维连在一起的绳，从而实现两根纤维间的相互刷动。镀金的纤维作为纳米发电机的输出阴极连接到外电路中。如图 9.2(b)中的光学显微镜照片所示，拉力保证了两根纤维间的良好接触。

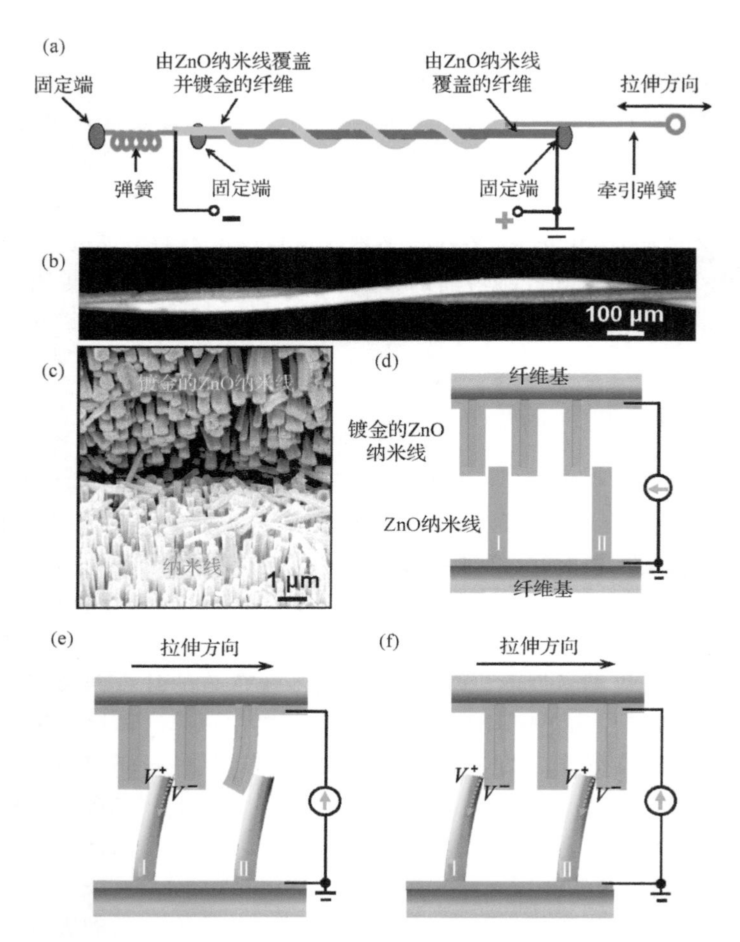

图 9.2　由低频、外界振动/摩擦/拉动力驱动基于纤维的纳米发电机的设计和机理。(a)基于纤维的纳米发电机实验装置示意图。(b)相互缠绕在一起的一对纤维的光学显微镜照片，一根纤维表面镀金(对比度深的那根)。(c)覆盖纳米线的两根纤维相对界面的扫描电镜照片，上面的一根是镀金纤维。上面镀金的这根纤维作为导电“针尖”来弯曲下面的纳米线。(d)覆盖纳米线的两根纤维之间纳米线相互交叉的示意图。(e)上部纤维在外力拉动时，纳米线Ⅰ和Ⅱ之间的压电势。由于反向肖特基势垒的存在，压电势为正一侧不允许电子流过。一旦纳米线被弯曲到和另外一个镀金纳米线接触时，由于界面处的正向肖特基势垒，外电路中的电子就会在压电势的驱动下流经未镀金的纳米线。(f)当继续拉动上部纤维时，镀金纳米线可能会擦过未镀金纳米线。一旦最后时刻两种类型的纳米线接触，它们的界面处为正向肖特基接触，这导致进一步的电流输出，如图中箭头所示。输出电流是所有纳米线贡献之和，而输出电压只由一根纳米线所决定[1]

在这一设计中，镀金的氧化锌纳米线像一排扫描的金属针尖一样弯曲植根于另外一根纤维上的氧化锌纳米线。氧化锌偶合的压电和半导体性能导致了电荷的产生、积累和释放过程。金涂层完全地覆盖了氧化锌纳米线，并且沿整根纤维形成了一个连续层，其金属特性的 *I-V* 曲线显示了镀金的成功。一旦两根纤维紧密地缠绕在一起，如图 9.2(c)中界面照片所示，一根纤维上一些镀金的纳米线就会轻轻地插入到另外一根纤维上未镀金纳米线之间的间隙中。因此，当纤维间发生相对滑动/偏转时，未镀金氧化锌纳米线的弯曲使它们沿其径向宽度方向产生一个压电势，而镀金纳米线作为直流纳米发电机的“锯齿形”电极来收集并传输电荷。

9.1.3　工作机理

图 9.2(d)描述了纤维纳米发电机的电荷产生机理。与利用原子力显微镜的探针弯曲纳米线的情况类似，当上面的纳米线向右边移动时，例如，镀金的纳米线把未镀金的纳米线弯向右边(为了描述的方便，我们假设镀金的纳米线更为坚硬，几乎不被弯曲)。因此，由于压电效应，在未镀金的纳米线产生了压电势，纳米线拉伸面电势为正(V^+)，压缩面电势为负(V^-)[4]。纳米线的正电势侧与金产生反向肖特基接触，因此阻止电流形成，而其负电势侧与金产生正向肖特基接触，从而允许电流由金流向纳米线。因为纳米线的线密度高[见图 9.1(b)]，很可能是未镀金纤维上弯曲的纳米线在弯曲后接触到另外一根镀金纳米线的背面[图 9.2(e)中的纳米线 Ⅰ]。在这种情况下，氧化锌纳米线的负电势面与金层接触，所以此时界面处的肖特基势垒是正向偏置，使得电流由金层流入氧化锌纳米线。然后，当上面的纤维继续向右运动时[图 9.2(f)]，镀金的纳米线扫过氧化锌纳米线的顶部到达其负电荷侧[图 9.2(f)中的纳米线 Ⅰ 和 Ⅱ]。因此，更多的电流将通过正向偏置肖特基势垒释放[图 9.2(f)]。这就意味着即使在同一拉动周期内，不管纳米线被弯向哪个方向，来源于所有纳米线的电流都可以被有效地叠加。输出电压由一根纳米线的性质所决定，由于金-氧化锌界面处肖特基势垒的整流效应，不管纳米线怎样弯曲，输出电压的符号都不会改变。如果上面的纤维向左回复运动，也会发生相同的情况。因为上下纳米线的机械性能类似，镀金纳米线也可能被生长于另外一根纤维上的未镀金纳米线弯曲，不过这并不影响图 9.2 所示的机理。对于镀金的纤维来说，所有纳米线均被一层厚厚的金层覆盖，它们可以被看作一个连接到外电路中的等势电极。因此，氧化锌纳米线所扮演的角色只是作为金涂层的支撑模板，而不会有压电电荷保存在镀金纳米线中。

9.1.4　输出测量

纤维纳米发电机的性能通过测量短路电流(I_{sc})和开路电压(V_{oc})来表征。使用工作频率可控的马达来拉伸和回复镀金纤维。图 9.3(a)为马达以 80 r/min

(60 r/min相当于 1 Hz)运动时产生的电流测量信号。在整个测量过程中采用“极性反转”检测方法来排除系统假信号。当电流计与纳米发电机正接时,也就是正负探针分别与图 9.2(a)所定义的纳米发电机正负电极连接,可以在每一个拉伸-回复

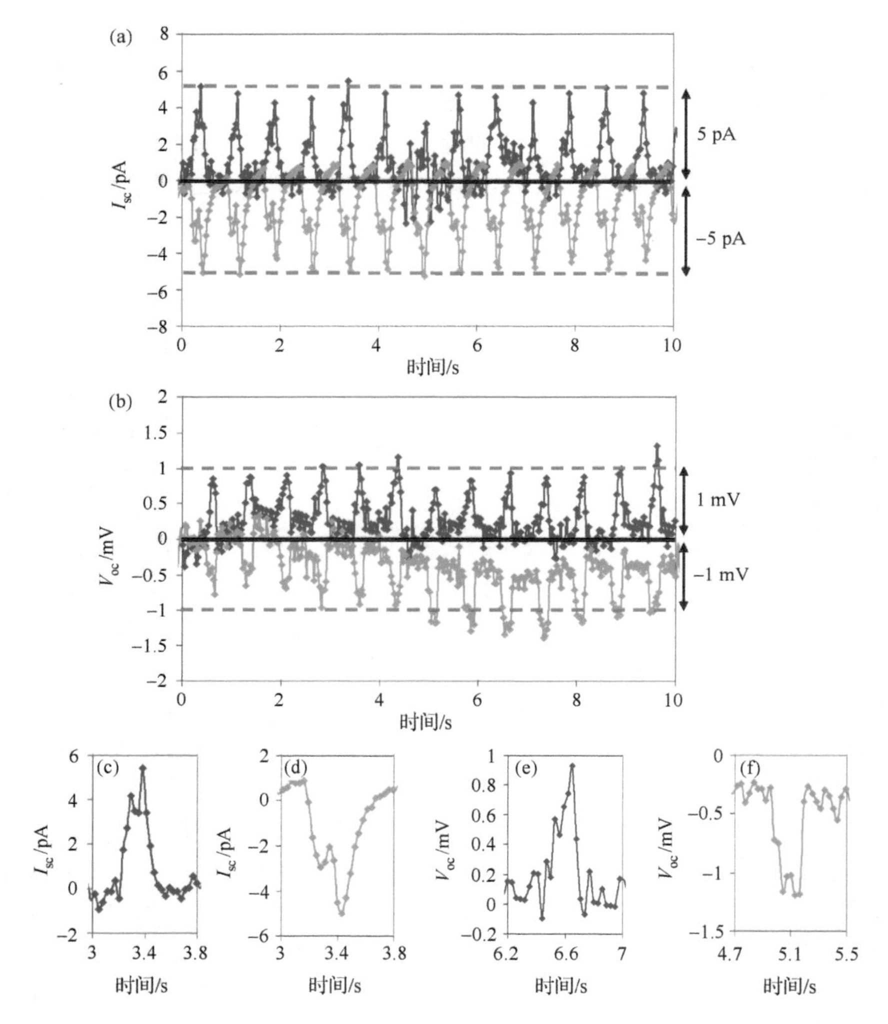

图 9.3 双纤维纳米发电机的电输出。(a)(b)以 80 r/min 拉动纤维时,双纤维纳米发电机的短路输出电流(I_{sc})和开路输出电压(V_{oc})。当纳米发电机与测量电路正接,即测量系统的正负探针分别与纳米发电机的正负输出电极连接时,输出信号由粉色曲线表示。把纳米发电机的输出电极和测量系统连接方式反转后,输出信号用蓝色曲线表示。在纤维的一个被拉动周期内,放大的输出电流[(c)(d)]和输出电压[(e)(f)]。图中扣除了测量系统引入的背景噪声

周期运动中测量到一个约4 pA的正电流脉冲[图9.3(a)中的蓝色曲线]。当电流计反接,即正负探针分别与纳米发电机的负正电极连接时,可以测量到相同大小的负电流脉冲[图9.3(a)中的粉色曲线]。纳米发电机的输出电流很小(约4 pA),这主要是因为纤维特别大的内阻($R_i \approx 250\ \mathrm{M\Omega}$)导致的大损耗。纤维基纳米发电机内阻特别大的原因可能是:直接毗邻的氧化锌种子层与纤维结构不匹配,热膨胀系数差别大,这二者会使得氧化锌种子层产生裂纹。降低纤维的内阻R_i是一个提高功率输出效率的有效办法,图9.3(b)说明了这一点。输出电流信号的反向确认了所测电流的确来源于纤维纳米发电机。图9.3(c)和(d)分别给出了正负电流脉冲的放大图,从中可以看出,对于每一次拉伸-回复纤维,都可以观察到一个电流双峰。

同样使用极性反转法来测量开路电压。当电压计与纤维纳米发电机分别正反接时,可以测得相应的正负电压信号[图9.3(b)]。同样情况下,电压信号的大小为1~3 mV。与测量电流时相同,如图9.3(e)和(f)所示,在正负电压信号中都可以观察到双峰现象。

输出信号的双峰与纤维的周期性运动有关[图9.3(c)~(f)]。当纤维被拉往右边,然后在弹簧回复作用下向左缩回时,图9.2所描述的机理依然有效。尽管两次运动方向相反,但产生的电流沿相同方向流动,并且在输出电流和电压信号中两次双峰约间隔0.2 s的时间。这是存在于每一个输出脉冲中的普遍现象,与其极性无关。双峰大小的轻微差别可能是因为纤维被拉伸和缩回的速度不同。

9.1.5 性能提高

演示了发电的原理后,我们尝试了几种办法来提高输出功率和这种原型发电机的集成度。为了模仿由纱线构成的实际织物,我们测量了由6根纤维组成的单个纱线发电性能,其中3根纤维为裸氧化锌覆盖的纤维,3根为镀金纳米线覆盖的纤维。在测量中,所有镀金的纤维是可运动的[图9.4(b)]。在运动频率为80 r/min时,可以获得平均大小约为0.2 nA的电流[图9.4(a)],这比单根纤维纳米发电机产生的输出信号大30~50倍,原因是这种设计下纤维间的接触面积大幅度的提高。而且,每个脉冲的宽度明显变宽,这是因为纤维间运动不同步而且输出电流间存在相对滞后。

实验发现,降低纤维和纳米线的内阻是提高输出电流的有效方法。通过在沉积氧化锌种子层前预先沉积一层导电层,纳米发电机的内阻可以从1 GΩ降低到1 kΩ,因此,双纤维纳米发电机的输出电流从4 pA提高到4 nA[图9.4(c)]。输出电流近似与纳米发电机的内阻成反比[图9.4(c)中插图]。这一研究给出了一个提高输出电流的有效方法。而且,通过把纳米发电机串联、并联,其输出电压和输出电流也可以得到相应提高。

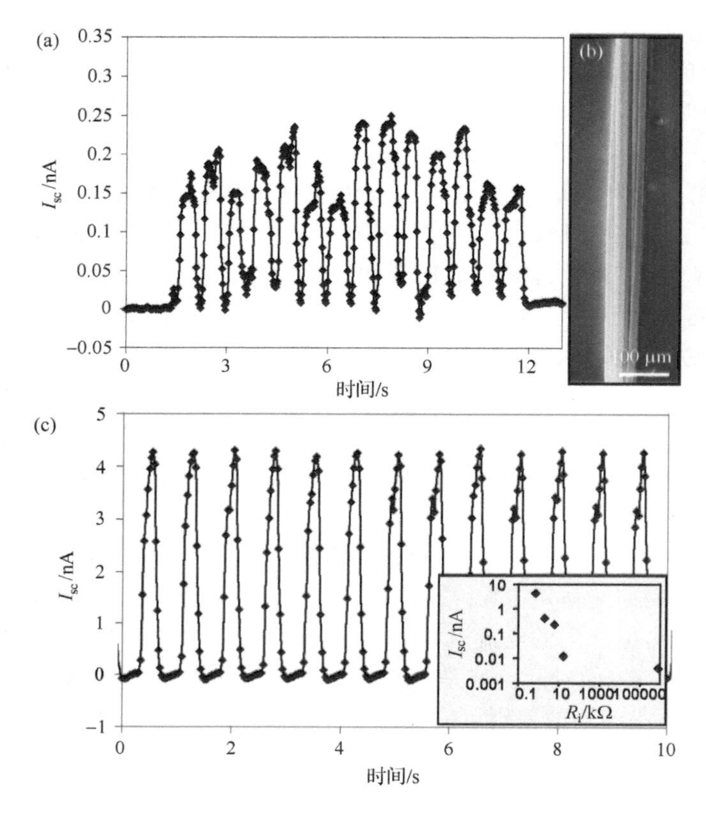

图 9.4 输出提高。(a)纳米发电机在 80 r/min 拉动周期下工作时的短路输出电流(I_{sc})。由于纳米线运动不同步,可以观察到输出电流峰存在宽化现象。(b)由 3 根镀金纤维和 3 根裸氧化锌纳米线覆盖纤维构成的多纤维纳米发电机的扫描电镜照片。这显示了使用一束生长了纳米线的纤维来提高输出电流的可行性。(c)通过降低纳米发电机内阻来提高输出电流。通过在沉积氧化锌种子层前先沉积一层导电层,可以把纳米发电机的内阻降低几个数量级。曲线中扣除了测量系统引入的背景噪声

9.1.6 小结

与之前报道的直流纳米发电机相比,织物纤维型纳米发电机展示了以下方面的崭新进步:首先,氧化锌纳米线长在纤维上,这使得制备各种形状的柔性、可折叠、可穿着以及牢固耐用的电源(例如“发电衣”)成为可能。第二,输出电能可以通过使用一束纤维(例如纱线,这是织物的基本构成单元)得到极大的提高。依据我们所得到的数据,可以计算从纺织品织物所能获得的最大输出功率密度,结果表明 1 m^2 织物有望产生 4～20 mW 的功率输出。第三,纳米发电机工作在低频下,这恰好是常规机械振动(如机械振动、行走以及心脏跳动等)的频率范围,从而极大地

扩展了纳米发电机的应用范围。最后，因为氧化锌纳米线阵列是利用化学合成法在 80 ℃的低温下生长在任何曲率、任何材料构成的基底上，所以纳米发电机可以应用以及可以与其集成的领域就被极大地扩展了。近期的目标是优化结构设计来提高纳米发电机的效率和总的输出功率。

9.2 压力驱动的柔性纤维纳米发电机

在我们的日常生活中，空气压强以多种方式产生着普遍的影响。气/液流动导致动态的压强变化，这可以驱动很多东西。以当前的能源技术来讲，如何使用气压/气流产生的能量是重要的。气压的波动是一个幅度和频率改变很大的非常无规的现象，这使得利用传统的技术来俘获这些能量非常困难。以压电悬臂梁法为例，当外界机械激励频率与其本征共振频率相同时具有最大能量俘获效率。如果激励频率低，所需共振器的尺寸必须要大，而这也只能俘获那些足够大的振动能量。如果激励频率高，共振器的尺寸可以小，但是在我们的周围环境中，尤其是诸如呼吸、心跳等生物系统中，高频机械信号并不像低频振动那么普遍。

本节中，我们提出一种新的方法来制备柔性纤维纳米发电机(fiber nanogenerator，FNG)，它可以用于智能衬衫、柔性电子学以及医疗方面[5]。FNG 的设计基于在碳纤维表面沿径向覆盖圆柱形织构氧化锌薄膜。一旦该结构在压力作用下受到一个单一的压缩，圆柱形氧化锌薄膜就受到一个压应变，由于薄膜的织构，这就会沿氧化锌的内外表面产生压电势，而该压电势就是外部负载中产生电流的驱动力。利用这种结构，已经产生了 3.2 V 的输出电压和 0.15 $\mu A/cm^2$ 的平均电流密度。FNG 依赖于空气压强工作，所以它可以以非接触的模式工作在旋转的车胎，流动的空气/液体，甚至血管等中。注射器中压力驱动的 FNG 显示了在血管、输气输油管道等环境中俘获能量的潜力，只要有压强的改变或湍流，FNG 就能俘获能量。心脏脉搏跳动驱动的 FNG 可以用来作为超灵敏的传感器来监控人的心脏行为，这也许可以用于医疗诊断的传感器和测量工具。

9.2.1 纤维上径向织构氧化锌薄膜的生长

柔性纤维基纳米发电机的设计是在碳纤维周围生长一层具有径向织构的氧化锌薄膜[图 9.5(a)]。原理上，任何导电的纤维都可以用于这一目的。纤维不仅是高温下生长氧化锌薄膜的柔性基底，而且可以作为电荷传输的电极。我们这一方法的关键是[0001]取向的致密堆积纳米线织构薄膜的制备技术，这一薄膜沿着纤维周围形成径向织构、圆柱形、壳状结构。可以通过控制实验条件来调节纳米线的密度，无需氧化锌种子层。

在碳纤维上生长氧化锌薄膜的源材料是等质量比的氧化锌粉(Alfa Aesar，

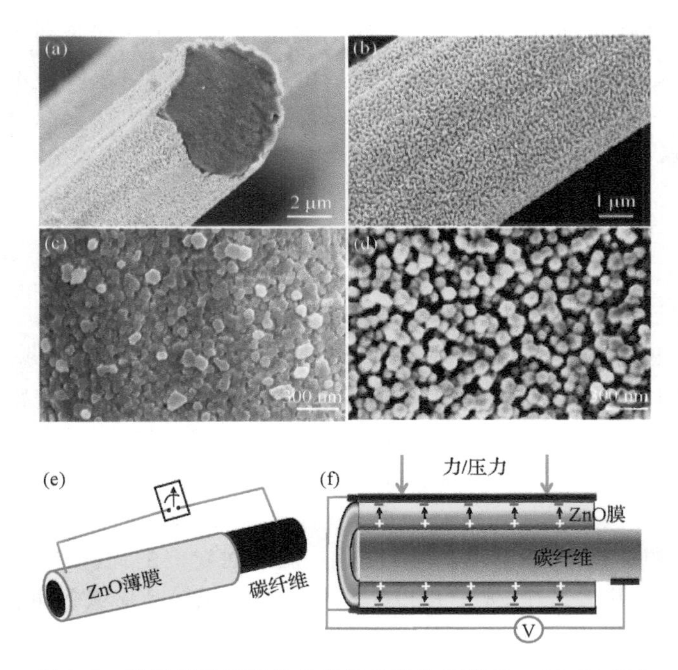

图 9.5 沿碳纤维周围生长的织构氧化锌薄膜。(a)(b)氧化锌/纤维结构的低倍扫描电镜照片。(c)由 c 轴单轴取向氧化锌纳米棒密堆而成的氧化锌膜。(d)由 c 轴大致平行一致取向氧化锌纳米棒松散堆积而成的氧化锌膜。(e)基于碳纤维上覆盖氧化锌薄膜的纳米发电机结构。纳米发电机示意图。(f)纤维纳米发电机工作机理,此处的"+/−"号表示氧化锌薄膜内外表面上局域压电势的极性[5]

99.9%,200 目)和活性炭(Alfa Aesar,steam activated,酸洗),源材料放在石英管中,置于管式炉的中心,石英管中放置碳纤维并对气体流动起到导向作用。碳纤维(1 k,T600,清华大学)自由悬浮在石英管中载气流经的通道上,距石英管的末端约 10 cm。载气流由比例为 1∶4 的氧气和氮气(99.9%,佐治亚理工学院)构成,流速为 40 sccm。生长温度设定在 960℃。

使用物理气相沉积法在碳纤维上生长圆柱形覆盖其表面的氧化锌薄膜[图 9.5(b)]。原位生长的薄膜由近乎平行排列的氧化锌纳米棒形成织构膜(约 250 nm 厚),其法向沿[0001]方向。这在图 9.5(c)所示的 SEM 照片中可以清楚看出,致密排列的氧化锌纳米棒顶部为平整的六边形。这些纳米棒在薄膜面内可以随机取向,但在薄膜法向必须具有好的取向,从而使整个薄膜沿氧化锌 c 轴具有单极化结构。在纳米棒生长不是太密时[图 9.5(d)],可以清晰看出纳米棒沿纤维周围的分布。我们之前的 X 射线衍射研究表明氧化锌倾向于在任何表面(如聚合物和硅)形成外延薄膜。这是一个独特的优点,既可以使得纳米线的生长由纤维基底的曲率表面来决定,又提供了单一极化结构,从而使其应用于压电方面。

9.2.2　纤维纳米发电机的工作原理

制备纤维纳米发电机(FNG)时,碳纤维一端的氧化锌薄膜局部被 NaOH 溶液刻蚀掉,露出碳纤维来制备连接电极。发电机的另外一个电极使用银胶带/银浆与氧化锌薄膜的上表面连接[图 9.5(e)]。正如图 9.5 以及我们之前的研究所示[6],纤锌矿结构氧化锌纳米棒形成密堆积并且极化方向一致取向的薄膜,其极化方向沿纤维径向指向外部。把氧化锌覆盖的碳纤维平行排列,一个电极与碳纤维相连,一个电极与其表面的氧化锌薄膜相连,这样就构建了一个纤维纳米发电机。同时,使用一个塑料基底来支撑一致取向的纤维,所有纤维都固定在基底上。

纤维纳米发电机的工作机理如下:为简单起见,把发电机上的织构化氧化锌薄膜视作“单晶”来处理。当薄膜通过空气/液体受到一个来自外加压力的压应变时,四面体配位锌-氧单元中静态离子电荷中心的偏离会沿着氧化锌的 c 轴方向产生压电势梯度。薄膜的织构造成沿薄膜厚度方向产生一个宏观的压电势[图 9.5(f)]。如果 c 轴指向纤维基底的外部,则压电势的负电势侧位于薄膜的外表面,这会提高电极处的导带和费米能级,又因为在氧化锌与电极界面处存在肖特基势垒,这将迫使电子从该侧经过外部负载流向另外一个电极,直至达到平衡。当去掉外力、压缩应变释放后,薄膜内部的压电势消失。另外一个电极处积累的电子经过外电路回流,在相反方向产生一个电脉冲。肖特基势垒所扮演的角色是阻止那些移动电荷通过薄膜-金属的界面。压电势像一个“电荷泵”一样驱动电子流动[7]。外加压力产生的薄膜周期性应变使得纳米发电机产生交流电。纤维所起的一个关键作用是有效地利用来自所有方向的压力。

实验中,利用线性马达以周期性拉伸-释放的激励方式使纤维纳米发电机产生周期性的形变。测量短路电流(I_{sc})和开路电压(V_{oc})来表征纳米发电机的性能。当电流计与纤维纳米发电机正接时,快速拉伸基底时观测到正的电流脉冲,而快速释放基底时观测到负的电流脉冲(此处“快”的意思是基底在曲率半径为 2 cm 时的弯曲速率约为 260°/s)。一个由 150 根直径约 10 μm、长度约 20 mm 的纤维构成的纳米发电机,其最大输出电压为 2.0～2.2 V,输出电流为 60～120 nA。拉伸和回复时电流峰的高度存在差别,这可能是因为应变速率的原因,不过两种运动时电流峰下的积分面积差别在 5%以内。在纤维纳米发电机受到压缩应变的情况下,我们也做了类似的实验。

9.2.3　空气压力驱动的纤维纳米发电机

因为空气压力可以无方向地作用于物体暴露的每一部分,我们把氧化锌薄膜覆盖的碳纤维松弛地封装在一个柔性基底上[图 9.6(c)],按照图 9.5(e)进行连接。空气压力在纤维周围沿单一径向的压缩导致如图 9.5(f)所示的压电势。气压的动态改变对圆柱形氧化锌薄膜产生压缩-释放的过程,相应产生的压电势驱动外部载荷中的电子与气压波动规律一致地来回流动。

把纤维纳米发电机放置于一个注射器内[图 9.6(c)],通过活塞来施加一个周期性的压力,可以探测到交流的电输出[图 9.6(d)]。产生的电输出不是特别对称,这是因为活塞压缩和回复时产生的压力和压力变化速率不同。输出电压峰值高达 3.2 V,平均电流密度可达 0.15 $\mu A/cm^2$。计算表面面积时只考虑纳米发电机中工作碳纤维的表面积。这种纳米发电机的输出明显高于我们以往报道的数据,其原因是这种纤维纳米发电机中没有封装材料,这样压力就不会被封装材料或者基底所消耗,从而可以直接作用于氧化锌薄膜。

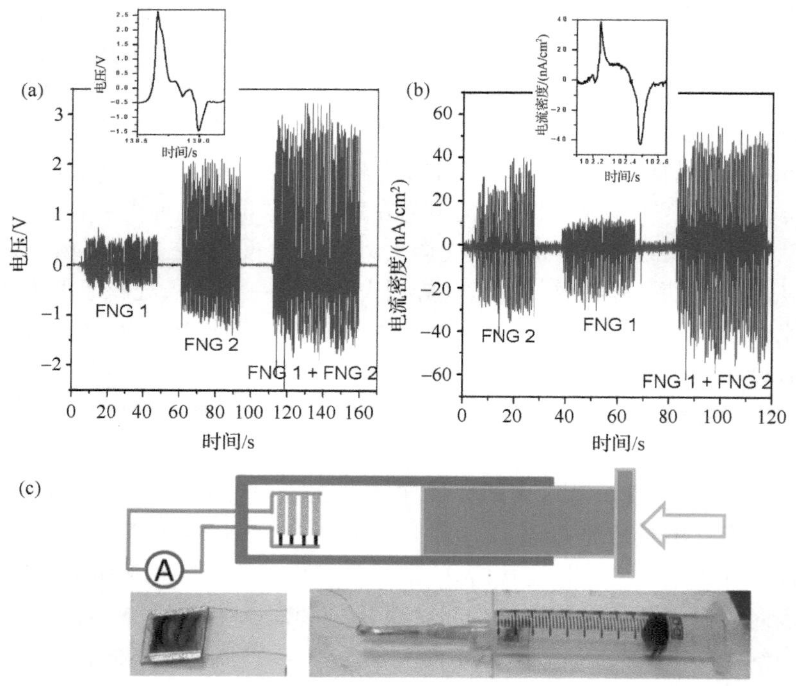

图 9.6 两个正常工作纤维纳米发电机的输出电压(a)和电流密度(b)“线性叠加”测试。当两个纳米发电机串联时,输出电压为它们各自输出电压之和。当两个纳米发电机并联时,它们的输出电流密度也可以叠加起来。插图显示了输出信号的细节。气压驱动纤维纳米发电机的集成和性能:(c)置于一个注射器内时,气压驱动纤维纳米发电机的示意图。通过推动活塞可以改变气压。(d)(e)由 100 根碳纤维构成的纤维纳米发电机的输出开路电压和输出短路电流。最大峰值输出电压达 3.2 V。右边插图是一个周期内的输出电压和电流[5]

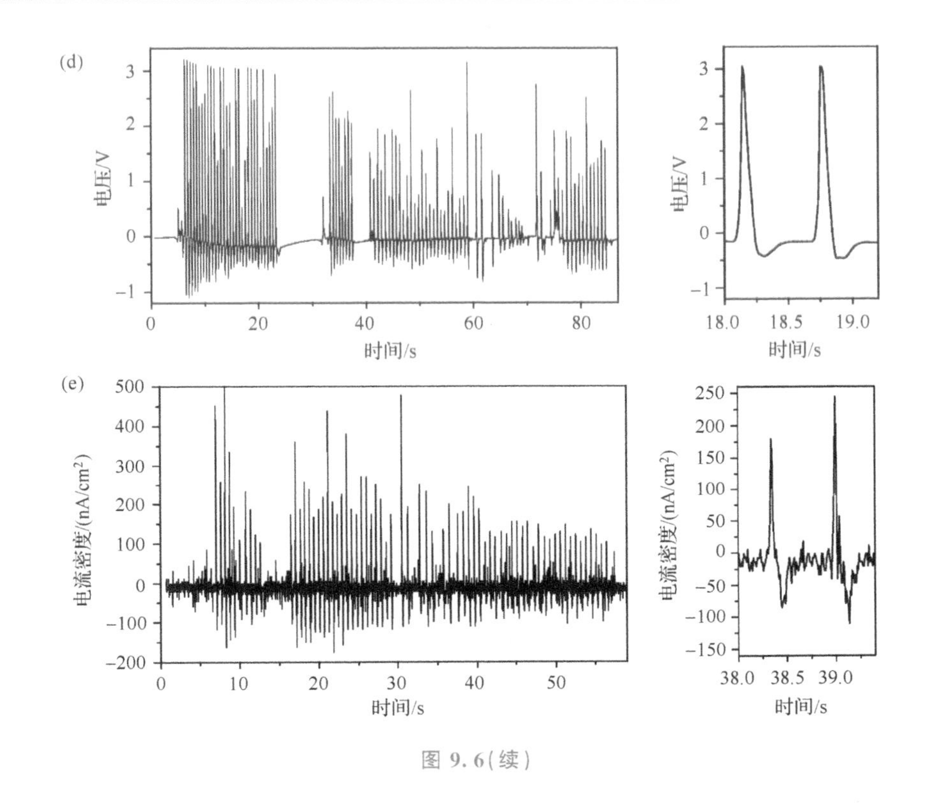

图 9.6(续)

9.2.4　呼吸驱动的纳米发电机/传感器

轻微的空气流动具有以下特征：首先，气流的方向随机改变。其次，气流作用于器件的力量很小，可能不足以驱动一个刚性或者封装材料阻尼太大的纳米发电机。最后，气流的频率也是变化的。为了提高微风驱动纤维纳米发电机的效果，如图 9.7(a)所示，我们使用长的柔性碳纤维对微风进行响应。环形的纳米发电机被固定于玻璃基底上。一个电极与碳纤维相连，另外一个电极与氧化锌薄膜相连。当用轻微的呼吸来吹动纤维纳米发电机时，微风使得纳米发电机改变形状，发生振动，产生电输出(图 9.7)。重复的呼吸导致交流电输出。平均输出电压为 1.5 mV，平均输出电流为 0.5 nA。输出低的原因可能是呼吸在薄膜内产生的应变小。这么小的输出可能对于能量俘获来说用处不大，但它可以作为呼吸传感器用于生物医学和医疗保健。

9.2.5　作为压力传感器的手腕脉搏驱动纳米发电机

脉压是人心脏系统的一种输出信号，它是一种复杂的随时间变化的非线性信号，反映了一个人的运动情况和健康状况[8]。在医疗监控尤其是医疗诊断方面，脉

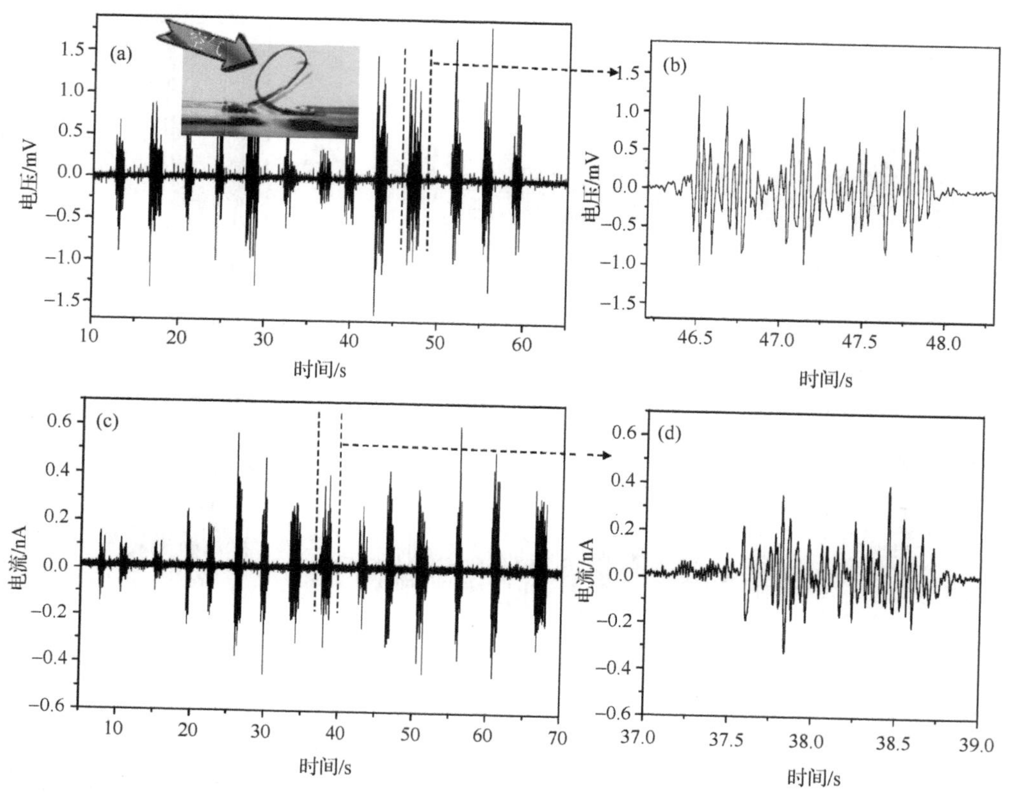

图 9.7　气流驱动纤维纳米发电机的性能。(a)中插图为固定于玻璃基底上的环形纤维纳米发电机，它由 50 根碳纤维构成。通过呼吸吹动发电机时，可以测得纤维纳米发电机的输出开路电压[(a)(b)]和短路电流[(c)(d)][5]

压信号的定量测量可以提供重要的信息[9]。脉压复杂的根源是：心输出量和总的末梢阻力一起才能对其进行恰当地表示。目前[10]，脉压日益被认为是心血管疾病和其他疾病的危险因素。我们的第一个实验是利用人体腕关节处的脉搏来驱动纳米发电机。纤维纳米发电机由约 4 cm 长的纤维制成，把它和透气布胶带一起附于手腕处。纤维纳米发电机被置于图 9.8(a)所示的脉搏点。为了随时获得原始血压信号，一个医用血压计被附着于纤维纳米发电机的顶部。作为对心脏跳动行为的响应，发电机的输出被记录下来。图 9.8(b)～(d)给出了由纤维纳米发电机输出电流所测量的三种不同心脏跳动输出模式。这些曲线包含了心脏跳动的动态信息。进一步的数据分析技术可以获得关于个人健康状况的详细信息。中医的传统问脉法把 28 个脉冲作为大部分临床脉搏状况[11]。标准的脉压波形应该如图 9.8(b)所示。年轻人具有如图 9.8(c)所示的平稳脉搏，老年人的脉搏则像图 9.8(d)所示的那样。

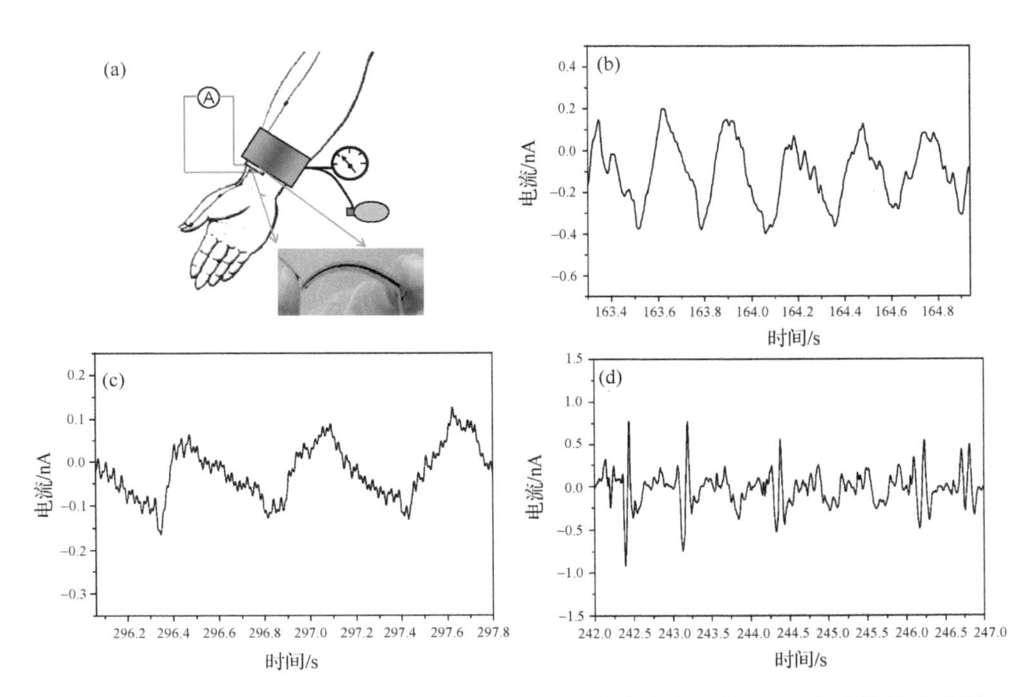

图 9.8　用于能量收集或应力传感的心跳驱动的纤维纳米发电机。(a)实验装置示意图。(b)～(d)三种类型心跳情况下，纤维纳米发电机的输出电流。这不仅演示了可以从小的物理运动中收集能量，而且演示了纤维纳米发电机作为生物应力传感器的可能性

9.2.6　小结

我们给出了一种制备基于柔性纤维的纳米发电机的新方法，它可以用于智能衬衫和柔性电子学。这种纳米发电机是基于一种表面为织构化圆柱形氧化锌薄膜所覆盖的碳纤维。一旦施加压力时，物体受到一个单一的压缩，圆柱形氧化锌薄膜就受到一个压缩应变，这会在其内外表面之间产生一个宏观的压电势，它是外部负载中产生电流的驱动力。利用这样一种结构，可以获得峰值输出电压为 3.2 V、平均电流密度为 0.15 $\mu A/cm^2$ 的电输出。

同基于垂直或者横向排列纳米线阵列的纳米发电机相比，所演示的这种纤维基纳米发电机具有诸多优势：首先，纳米发电机使用柔性纤维，在与用于智能衣服的织物集成方面具有潜力。第二，纳米发电机无需厚聚合物的保护，排除了聚合物对机械驱动量的阻尼，因此，发电机的输出电压相当高。最后，设计依赖于气压，因此，发电机可以在所有可能的表面以非接触的模式工作，这也可以在转动的车胎、流动的空气/液体乃至血管中作为三维传感器。注射器中压力驱动的纳米发电机

显示了在血管、输气管道、输油管道等只要存在压力变化或者波动环境中俘获能量的潜力。产生的能量可以用来监控流体/气体的状态和运行情况。心跳驱动的纳米发电机可以用来作为超灵敏的传感器来监控人的心脏行为,这可能用于医疗诊断。

参考文献

[1] Y. Qin, X. D. Wang, Z. L. Wang, *Nature* **451**, 809 (2008).
[2] Y. F. Gao, Z. L. Wang, *Nano Lett*. **7**, 2499 (2007).
[3] P. X. Gao, J. H. Song, J. Liu, Z. L. Wang, *Adv. Mater*. **19**, 67 (2007).
[4] Z. L. Wang, J. H. Song, *Science* **312**, 242 (2006).
[5] Z. T. Li, Z. L. Wang, *Adv. Mater*. 23, 84 (2011).
[6] J. Hong, J. Bae, Z. L. Wang, R. Snyder, *Nanotechnology* **20**, 085609 (2009).
[7] R. Yang, Y. Qin, L. Dai, Z. L. Wang. *Nat. Nanotechnol*. **4**, 34 (2009).
[8] A. M. Dart, B. A. Kingwell, *J. Am. Coll. Cardiol*. **37**, 0735 (2001).
[9] J. J. Shu, Y. Sun, *Complement. Ther. Med*. **15**, 190 (2007).
[10] A. Mahmud, J. Feely, *Hypertension* **41**, 183 (2003).
[11] M. F. ORourke, A. Pauca, X. J. Jiang, *Br. J. Clin. Pharmacol*. **51**, 507 (2001).

第10章　收集多种类型能量的复合电池

我们的生活环境中充满了各种形式的能量，如光能、热能、机械（例如振动、声波、风、水力）能、磁能、化学能、生物能。对于长久的能量需求和世界的可持续发展来说，收集这些能量都是非常重要的。多年来，已经发展出合理设计的材料和技术来把太阳能和机械能转化为电能。光伏技术依赖于无机pn结[1]、有机薄膜[2,3]、无机-有机异质结[4,5]等方法。机械能发电机的设计则主要是基于电磁感应和压电效应的原理[6,7]。这些已有的方法被发展成各种独立的技术和实体，它们的设计基于完全不同的物理原理和各异的工程方法，从而专业地收集一种特定形式的能量。太阳能电池只在光照充分的情况下工作，机械能发电机适合于机械运动/振动能量多的场合。不同时间、不同地点可能存在一种或者多种能量，为了有效、互补地利用这些能量，我们需要发展一种新颖的方法，利用集成的结构/材料来收集各种不同类型的能量。本章介绍我们开发的几种方法，它们可以同时收集太阳能、机械能和化学能。

在小尺度范围内，发展一种可以从周围环境中收集能量并用以驱动其运行的无线自驱动系统是非常重要的，对于传感、个人电子器件以及国防技术来说也是一个引人注目的研究方向。近来，能源技术领域的一个新趋势是使用单一的器件来收集多种形式的能量[8]。第一种多模式能量收集器件已经被成功地用于同时收集太阳能和机械能。最近，一种可以应用于体内环境中的复合电池被开发出来，它可以同时收集生物化学能和机械能[9]。这种多模式能量收集器在充分利用器件工作环境中的能量方面具有潜力。

10.1　收集太阳能和机械能的复合电池

基于纳米线复合电池的第一个原型是使用染料敏化太阳能电池[10,11]和压电纳米发电机[12]来同时收集太阳能和机械能。利用平整基底上生长的一致取向氧化锌纳米线阵列，就把染料敏化太阳能电池和压电纳米发电机集成在了一起。前者收集辐照在顶部的太阳能，后者收集周围环境中的超声波能量。两种能量收集方式可以同时工作，也可以单独工作，并且可以通过将其进行串并联来提高输出电压、电流以及功率。

在这部分，我们报道一种新颖的方法，把固态染料敏化太阳能电池和超声波驱动的纳米发电机集成为一个紧凑结构，从而同时收集太阳能和机械能。该结构的制备是基于垂直氧化锌纳米线阵列，同时引入固态电解质和金属镀层。在模拟的太阳光照下(100 mW/cm²),把纳米发电机的贡献计入后,最佳功率提高 6%。该研究为多模式能量收集方法发展成为实用的电源打下了基础。

10.1.1 结构设计

紧凑型复合电池(compacted hybrid cell,CHC)的设计是把纳米线阵列在两种电池中所扮演的角色整合在一起,使其同时发挥作为纳米发电机和染料敏化太阳能电池的作用[13]。电池的主体结构是相对放置的两片氧化锌纳米线阵列[图 10.1(a)],跟之前第 9 章所展示的纤维纳米发电机一样(见第 9 章)。染料敏化太阳能电池利用顶部纳米线阵列所提供的模板,它最后被镀上一层金属作为纳米发电机的电极,底部的纳米线阵列作为压电结构把机械能转化为电能。太阳光从上面照到电池上,在电池下面施加超声波。

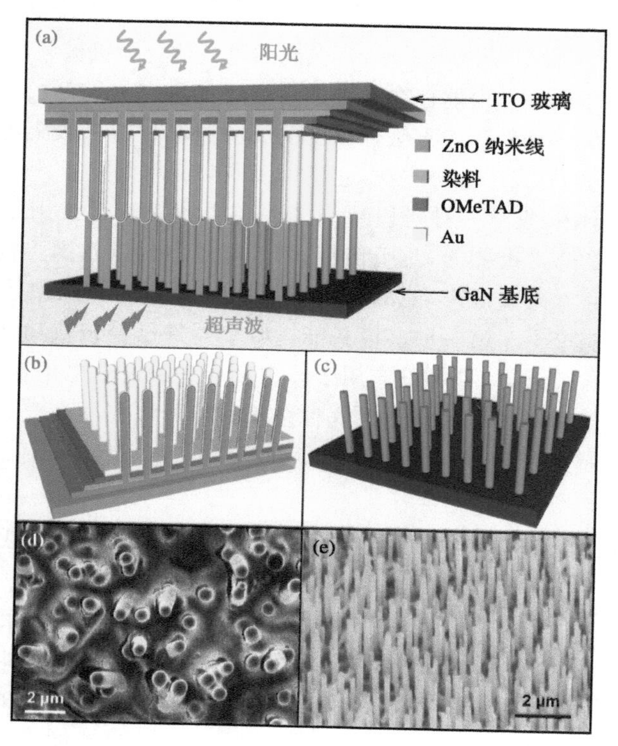

图 10.1 紧凑型复合电池(CHC)的结构设计,它由染料敏化太阳能电池(SC)和纳米发电机(NG)构成。(a) 复合电池示意图。阳光从电池上面照射,超声波从电池底部激发。染料敏化电池部分的 ITO 层和 GaN 基底分别定义为复合电池的阴极和阳极。(b) 固态染料敏化太阳能电池示意图。(c) 在 GaN 基底上垂直一致取向生长的氧化锌纳米线阵列结构示意图。(d) 染料敏化太阳能电池的扫描电镜顶视图。(e) 高温气相沉积法生长的用于纳米发电机的氧化锌纳米线阵列扫描电镜照片[14]

为了制备固态染料敏化太阳能电池，通过水热法在ITO玻璃基底(CB-40IN-0107，4～8 Ω，Delta Technologies，Ltd.)上生长垂直一致取向的氧化锌纳米线。首先，在超声下利用丙酮/乙醇/IPA/去离子水的标准清洗方法清洗基底，利用磁控溅射在基底上沉积一层200 nm厚的氧化锌薄膜。然后，把基底浮在由摩尔比为1∶1的$Zn(NO_3)_2$和HMTA浓度为5mmol/L的生长溶液表面，在80 ℃下生长24 h来合成氧化锌纳米线阵列。丙酮冲洗后，纳米线被浸在0.5 mmol/L的$(Bu_4N)_2Ru(dcbpyH)_2(NCS)_2$(N719 dye)乙醇溶液中1 h来负载染料。之后，在染料敏化的氧化锌纳米线上旋涂非晶有机空穴传输材料2,2′,7,7′-四[*N*,*N*-二(4-甲氧基苯基氨基]-9,9′-螺二芴(OMeTAD)，具体过程为：以2000 r/min的转速旋涂60 s，在100 ℃下烘烤以去除有机溶液。如图10.1(b)所示，纳米线变成了锥形。覆盖的60 nm厚连续金层使得纳米线形成了纳米发电机所需要的锥形电极。图10.1(d)为锥状形貌表面的SEM照片，锥之间相距1～2 μm。

制备纳米发电机时，为了获得相同的纳米线极性，使用高温气相沉积法在GaN (0001)面上生长氧化锌纳米线[图10.1(c)]。生长出的纳米线长2～3 μm，纳米线之间的间距在400～700 nm。把两片纳米线阵列插指状地面对面叠在一起，顶部镀金的锥形电极作为“锯齿”电极来机械激励位于底部的纳米线[图10.1(a)]。这就构成了超声波驱动的纳米发电机。

图10.2(a)显示了如何把染料敏化太阳能电池和纳米发电机串联组合成紧凑型复合电池。在这个结构中，ITO作为阴极，银浆与GaN连接在一起作为阳极。连出外接线后，用环氧树脂对除染料敏化太阳能电池窗口外的整个复合电池密闭封装，以防止任何的液体渗透。

10.1.2 工作机理

电子能带结构给出了紧凑型复合电池的工作机理[图10.2(b)]。通过两个器件中的压电势和光电势产生电子[8,13]。最大输出电压是染料敏化太阳能电池和纳米发电机中氧化锌纳米线的费米能级之差$E_{F,ZnO\text{-}SC}-E_{F,ZnO\text{-}NG}$。这是纳米发电机和染料敏化太阳能电池的输出电压之和。在纳米发电机部分，氧化锌纳米线和金的费米能级之差决定了纳米发电机的最大输出电压(V_{NG})。金的功函数4.8 eV大于氧化锌的电子亲和能(4.5 eV)，因此，金-氧化锌结形成肖特基接触，它就像一个“门”一样阻止电子的回流。当金电极像原子力显微镜的针尖一样缓慢推动纳米线时，沿纳米线的宽度方向就会产生应变场，纳米线外表面受到拉伸应变，内表面受到压缩应变。纳米线压缩面的压电势使得肖特基接触为正向偏置，驱动电子流经金-氧化锌的结。通过电荷传输过程，这些载流子继续流经固态电解质进入染料敏化太阳能电池。在染料敏化太阳能电池部分，最大输出电压取决于氧化锌费米能

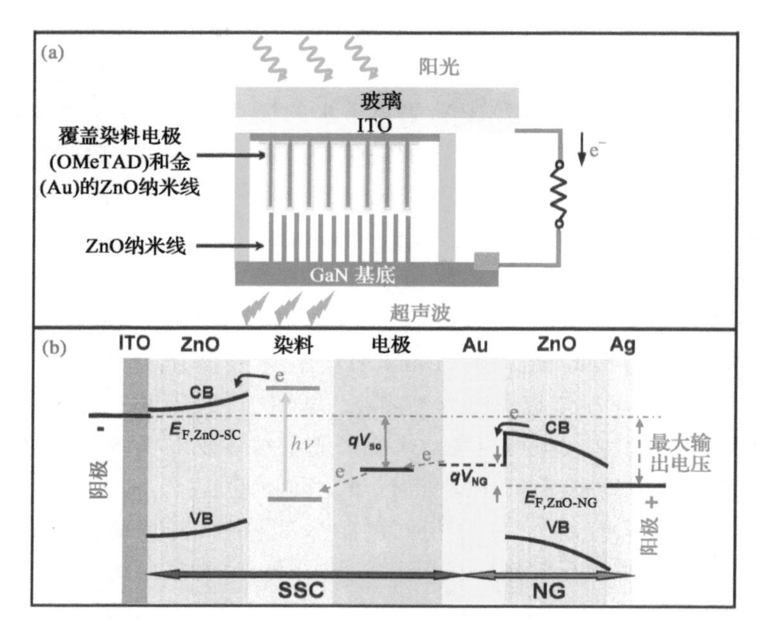

图 10.2　复合电池的设计和物理原理。(a) 复合电池示意图。(b) 复合电池的电子能带图,表明其最大输出电压是太阳能电池和纳米发电机所产生的输出电压之和。缩写及符号:CB 代表导带,VB 代表价带,E_F 代表费米能级[9,14]

级和电解质的电化学势之差。染料吸收的可见光能量把电子激发转移到氧化锌的导带。电子从激发的染料注入氧化锌后,紧接着从 OMeTAD 过来的电子使得染料再生。氧化锌导带中的电子和电解质中的空穴分离,并且随后传输到相连的电极。

10.1.3　输出表征

紧凑型复合电池的染料敏化太阳能电池和纳米发电机单元既可以独立工作,又可以联合工作。表征复合电池性能时,把它放在超声波发生器里的水面上,染料敏化太阳能电池的透明面朝上、面向太阳光源,纳米发电机直接与下面的水接触,水下安装频率约 41 kHz 的超声波发生器[图 10.1(a)]。分别记录复合电池、染料敏化电池和纳米发电机的 J-V 曲线。测量短路电流时,把复合电池与内阻为 50Ω 的 DS345 30MHz 合成函数发生器(Stanford Research Systems)串联在一起,发生器作为外部负载,扫描范围为 −1～1 V。使用 DL 1211 前置放大器(DL Instruments)来测量电流信号。所有信号的转换是通过 BNC-2120 数模转换器(National Instruments)来进行的,由计算机来记录数据。首先,在没有超声波的情况下,使用模拟太阳光照(AM 1.5G simulated sun light 300 W model 91160,Newport)来表征复合电池中染料敏化太阳能电池的性能。测得的开路电压(U_{OC}-SC)为 0.42 V,短路电流密度(J_{SC}-SC)为 0.25 mA/cm^2[图 10.3(a)]。染料敏化太阳能电池的填充因子为 30.6%,对应于大约 0.03%的能量转化效率,这相当于氧化锌基固态染料敏化太阳能电池的能量转化效率。

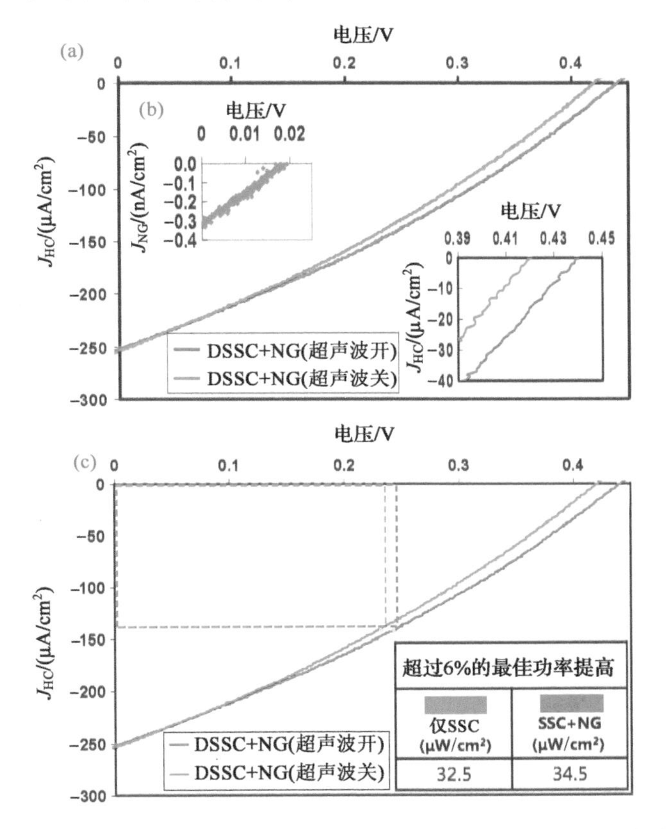

图 10.3　复合电池的性能。(a) 在有(红色曲线)、无(蓝色曲线)超声波激发情况下,复合电池受到模拟光照时的 *J*-*V* 特性对比。插图为开路电压 U_{OC} 在与坐标轴交点处的放大曲线,表明打开超声波后,U_{OC} 提高了约 19 mV。(b) 在无光照、只有超声波激发时纳米发电机的 *J*-*V* 特性曲线。(c) 复合电池 *J*-*V* 输出特性对比。矩形区域是复合电池的最佳功率输出范围

测量纳米发电机的性能时,在没有光照的情况下,通过介质水来引入超声波。此时,*J*-*V* 曲线表明纳米发电机的开路电压 U_{OC}-NG 为 0.019 V,短路电流 I_{NG} 为 0.3 nA/cm^2[图 10.3(b)]。开关太阳光时记录纳米发电机的 *J*-*V* 曲线[图 10.4(a)],开路电压没有变化,这说明只表征纳米发电机时,太阳能电池对其性能没有

影响。而且，在不施加超声波时，纳米发电机在黑暗情况下的 *I-V* 曲线在近零点区域。如图 10.4(b)所示，曲线在右侧穿过零点。测量结果表明，染料敏化太阳能电池和纳米发电机都可以在只有一种能源时独立工作。有目的地选择染料敏化太阳能电池是因为它的输出与纳米发电机的输出相近。但是，可以通过使用氧化钛基的固态染料敏化太阳能电池来大幅度提高电池的输出。

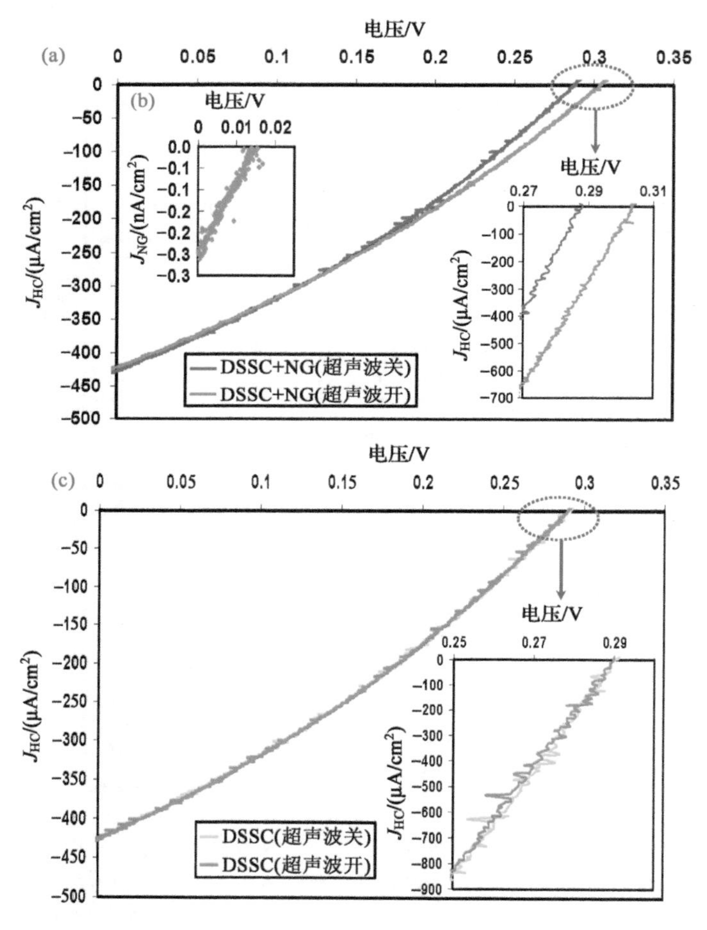

图 10.4 复合电池的可调控性能。(a) 在模拟阳光照射到上表面，超声波分别开(红色曲线)、关(蓝色曲线)时，另外一个复合电池的 *J-V* 特性。(b) 当无阳光照射，只打开超声波时，纳米发电机部分的 *J-V* 特性曲线。(c) 当测量电路中不包含纳米发电机部分，在开(绿色曲线)、关(橘色曲线)超声波情况下，使用一个模拟太阳光强照射时，太阳能电池的 *J-V* 特性曲线。插图是一个开路电压(U_{OC})点附近的放大曲线，表明打开超声波后，U_{OC} 无变化。U_{OC} 不受超声波的影响，这就简单地排除了纳米发电机电阻变化对太阳能电池性能的影响

为了展示复合电池同时收集太阳能和机械能的技术可行性，我们测量了电池在不同情况下的 J-V 曲线。当打开太阳光源、关闭超声波时，复合电池给出 0.415 V的开路电压 U_{OC} 和 252 $\mu A/cm^2$ 的短路电流 J_{SC}[图 10.3(a)中蓝色曲线]。当超声波和光源都打开后，开路电压 U_{OC} 达到 0.433 V，而短路电流 J_{SC} 保持在 252 $\mu A/cm^2$[图 10.3(a)中红色曲线]。如图 10.3(a)右侧插图中 U_{OC} 的放大曲线所示，开关超声波时，复合电池的输出电压相差 19 mV，这正好是太阳光关闭时纳米发电机的输出电压[图 10.3(b)]。

为了进一步确认提高的开路电压确来自于纳米发电机，我们测量了另外一组 J-V 曲线，测量电路中不包括纳米发电机单元，只连接太阳能电池的正负极。复合电池的性能如图 10.4(a)中 J-V 曲线所示，图 10.4(b)显示了纳米发电机的性能。开关超声波情况下，表现出几乎相同的 J-V 曲线[图 10.4(c)]。尤其是 U_{OC}-SC 保持在相同点，如图 10.4(c)中放大插图的 U_{OC} 曲线所示。

为了更直观地从 J-V 曲线看出最佳输出功率，我们计算了电流密度和电压的乘积。矩形区域代表最佳输出功率密度。通过比较面积之差，可以看出复合电池的能量收集性能优于任何一种能量收集组成单元(染料敏化太阳能电池或者纳米发电机)的性能。当只有太阳能电池部分工作，并且使用一个太阳光强度照射时，复合电池的最佳输出功率密度为 32.5 $\mu W/cm^2$[图 10.3(c)蓝色矩形]，此时的短路电流为 $J_{SC}=140\ \mu A/cm^2$、开路电压为 $U_{OC}=0.231$ V。当太阳能电池和纳米发电机串联在一块同时工作时，相应的输出功率密度为 34.5 $\mu W/cm^2$[图 10.3(c)红色矩形]，此时的短路电流为 $J_{SC}=141\ \mu A/cm^2$，开路电压为 $U_{OC}=0.243$ V。打开超声波后，电池获得 2 $\mu W/cm^2$ 的功率提高(ΔP_{HC})，这相当于最佳功率提高超过 6%。因此，除了开路电压，复合电池成功地把太阳能电池和纳米发电机的输出功率叠加了起来。

10.2　同时收集生物机械能和生物化学能的复合电池

纳米器件的尺寸小，功率消耗低，因此，从周围环境中收集的能量应该足以驱动纳米器件定期地运转。例如，用于糖尿病管理中需要无线传递的局部葡萄糖浓度信息、手术后感染监控中的局部温度、中枢神经系统或血栓病中显示液体流动受阻情况的压力差的可植入器件，可以预言，可植入的能源系统在以上这些例子中都具有潜在的应用价值。可以从人体内同时收集多种能量(包括机械能和生物化学能)来驱动上述器件，通过这种方式可以优化甚至取代电池。不过，使用能量收集/俘获技术来驱动植入式生物传感器件是一个很大的挑战，因为适合的体内能量只有机械能、生物化学能，以及可能存在电磁能；体内不能收集热能，原因是缺少足够的温差，另外，太阳能对于植入体内的器件也不适合。

本节中，我们提出一个可能适合体内应用的复合能量收集器件。该器件由压电聚偏氟乙烯(PVDF)纳米纤维纳米发电机和柔性的酶生物燃料电池构成，纳米发电机用来收集诸如呼吸、心跳等机械能，燃料电池用来收集体液中的生物化学(葡萄糖/氧气)能，这样利用纳米发电机和燃料电池就可以收集体内存在的这两种能量。这两种能量收集方法可以同时工作，也可以独立工作，从而增加输出和使用寿命。使用复合电池，我们演示一种“自驱动”纳米系统来驱动氧化锌纳米线紫外光传感器。

10.2.1　基于 PVDF 纳米发电机

通过在聚合物基底上水平封装氧化锌纳米线，我们组第一次演示了基于氧化锌的交流纳米发电机。基于类似的机理和设计，近来报道了一种基于 PVDF 纳米纤维的纳米发电机[14]。在我们的复合电池设计中，PVDF 纳米纤维作为机械能收集部分。Cheng 等人使用近场电纺来合成单根 PVDF 纳米纤维，在他们的方法中，用于纺出纳米纤维的高电场能使得电偶极子沿纳米纤维的长轴自然取向。我们使用传统的两电极技术来合成一致取向的纳米纤维阵列，然后施加一个面内极化过程[图 10.5(a)～(d)]。PVDF 粉(MW 534 000)购自 Sigma-Aldrich 公司，未经处理直接使用。把 1.5 g PVDF 溶解于 3 mL 二甲基甲酰胺(DMF，购自 VWR 公司)和 7 mL 丙酮(购自 VWR 公司)的混合溶液中，在 60 ℃下加热 30 min 使得溶液变均匀。把得到的透明黏性溶液转移到 1 mL 的 Hamilton 注射器中进行电

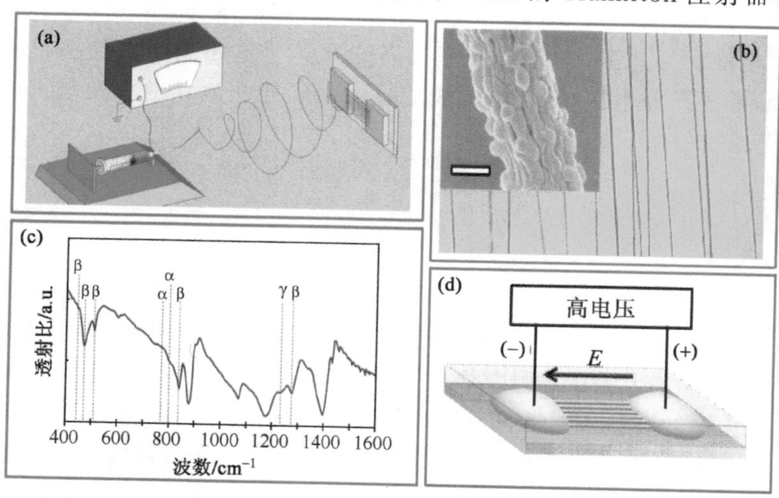

图 10.5　(a) 制备一致取向 PVDF 纳米纤维的电纺过程示意图。(b) Kapton 膜基底上的一致取向 PVDF 纳米纤维光学照片和纳米纤维表面形貌的高分辨扫描电镜照片(插图，标尺为 400 nm)。(c) PVDF 纳米纤维的傅里叶变换红外光谱。(d) PVDF 纳米纤维高场面内极化示意图

纺。电纺时使用 Chemyx Fusion 200 型注射泵和 Betran 直流高压电源，在注射器针头上施加 12 kV 的高压，注射泵推进速率为 50 μL/min。在距离针头15 cm、相互之间间距 2 cm 的两片接地铜片上收集电纺纤维，纤维沿着电极之间的间隙在静电作用下一致取向。

图 10.5(b)中插图给出的扫描电镜照片揭示了纳米纤维的表面织构形貌，这大概是小晶粒形成所造成的。用傅里叶变换红外光谱来表征 PVDF 纳米纤维的晶相。图 10.5(c)为刚电纺出的 PVDF 纳米纤维的傅里叶变换红外光谱。可以检索出极化的 β 相、非极化的 α 相和 γ 相所组成的混合相。可以用 PDMS 把纤维进行封装，然后使用高场(约 0.2 MV/cm)对其进行约 15 min 的面内极化，从而使得非极化 β 相的随机电偶极子一致取向[图 10.5(d)]。

PVDF 纳米发电机的工作原理是基于 PVDF 纳米纤维的绝缘性质和在外加拉伸应变下产生的内部压电场。当器件在交替的压缩和拉伸力作用下发生变形时[图 10.6(c)(d)]，纳米发电机的作用就像一个“电容”和“电荷泵”，它驱动电子在外电路中来回流动。这一充放电过程产生交流电。

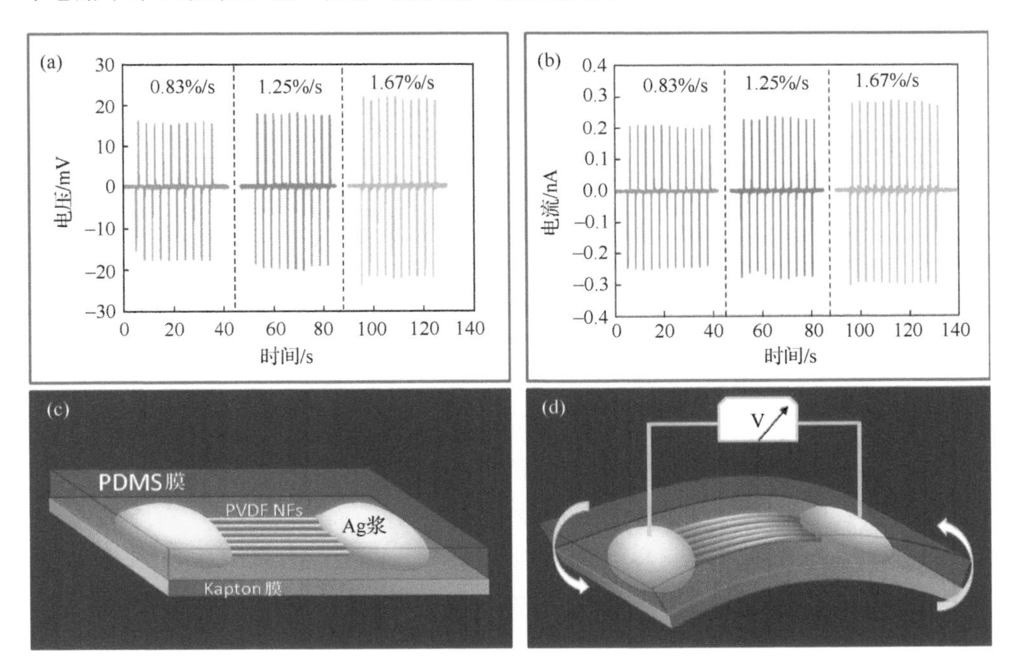

图 10.6 最大应变约为 0.05%时，PVDF 纳米发电机的输出开路电压(a)和短路电流(b)随应变速率的变化。(c) PVDF 纳米纤维躺在 Kapton 基底上，两端使用银浆固定，整个器件被 PDMS 封装。(d) 基底的机械弯曲使得纳米纤维产生拉伸应变，这使得沿纤维的长度方向产生压电场，该压电场驱动外部负载中的电子按照周期性的机械运动规律来回流动

制备纳米发电机时,使用一个 1 cm × 2 cm × 30 μm 大小的 Kapton(Dupont 公司)薄膜作为支撑基底。在薄膜上沉积两条 50 nm 厚的金电极,电极之间利用掩膜来保留 1 mm 的间隙。把电纺的纤维小心地转移到金电极上,然后使用银浆(Ted Pella 公司)将其固定在金电极上。之后在器件上沉积 0.5 mm 厚的 PDMS,其目的是介电保护和增加生物相容性。最后把器件浸在石蜡油中,两个电极之间施加 20 kV 的电压进行极化 15 min。极化后,把电极连接短路超过 12 h。

PVDF 纳米发电机在周期性机械负载下,应变速率对开路电压和短路电流的影响在图 10.6(a)和(b)中给出。把应变固定在约 0.05%,施加应变的时间分别为 0.06 s、0.04 s 和 0.03 s。通过在这一应变变化范围提高应变速率,开路电压可以从 15 mV 提高到 20 mV,短路电流从 0.2 nA 提高到 0.3 nA,这与压电理论是一致的。输出电压由单个纳米线所决定,而输出电流则来源于所有起作用的纳米线。如果想进一步提高 PVDF 纳米发电机的输出,可以用具有更高击穿电压的材料来取代 PDMS,从而可以施加更大的极化电场来获得更大的剩余极化强度。此外,可以把几百个纳米纤维集成在一起,通过进一步的串并联来提高输出功率。

10.2.2 利用生物燃料电池来收集生物化学能

使用酶生物燃料电池把生物液中葡萄糖和氧气的化学能转化为电能[15]。图 10.7(c)为本研究中生物燃料电池的结构。在 Kapton 膜上沉积电极图案并涂上多壁碳纳米管,然后分别固定葡萄糖氧化酶(GOx)和漆酶以分别形成阳极和阴极。除了在电极上固定酶之外,碳纳米管还帮助促进酶和电极之间的电子传输[16-18]。图 10.7(d)为生物燃料电池的工作原理。当电池与含葡萄糖的生物液(如血液)接触后,在两个电极上发生的相应化学过程是[19]:在阳极部分葡萄糖被电氧化成葡萄糖酸:葡萄糖$\xrightarrow{\text{GOx}}$葡萄糖酸$+2H^{+}+2e^{-}$,并且在阴极处溶解的氧气被电还原为水:

$$\frac{1}{2}O_2 + 2H^{+} + 2e^{-} \xrightarrow{\text{漆酶}} H_2O$$

葡萄糖氧化酶[GOx,取自黑曲霉(*Aspergillus niger*),X-S 型]和漆酶粉[取自云芝(*Trametes versicolor*)]均购自 Sigma-Aldrich 公司,多壁碳纳米管(直径 3~9 nm,纯度>95%)购自 Hanhwa Nanotech 公司,磷酸盐缓冲液(PBS,pH 7.0)购自 Fluka 公司。所有药品均未经处理直接使用。把碳纳米管溶于乙醇中超声 1 h以形成2 g/L的纳米管悬浮液。使用磷酸盐缓冲液配制 4 g/L 的葡萄糖氧化酶溶液和4 g/L的漆酶溶液。依据之前所述方法在 Kapton 膜上制备金电极后,使用去离子水对其进行冲洗。在两个电极上沉积 2 μL 的碳纳米管溶液,并且晾干后用去离子水进行冲洗。随后在一个 CNT/Au 电极上沉积 2 μL 的葡萄糖氧化酶以形成阳极,在另外一个电极上沉积 2 μL 漆酶溶液形成阴极。整个器件使用前在 4 ℃

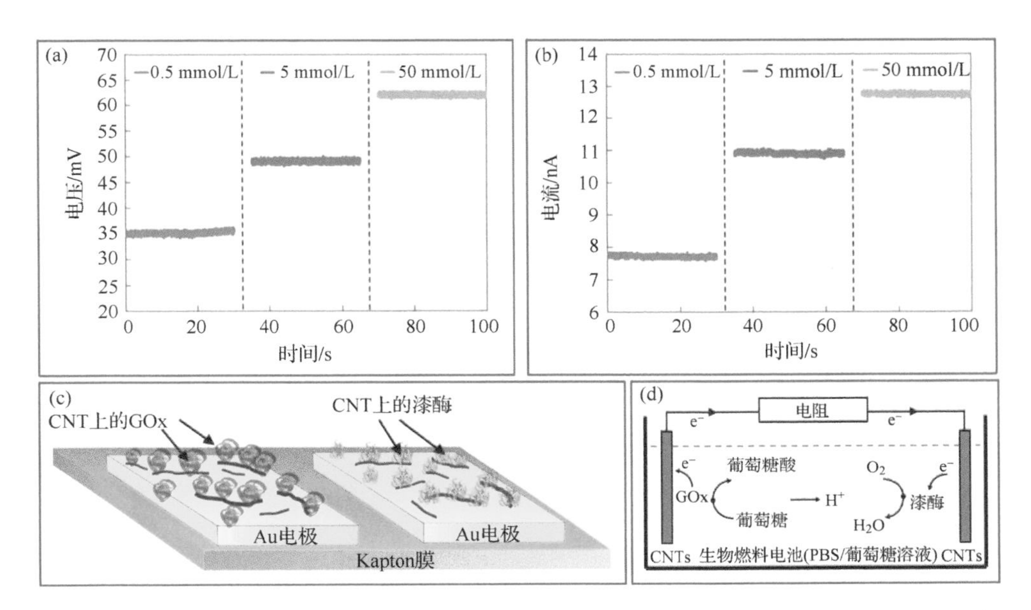

图 10.7　生物燃料电池的开路电压(a)和短路电流(b)随磷酸盐缓冲液中葡萄糖浓度的变化曲线。(c) 制备生物燃料电池的示意图。(d) 生物燃料电池工作机理的简单示意图

下放置至少 4 h。器件使用前,要用纯的磷酸盐缓冲液对电极进行冲洗。

生物燃料电池工作在磷酸盐缓冲液(PBS,pH 7.0)中,葡萄糖浓度分别为 0.5 mmol/L、5 mmol/L 和 50 mmol/L 时,电池的开路电压和短路电流如图 10.7(a)和(b)所示。电流和电压均随着葡萄糖浓度的提高而增加。人类血液的葡萄糖浓度在 4～6 mmol/L 之间波动,相应的 pH 值为 7.35～7.45。在浓度为 5 mmol/L 时,开路电压为 50 mV,短路电流为 11 nA。燃料电池的功率密度与负载匹配有关,实验发现在载荷约 10 MΩ 时功率密度最大,达到 2.2 nW/cm^2,此时电流密度为 58 nA/cm^2。

根据热力学,对基于葡萄糖氧化酶/漆酶的生物燃料电池来说,其可获得的最大理论电压约为 1 V 。为了获得这一电压,各种因素都得到优化,但是最重要的因素是酶表面相互作用。通过交联或者"接枝"把氧化还原酶固定在氧化还原凝胶上,将来可以进一步优化生物燃料电池的输出。而且,还可以把多个生物燃料电池集成在一起来增加功率输出。

10.2.3　复合型生物化学和生物机械纳米发电机

图 10.8(a)～(c)描述了独立、集成工作的 PVDF 纳米发电机(NG)、生物燃料电池(BFC)以及复合型 BFC-NG 电池[20]。为了把 PVDF 纳米发电机的交流电压和燃料电池的直流电压集成起来,使用简单的 RC 高通滤波器[图 10.8(b)]在一

个方向有效地阻止燃料电池的直流电压，只通过纳米发电机的交流电压。通过两个器件的集成，峰值电压几乎可以获得双倍提高，从 50 mV 增加到 95 mV。而且，PDMS 封装的 PVDF 纳米发电机可以工作在生物液和体内环境中。此外，使用柔性的 Kapton 膜作为燃料电池的基底使得器件在原则上可以进行背对背地集成，如图 10.8(d)所示。特别需要着重指出的是，我们这里的目标不是把生物燃料电池的输出最大化，而是把它维持在一个合理的范围内，以便于清晰地展示燃料电池和纳米发电机的复合。

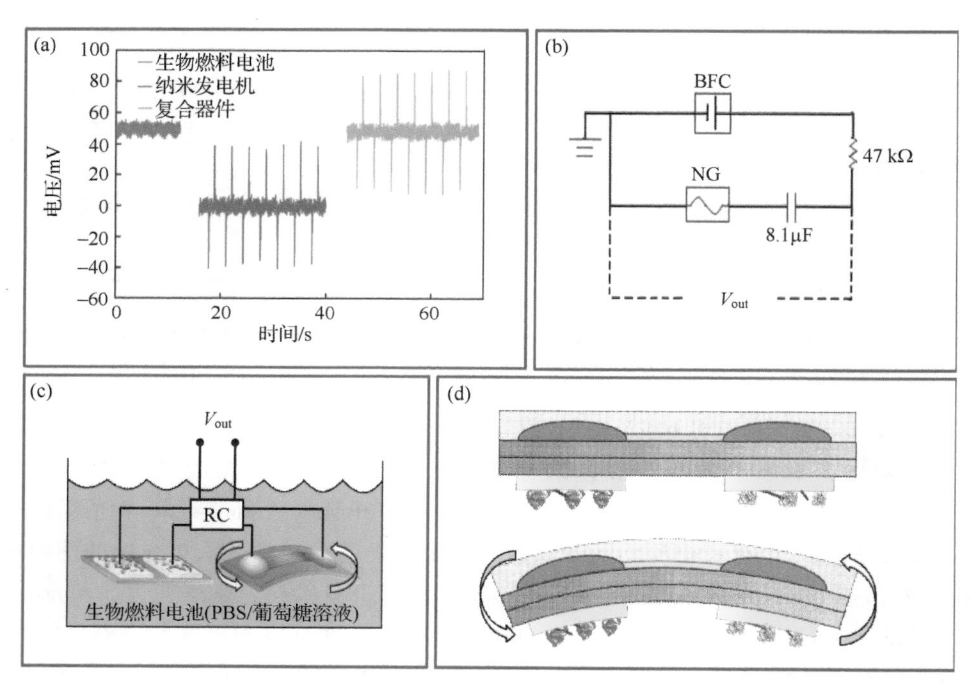

图 10.8 (a) 生物燃料电池(BFC)和 PVDF 纳米发电机(NG)独立工作和一起工作时的输出开路电压。(b) BFC-NG 复合器件的等效电路图。注意，考虑到纳米发电机的内阻，给电容器充电所需的时间要远大于纳米发电机所受应变的变化周期，因此，复合器件的输出电压是两个电池输出电压之和。(c) 复合器件集成的示意图。(d) BFC-NG 复合器件的原理设计

复合型纳米发电机的输出功率是生物燃料电池和纳米发电机的输出之和。燃料电池的输出电压是 V_{BFC}，交流纳米发电机的输出电压是 $\pm V_{NG}$。考虑到 PVDF 纳米纤维的电阻无限大，即使存在一个负载的情况下，纳米发电机部分的输出电压也是 $\pm V_{NG}$。而燃料电池的内阻非常低，这是因为其内阻由酶和碳纳米管电极的活化中心之间的电子传输所决定。在这种情况下，施加在外部负载 R 上的电压是 $V_{BFC} \pm V_{NG}$，产生的输出功率为 $(V_{BFC} \pm V_{NG})^2/R$。每一个机械运动周期中，平均峰

值输出功率为$[(V_{BFC}+V_{NG})^2/R+(V_{BFC}-V_{NG})^2/R]/2=(V_{BFC})^2/R+(V_{NG})^2/R$。而且，甚至可以发展方法来对交流纳米发电机进行整流以获得直流信号，也可以与直流生物燃料电池进行集成来提高直流输出。

10.2.4　利用复合型电池来驱动一个纳米传感器

复合型 BFC-NG 被用来驱动一个氧化锌纳米线紫外光传感器[图 10.9(b)]。当没有紫外光照时，氧化锌纳米线的电阻约为 7 MΩ，传感器上相应的电压降约为 5 mV，如图 10.9(a)所示。在紫外光照下，纳米线的电阻下降到约 800 kΩ，传感器上的分压减小到约 2.5 mV。这显示了可用于体内环境下的完全“自驱动”纳米系统的可行性。

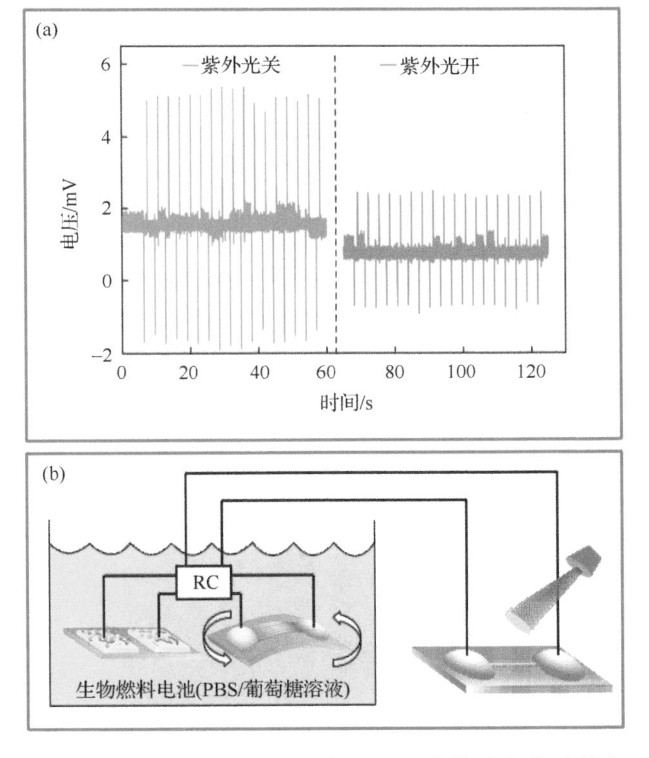

图 10.9　把 BFC-NG 复合器件和一个紫外纳米传感器集成在一起来演示一个“自驱动”纳米系统。(a) 紫外光关、开时，氧化锌纳米线紫外光传感器上的电压降。为了演示，只给出了稳定的信号。(b) 自驱动复合纳米系统示意图

参考文献

[1] W. G. Pfann, W. J. Van Roosbroeck, *Appl. Phys.* **25**, 1422 (1954).

[2] G. Yu, J. Gao, J. C. Hummelen, F. Wudl, A. J. Heeger, *Science* **270**, 1789 (1995).

[3] J. J. M. Halls, C. A. Walsh, N. C. Greenham, E. A. Marseglia, R. H. Friend, S. C. Moratti, A. B. Holmes, *Nature* **376**, 498 (1995).

[4] B. O'Regan, M. A. Grätzel, *Nature* **353**, 737 (1991).

[5] W. U. Huynh, J. J. Dittmer, A. P. Alivisatos, *Science* **295**, 2425 (2002).

[6] J. A. Paradiso, T. Starner, *IEEE Perv. Comp.* **4**, 18 (2005).

[7] Z. L. Wang, J. H. Song, *Science* **312**, 242 (2006).

[8] C. Xu, X. D. Wang, Z. L. Wang, *JACS* **131**, 5866 (2009).

[9] B. J. Hansen, Y. Liu, R. S. Yang, Z. L. Wang, *ACS Nano*, 2010, Online.

[10] B. Oregan, M. Gratzel, *Nature* **353**, 737 (1991).

[11] M. Law, L. E. Greene, J. C. Johnson, R. Saykally, P. D. Yang, *Nat. Mater.* **4**, 455 (2005).

[12] X. D. Wang, J. H. Song, J. Liu, Z. L. Wang, *Science* **316**, 102 (2007).

[13] C. Xu, Z. L. Wang, *Adv. Mater.* **23**, 873 (2011).

[14] C. Chang, V. H. Tran, J. Wang, Y. Fuh, L. Lin, *Nano Letters* **10**, 726 (2010).

[15] C. Pan, H. Wu, C. Wang, B. Wang, L. Zhang, Z. Cheng, P. Hu, W. Pan, Z. Zhou, X. Yang, J. Zhu, *Adv. Mat.* **20**, 1644 (2008).

[16] A. Guiseppi-Elie, C. Lei, R. H. Baughman, *Nanotechnology* **13**, 559 (2002).

[17] J. H. T. Luong, S. Hrapovic, D. Wang, F. Bensebaa, B. Simard, *Electroanalysis* **16**, 132 (2004).

[18] C. Cai, J. Chen, *Analytical Biochemistry* **332**, 75 (2004).

[19] A. Heller, *PCCP* **6**, 209 (2004).

[20] B. J. Hansen, Y. Liu, R. S. Yang, Z. L. Wang, *ACS Nano*, **4**, 3647 (2010).

第 11 章　自供能传感器与系统

当今纳米技术的发展趋势已经从发明单个的纳米元件过渡到研究集成的纳米系统，这种集成纳米系统可以通过现代微电子技术集成一组纳米器件来完成一种或者多种设计的功能。一般说来，一个集成纳米系统是各种组成单元的集合，包括传感器、换能器、数据处理器、控制单元以及通信系统。当器件的尺寸下降到纳米或者微米尺度范围时，其功率消耗也下降到一个更低的水平。以商用蓝牙耳机为例，其功率消耗只是在几微瓦（数据传输速率 500 kbits/s，功率消耗 10 nW/bit）。纳米器件的功率消耗甚至可以更小。在这么低的功率消耗水平，完全有可能通过收集周围环境中的各种能源（诸如微风、振动、声波、太阳能、化学能，或者/以及热能）来驱动这些纳米器件。

我们自 2005 年起开始研发这种“自驱动纳米技术”，目标是建立一种自驱动系统，它可以独立、持续并且无线地运行，无需使用外加电池[1,2]。自驱动系统在下列器件的独立、持续、无需维护运行中发挥着重要的作用：可植入生物传感器、偏远地区工作的移动环境传感器、纳米机器人、微机电系统，甚至便携式/可穿着个人电子器件[3]。我们生活环境中的机械能非常多但却不规律，具有各种频率（大部分处于低频）及不同强度、幅度，例如，气流、噪声、人类活动，这在很大程度上限制了那些工作在特定频率下的基于共振器的传统能量收集器。合理设计的能量收集方式使之能够耐受各种环境。利用氧化锌纳米线的压电效应可以满足这个目的。

11.1　自驱动系统的原理

集成的自驱动系统可以由图 11.1(a)简单地描述[4]。该系统中的电源包括能量收集和存储模块。能量收集模块从周围环境中收集某些种类的能量（太阳能、热能、机械能和/或化学能），并且把它们存储在能量存储器中，由此收集起来的能量可以用来驱动自驱动系统的其他部分。传感器探测环境中的变化，而数据处理器与控制器分析这些信息。然后，信号被数据发射器发出，并且同时响应被接收。在本章中，我们演示这样一个自驱动系统的原型件，它由以下部分组成：收集机械能的纳米发电机、低损耗全波桥式整流器、存储能量的电容器、红外光探测器以及一个无线数据传输器[图 11.1(b)]。该系统的成功运行是首次将纳米发电机应用于自驱动无线传感器网络的实例。

纳米发电机依赖于纳米线在一个微小外力下发生的动态应变所产生的压电

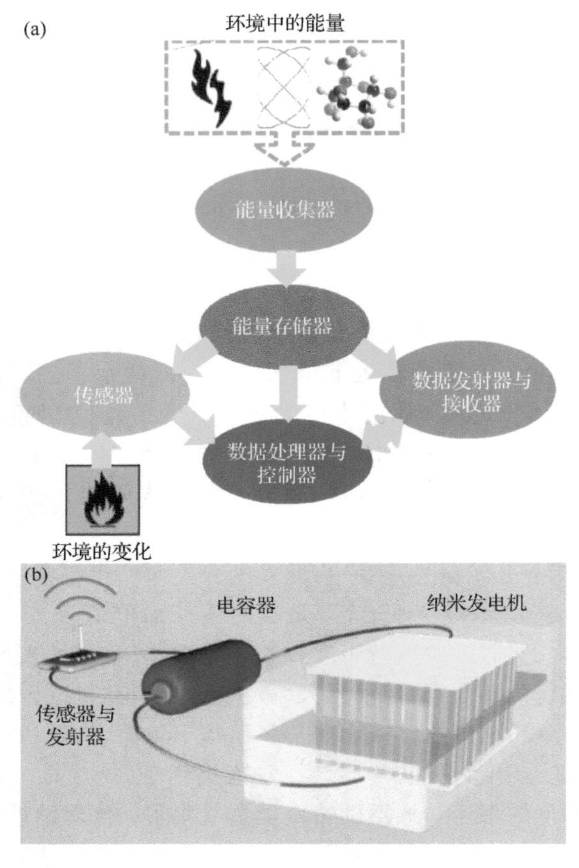

图 11.1　集成化自驱动系统示意图。(a) 一个集成系统分为五个模块：能量收集器、能量存储器、传感器、数据处理器与控制器、数据发射器与接收器。(b) 使用纳米发电机作为能量收集器的集成自驱动系统的原型

势，电子在压电势的驱动下在外部负载中瞬时流动以平衡两个接触点之间的费米能级是纳米发电机的基本原理。纳米发电机产生的电能可能不足以连续地驱动一个器件，但是它在一定时间内积累的电量足以驱动器件工作几秒钟。这非常适合于传感领域、基础设施监控以及传感器网络方面的应用。这些应用中的一个共同特点是系统包含大量的传感器，每一个传感器都需要独立地、无线地工作，但是它们又通过网络/互联网连接起来。每一个传感器不需要同时连续地工作，相反，它们可以有待机状态和工作状态的“闪烁”工作模式。一般情况下，待机模式时间长，工作模式时间短。待机模式时收集、存储的能量可以用于驱动传感器在工作模式下运行。这意味着传感器可以周期性地从工作环境中取样，然后利用几秒的时间

来传输数据。在待机模式时，我们可以利用纳米发电机来收集环境中的能量，并且把大部分能量存储起来。然后，在工作模式下，可以利用收集起来的电能来激发传感器，处理、传输数据。

11.2 纳米发电机的设计

集成系统中所用的纳米发电机是一个自由放置的悬臂梁，它由紧密堆积的氧化锌纳米线织构膜构成的五层结构[4]。如图 11.2(a)所示，使用一个弹性聚酯(PET)基底(Dura-Lar™，厚度 220 μm)来制备纳米发电机。首先，在基底上下表

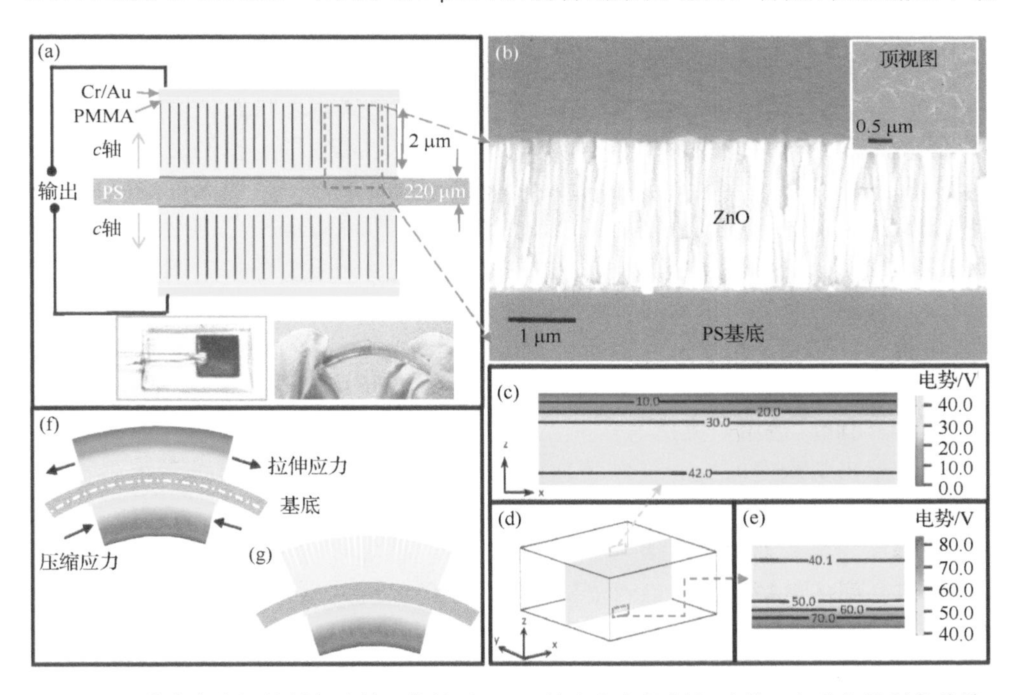

图 11.2 纳米发电机的制备及其工作机理。(a) 纳米发电机制备过程。右下方是制备的纳米发电机被封装后的照片。其弯曲显示了纳米发电机好的力学柔性。(b) 基底上刚生长的纳米线织构膜截面扫描电镜照片。插图为纳米线膜的顶视图。(d) 纳米发电机工作机理模拟模型。它是一个三层长方形盒子，包括柔性基底和上下表面的氧化锌膜。计算的上下电极间的局部电势分别在图(c)和(e)中给出。(f) 在氧化锌纳米线紧密堆积成一个致密膜(像一个连续介质)的情况下，设计结构中的压电势分布。基底中白色虚线表示应变为零的中性面。(g) 在氧化锌纳米线紧密堆积成一个致密膜、但线间可能存在小的间隙或线间滑移情况下，基底上拉伸侧的纳米线可能对输出电压无贡献，而在压缩侧的纳米线总是可以产生压电电压降

面大小为 1 cm × 1 cm 的矩形选定区域内先后沉积 5 nm 厚的铬附着层和 50 nm 厚的氧化锌种子层。沉积氧化锌种子层是为了通过湿化学法来生长致密的氧化锌纳米线。氧化锌纳米线致密排列织构膜的生长溶液为浓度均为 0.1 mol/L 的 $Zn(NO_3)_2 \cdot 6H_2O$和六亚甲基四胺(HMTA)溶液。把基底的上下表面依次朝下放置在生长溶液表面先后生长纳米线膜。由于表面张力,基底浮在溶液的表面。在一个机械对流的烘箱(型号 Yamato DKN400,Santa Clara,CA)中 95 ℃下放置 5 h来生长氧化锌纳米线。图 11.2(b)是基底上刚生长了氧化锌纳米线的扫描电镜照片。纳米线的直径约 150 nm,长度约 2 μm。从剖面图中我们可以看出氧化锌纳米线从基底垂直生长,堆积密度高,这些纳米线的底部通过氧化锌种子层连在一起。图 11.2(b)中的插图是刚生长氧化锌纳米线的顶视图。使用镊子刮擦纳米线的顶部表面来确认纳米线的顶部表面也是由纳米线紧密排列成的均匀致密薄膜。因此,整个氧化锌结构可以被看作是由两个平行氧化锌膜之间致密堆积的氧化锌纳米线阵列所组成的织构膜。依据生长机理,这些纳米线的 c 轴是它们的生长方向,如图 11.2(a)所示。然后,在基底的上下两个表面旋涂一薄层聚甲基丙烯酸甲酯(PMMA) (MicroChem 950k A11),旋涂速率为 3000 r/min,之后在中心矩形区域沉积一层 Cr/Au 作为纳米发电机的电极。最后,使用聚二甲基硅氧烷(PDMS)对整个器件进行封装来增加其机械牢固性和柔性。图 11.2(a)右下角为制备的纳米发电机器件照片。纳米发电机的有效工作尺寸为 1 cm×1 cm。在上下电极分别连出两根导线。必须指出的是,整个过程都是在相当低的温度(<100 ℃)下进行处理的,因此其适用于柔性电子学。

为了给出纳米发电机的工作机理,我们首先计算了纳米线膜的压电势分布。整个纳米发电机结构被看作一个具有共同基底的纳米线织构膜结构的悬臂梁。上下基底表面的膜分别具有单轴[0001]织构。我们计算当整个结构被弯曲时,结构上下电极之间的电势差。考虑到生长在基底上的氧化锌纳米线紧密堆积、上下端连在一起,把它们看作薄膜来使计算简化。如图 11.2(d)所示,器件由 500 μm × 500 μm × 224 μm 大小的长方形盒子表示。这是一个三层结构,包括聚合物基底(厚 220 μm)上下表面的两个单晶氧化锌薄膜(每个厚 2 μm),注意电极的厚度为 100 nm,在计算中忽略。计算中所用氧化锌的材料参数如下,聚合物基底的杨氏模量、泊松比和相对介电常数分别是:$E = 5$ GPa,$\nu=0.33$,$k=3.2$。所有计算均使用 COMSOL 程序包进行。在模型中,把器件结构当作悬臂梁,一端固定[图 11.2(d)中 $y=0$ 面],在另一端顶部[图 11.2(d)中 $y=500$ μm 面]边缘施加周期性的横向力。悬臂梁中应变分布不均匀。悬臂梁上沿着平行于基底的 y 轴方向[图 11.2(d)]的平均应变为 0.2%。为了表示纳米发电机中的金属电极,结构中的上下表面被当作等势面,底部表面接地。开路情况下,上下表面的总电荷必定为零。假定氧化锌薄膜为未掺杂的本征氧化锌。在氧化锌薄膜中存在很大的压电势变化。为了计算电势的可视化，给出了应变时纳米发电机上[图 11.2(c)]下[图 11.2(e)]电极之间的局部电势，同时给出了器件内部的压电势曲线[图 11.2(d)]。从我们的计算结果来看，两个电极之间存在 83.8 V 的感生电势差。这一电势差是电子在外部负载中瞬时流动的驱动力。

如果考虑到氧化锌膜是由致密堆积纳米线构成的这一事实，那么就存在两种模式。当纳米线被弯曲时，考虑到应变的中性面位于基底的中心，如图 11.2(f)白色虚线所示，基底拉伸面上的纳米线膜受到拉应力，而压缩面上的纳米线膜受到压应力。首先，如果纳米线之间结合强，形成一个固体膜，考虑到纳米线的生长方向沿 c 轴方向(氧化锌的极化方向)，垂直于纳米线的一个拉伸应力会导致沿 c 轴方向的压缩应变。因此，产生一个从纳米线底部到其顶部的压电电压降，如图 11.2(f)所示。同时，一个相应的压缩应力施加于基底底部表面的纳米线时，导致一个沿 c 轴方向的拉伸应变，因此，纳米线的顶部压电势要高于其底部压电势。所以，顶部和底部氧化锌膜的压电电压降具有相同的极性，可以被有效地叠加。这一压电势分布会在上下电极上引入电荷，结果产生输出电压。

其次，在纳米线之间的结合很弱，内部纳米线之间存在滑动/间隙时，在基底上表面受到拉伸应力时顶部的纳米线膜不会产生压电势。但是，考虑到纳米线被完全封装，可以相互之间存在挤压，在基底底面受到压缩应力时[图 11.2(g)]，底部纳米线膜可能仍会产生压电电压降，只不过存在一些衰减。因此，可以预期上下电极之间也存在电势降低，但是，同第一种情况相比，这个降低在数值上小于之前的一半。纳米线之间的实际结合情况应该是介于上述两种情况之间。此外，众所周知，刚制备出的氧化锌纳米线属于 n 型掺杂，这在很大程度上会屏蔽高电势一侧，但是不会影响到低电势一侧。因此，由于以上原因，观测到纳米发电机输出电压会略低于理论计算值。

11.3　使用超级电容器进行电荷存储

把纳米发电机和诸如超级电容器的能量存储器件集成起来，可以构成周期性驱动传感器件的原型电源[5]。在传感器待机时，纳米发电机发出的电能可以存储在超级电容器中。当传感器需要运行时，超级电容器/电容器中存储的能量将为传感器探测环境污染提供电源。为了达到这一目的，我们首先制备基于涂敷多壁碳纳米管的 ITO 电极和 PVA/H_3PO_4 电解质的超级电容器。使用直接喷涂法在 ITO 玻璃基底上制备均匀分散的多壁碳纳米管层[图 11.3(a)]。多壁碳纳米管涂敷的 ITO 玻璃基底作为超级电容器的工作电极和对电极，PVA/H_3PO_4 聚合物状溶液作为电解质。图 11.3(a)中右上角插图给出了此处制备的超级电容器结构示意图。使用恒电势/恒电流器(Princeton Applied Research VersaStat 3F)来研究电容器在电解质溶液中的电化学性能。图 11.3(b)所示的循环伏安曲线显示了我们的器件具有良好的电化学稳定性和电容性能。扫描范围在 0～250 mV,扫描速率为 100 mV/s。恒流充放电测量也被用来表征基于多壁碳纳米管超级电容器的电化学性能[图 11.3(c)]。为了存储纳米发电机所产生的电荷,把一个超级电容器和一个集成 10 层的纳米发电机连接到一个整流桥上[图 11.3(d)中插图]。纳米发电机所产生的交流输出被整流成直流信号,并且直接将这种直流信号存储在超级电容器中。

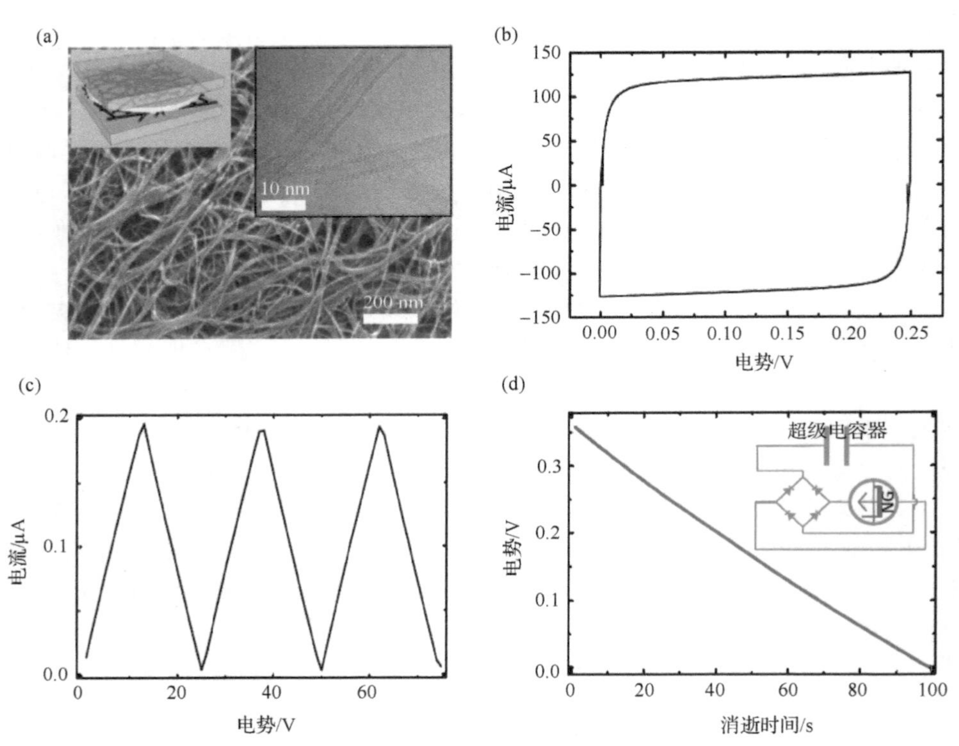

图 11.3　基于多壁碳纳米管的超级电容器和使用纳米发电机进行的能量存储实验。(a) 基于碳纳米管网络的超级电容器示意图和扫描电镜/透射电镜照片。(b) 制备的超级电容器的循环伏安曲线。扫描范围在 0～50 mV,扫描速率为 100 mV/s。(c) 超级电容器充放电曲线。(d) 超级电容器被集成 10 层的纳米发电机充电 1 h 后的放电曲线

11.4　自驱动光传感器与系统

为了证明无线数据传输的可能性,我们使用一个单晶体管射频(RF)发射器来发出探测到的电信号[4]。振荡频率调到约 90 MHz,一个商用便携式调幅/调频收

音机(CX-39,Coby)被用来接收发射信号。首先,我们只测试电路中的发射部分。当发射器被纳米发电机所收集存储的能量激发时,收音机接收到噪声信号。由于发射器的功耗低(<1 mW),纳米发电机在三个应变周期内所发出的电能被存储后足以使其发射信号。由于接收器质量所限,我们装置的最大传输距离超过 5 m。参见图 11.4。

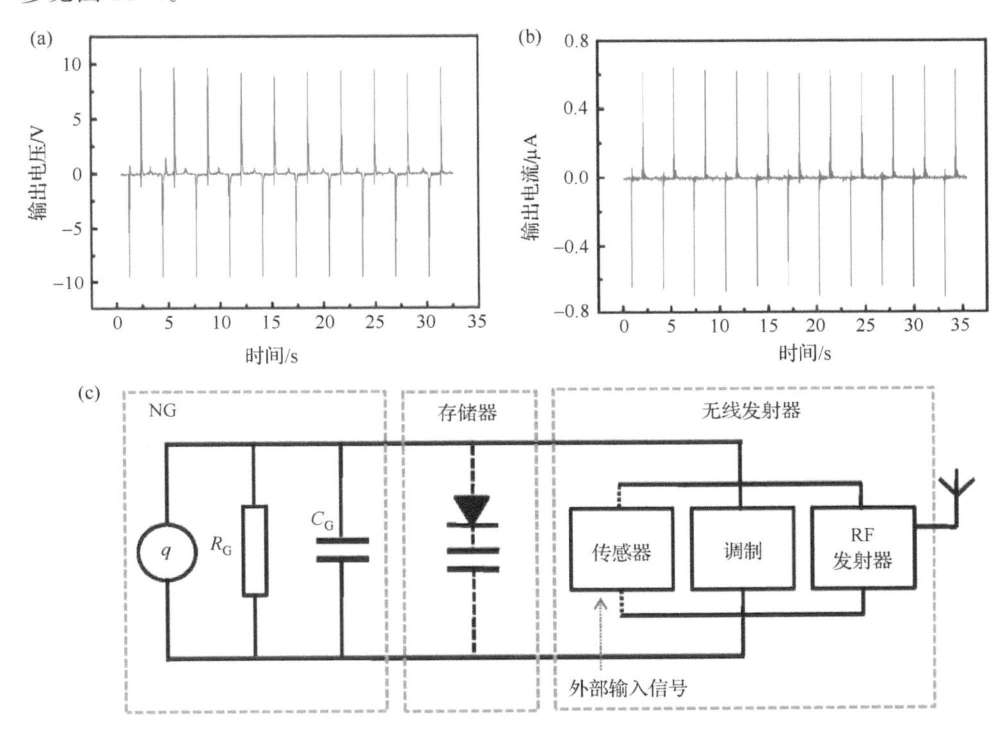

图 11.4　纳米发电机性能和一个集成系统的设计。一个典型纳米发电机的输出电压(a)和输出电流(b)。电压达到 10 V,电流超过 0.6 μA。(c) 所设计自驱动系统的示意图。在无线发射器部分,光敏三极管被用作传感器来探测发光二极管所发出的光。传感器所探测到的信号被一个三极管射频发射器发射出去

然后,将一个狭缝光开关(OPB 825,OPTEK Technology 公司)上的光敏晶体管作为光检测传感器加入到系统中,用它来演示自驱动系统可以独立、无线地工作。光开关由一个红外发光二极管和一个 npn 型硅的光敏三极管构成,它们被固定在一个黑色廉价塑料盒上,位于 4 mm 宽狭缝的相反两面。发光二极管被一个合成函数发射器(DS345,Stanford Research System)激发,它可以为二极管程控输出电压,使二极管作为一个外加输入光源照射光敏晶体管。电容器中存储的能量可以将光敏三极管所发生的光流信号周期性地发出。由于光敏三极管的功率消耗大(100 mW),这需要把 1000 个应变周期内纳米发电机[纳米发电机性能见图

11.5(a)]所产生的电能存储起来才能同时为光敏三极管和发射器供电(注意:驱动时间为20~25 ms)。每次被激发时,光敏三极管接收到的信号就会对发射信号进行调制,同时信息被收音机所接收,来自耳机的解调信号被记录。图11.5(b)为激发二极管的电压序列。每一个激发周期包括一个开(16 ms)/关(5 ms)/开(5 ms)/关(10 ms)状态序列。图11.5(c)是收音机解调后的信号。收音机的工作频率调整到非90 MHz的商用收音机信号频率。当光敏三极管和发射器被激发后,在背景噪声外可以探测到一个脉冲信号。如果我们把这个信号放大,可以发现同图11.5(c)相比,它含有与发光二极管激发电压序列相同的信息部分,如图11.5(d)所示。这说明无线数据发射已经可以由这种自驱动系统实现。

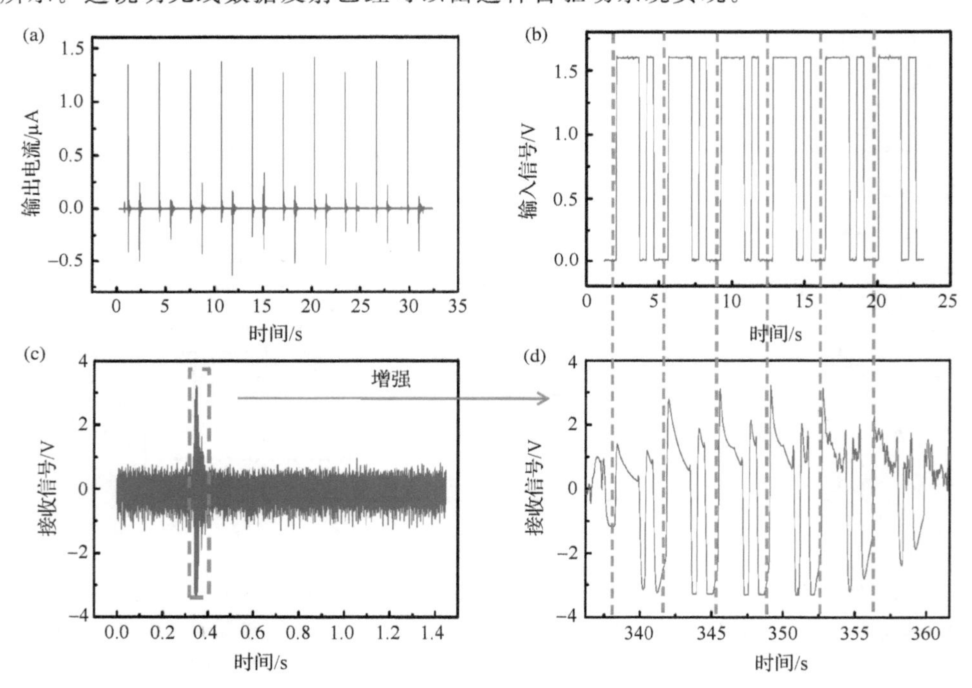

图11.5 无线数据传输。(a) 在我们无线数据传输中所用纳米发电机的性能。(b) 用于激发发光二极管的电压序列,它代表了输入信号的波形。(c) 从收音机耳机记录的信号,它是由我们的集成自驱动系统进行探测和传输的。(d) 图(c)中脉冲的放大图。它显示出与初始激发输入信号相同的波形。红色虚线表示图(b)和(d)中的相应时间序列

对于我们的纳米发电机来说,有三个因素对其输出功率至关重要,它们是:纳米线长度、基底厚度和纳米发电机形变量。从实际应用来看,根据纳米发电机工作环境中可收集的机械能形式,有两种模式来激发纳米发电机。在纳米发电机被固定应力(如空气流动)激发的情况下,计算结果表明两电极之间的压电势随纳米线长度的提高或基底厚度的降低而增加。当所受应变固定时,比如当纳米发电机被

桥所产生的振动驱动时,即激发源为刚性时,压电势的改变与上述情况相反。因此,通过调整两个相互竞争的因素,即基底厚度和纳米线阵列长度,可以根据环境中能量的特点来优化纳米发电机的能量收集效率,使其在特定工作环境中达到最佳。增加应变也可以明显地提高输出电压。而且,氧化锌是一种生物相容、环境友好的材料。纳米线膜可以在低温下(<100 ℃)在任何种类、任何形状的基底上生长。这些优点对其在柔性/可拉伸电子学和多种其他领域的工业应用来说至关重要。

11.5　自驱动环境传感系统

一个不仅无线、可移动、尺寸特别小,而且还可以自驱动、具有自维持特点的传感器系统是非常令人向往的。为了实现这样的系统,我们制备了一个自驱动环境传感器,它可以探测 Hg^{2+},并且通过发光二极管的亮度来指示离子浓度。基于单壁碳纳米管的场效应三极管和氧化锌纳米线阵列被分别用作 Hg^{2+} 传感器和能量收集部分。使用之前报道过的化学图案化方法在 4 in 大小的硅片上制备基于单壁碳纳米管网络的传感器阵列。图 11.6(a)为在 4 in 片上制备的传感器阵列光学照片。因为纳米管网络既包括金属型单壁碳纳米管又包括半导体型单壁碳纳米管,基于单壁碳纳米管网络的场效应三极管既可以以增强模式工作也可以以耗尽模式工作。制备传感器时,纳米管网络的密度相对较低[图 11.6(b)],原因是低密度网络倾向于以增强模式工作[23]。首先,为了表征 Hg^{2+} 的探测过程,我们监测了对应水滴中不同 Hg^{2+} 时传感器中源漏电极之间的电流。图 11.6(c)及其插图显示了水滴中 Hg^{2+} 浓度不同时,测得的传感器源漏电极之间电流和电阻。最初,当选择增强模式传感器时,可以观察到最小电流($<10^{-8}$ A)。当溶液中离子浓度达到约 10 nmol/L,即多数政府环保机构所规定的饮用水允许极限时,传感器电阻出现了明显的变化[图 11.6(c)中插图]。连续注入 Hg^{2+} 使得传感器电阻发生连续变化。这种传感器的工作机理是单壁碳纳米管($E^0_{SWNT}=0.5\sim0.8$ V *vs.* NHE)和 Hg^{2+} ($E^0_{Hg^{2+}}=0.8535$ V *vs.* NHE)之间的标准电势差。

把纳米发电机和 Hg^{2+} 传感器集成在一起,我们就可以建造一个自驱动环境传感器件。图 11.6(d)为器件电路图。发光二极管被附着在电路中作为 Hg^{2+} 探测的指示器。为了利用纳米发电机来获得环境污染的自驱动探测,电路被设计成了相互独立的两部分。在能量收集过程,图 11.6(d)中的 A 部分中,电路与纳米发电机和整流二极管桥连在一起,使得产生的电荷进入电容器(1000 μF,Nichicon)。经过足够的充电过程后,连接被转到图 11.6(d)所示的 B 部分,它可以检测 Hg^{2+} 并且根据水滴中污染物的浓度以一定亮度点亮发光二极管。作为原理展示,我们演示了一个完全由纳米发电机供电的环境传感电路,它可以在没有任何附加设备

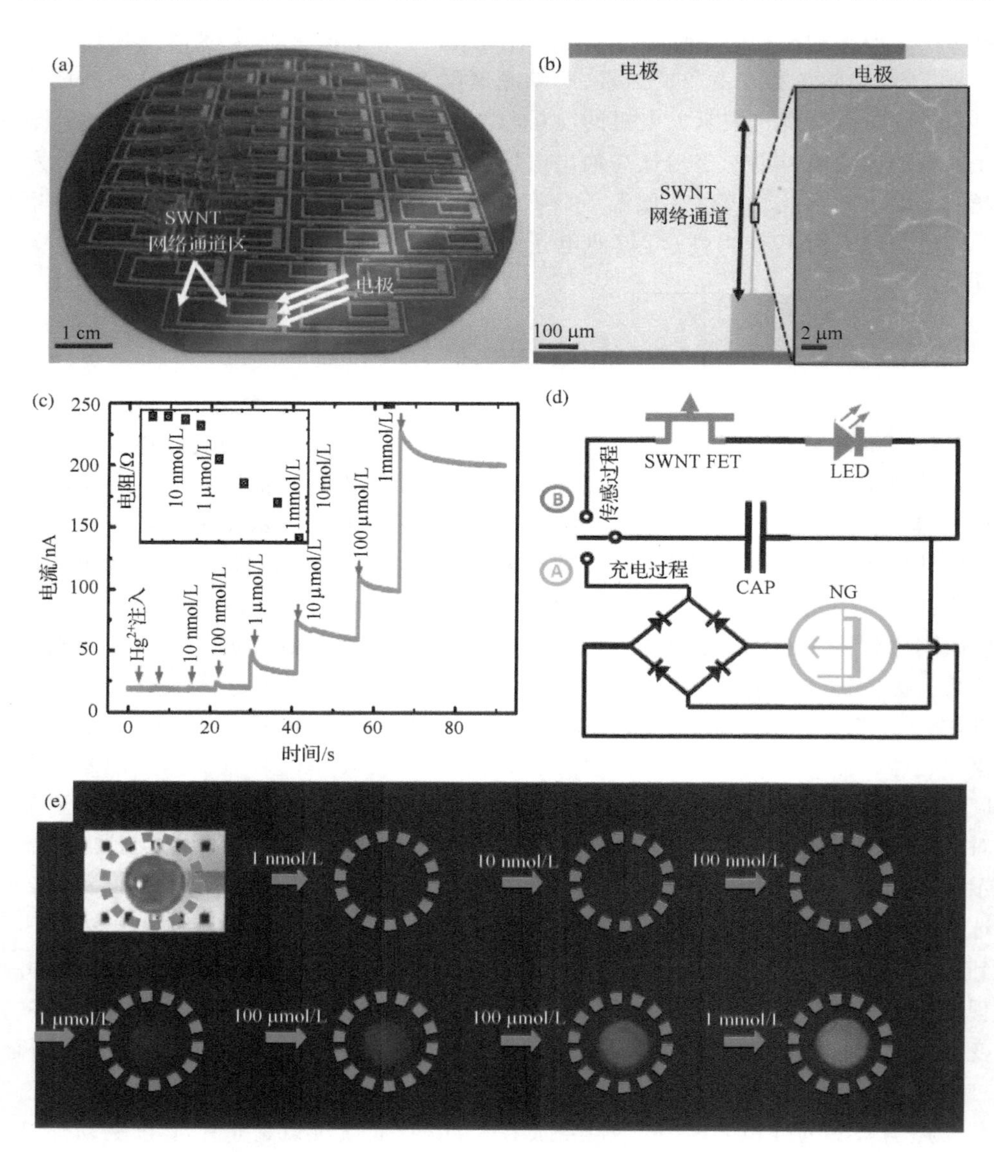

图 11.6 纳米发电机驱动的自驱动 Hg^{2+} 传感器特性。(a) 4 in 硅片上制备的传感器阵列光学照片。(b) 一个传感器中单壁碳纳米管网络的扫描电镜照片。(c) 制备的传感器在不同浓度 Hg^{2+} 水溶液中的传感特性。插图显示了随 Hg^{2+} 离子注入的电阻变化。(d) 电路图显示我们的自驱动传感器由纳米发电机、整流桥、电容器、Hg^{2+} 探测器和具有充电和传感过程选择开关的发光二极管组成。(e) 发光二极管的光学照片，其亮度随着探测器电阻的变化而变换，而电阻的变化取决于水溶液中 Hg^{2+} 浓度的变化。所有测量均使用纳米发电机所收集存储的电能

的情况下及时地给出我们检测结果。图11.6(e)为水滴中Hg^{2+}浓度不同时发光二极管被点亮的光学照片。在这个实验中，使用10层集成纳米发电机对6个电容器分别充电1 h(10 Hz，1.2 cm，Labworks公司)。充电后的电容被串联起来以提供足够高的电压(约3 V)，从而使得基于单壁碳纳米管场效应三极管的传感器和发光二极管一起运转。在我们的系统中没有外接电源。注入水滴中的Hg^{2+}浓度从1 nmol/L到1 mmol/L依次变化。为了观察在电容器所提供的恒定功率条件下发光二极管亮度变化，所有检测出过程在30 s内完成。为了把顺序检测过程中的功率消耗降到最小，观察从低浓度往高浓度依次进行。当水滴中离子浓度较低时，由于电路中相对高的电阻[图11.6(c)中插图和图11.6(d)]，在检测过程中只消耗了最低的电能(V^2/R)。如图11.6(e)中第三张照片之后所示，从离子浓度达到10 nmol/L后发光二极管开始出现明显亮度，之后直到1 mmol/L，二极管随离子浓度增加逐渐变亮。需要注意的是，在这个检测实验中只使用了纳米发电机所驱动的传感器电路，没有任何诸如电压放大器或电流放大器之类的辅助设备。而且，发光二极管可以被射频单元所取代，从而使得信号可以跨越长距离实现无线探测。将来，我们的系统可以作为独立、自驱动、自显示环境传感器的原型机。

总之，通过存储纳米发电机所产生的电能，我们演示了一个可以独立、无线工作的自驱动系统。该系统由纳米发电机、整流电路、储能电容器、传感器和射频数据发射器组成。系统发出的无线信号可以被5～10 m外的商用收音机探测。该研究证明了使用氧化锌纳米线纳米发电机来建造自驱动系统的可行性，该系统可以实现长距离数据传输，清楚地说明了它在无线生物传感、环境基础设施监控、传感器网络、个人电子器件和国防安全领域的潜在应用价值。

参考文献

[1] Z. L. Wang, J. Song, *Science* **312**, 242 (2006).

[2] Z. L. Wang, *Sci. Am.* **298**, 82 (2008).

[3] P. Glynne-Jones, N. M. White, *Sensor Review* **21**, 91 (2001).
E. Katz, A. F. Bückmann, I. Willner, *J. Am. Chem. Soc.* **123**, 10752 (2001).
M. Goldfarb, E. J. Barth, M. A. Gogola, J. A. Wehrmeyer, *Mechatronics*, *IEEE/ASME Transactions on* **8**, 254 (2003).
E. P. James, M. J. Tudor, S. P. Beeby, N. R. Harris, P. Glynne-Jones, J. N. Ross, N. M. White, *Sensors and Actuators A* **110**, 171 (2004).
S. P. Beeby, M. J. Tudor, N. M. White, *Measurement Science & Technology* **17**, R175 (2006).
D. Dondi, A. Bertacchini, D. Brunelli, L. Larcher, L. Benini, *Industrial Electronics*, *IEEE Transactions on* **55**, 2759 (2008).
T. H. Owen, S. Kestermann, R. Torah, S. P. Beeby, *Sensor Review* **29**, 38 (2009).

[4] Y. F. Hu, Y. Zhang, C. Xu, L. Lin, R. L. Snyder, Z. L. Wang, *Nano Letters*. **11**(6), 2572 (2011).

[5] M. B. Lee, J. H. Bae, J. H. Lee, C. S. Lee, S. H. Hong, Z. L. Wang, *Energy & Environmental Science*, DOI: 10.1039/c1ee01558c.

附录　王中林教授研究组2006～2011年间在纳米发电机和压电电子学领域发表的期刊论文

2011

[1] Joonho Bae, Young Jun Park, Minbaek Lee, Young Jin Choi, Churl Seung Lee, Jong Min Kim, Zhong Lin Wang* "Single-fibre-based hybridization of energy converters and storage units using graphene as electrodes", Adv. Mater.

[2] Minbaek Lee, Joonho Bae, Joohyung Lee, Churl-Seung Lee, Seunghun Hong, Zhong Lin Wang"Self-powered environmental sensor system driven by nanogenerators", Energy Environ. Sci.

[3] Wenzhuo Wu, Zhong Lin Wang "Piezotronic Nanowire-Based Resistive Switches As Programmable Electromechanical Memories", Nano Lett. , Online.

[4] Jinhui Song, Yan Zhang, Chen Xu, Wenzuo Wu, and Zhong Lin Wang"Polar Charges Induced Electric Hysteresis of ZnO Nano/Microwire for Fast Data Storage" Nano Lett.

[5] Youfan Hu, Yan Zhang, Chen Xu, Long Lin, Robert L. Snyder, Zhong Lin Wang"Self-Powered System with Wireless Data Transmission", Nano Lett.

[6] Yan Zhang, Ying Liu, Z. L. Wang* "Fundamental Theory of Piezotronics", Adv. Mater.

[7] Longyan Yuan, Yuting Tao, Jian Chen, Junjie Dai, Ting Song, Mingyue Ruan, Zongwei Ma, Li Gong, Kang Liu, Xianghui Zhang, Xuejiao Hu, Jun Zhou*, Zhong Lin Wang* "Carbon Nanoparticles on Carbon Fabric as Flexible Higher Performance Field Emitters", Adv. Func. Materials.

[8] AifangYu, Hongyu Li, Haoying Tang, Tengjiao Liu, Peng Jiang, Zhong Lin Wang "Vertically Integrated Nanogenerator Based on ZnO Nanowire Arrays", P hys. Status Solidi RRL 5 (2011) 162-164.

[9] Chen Xu, Zhong Lin Wang* "Compacted hybrid cell made by nanowire convoluted structure for harvesting solar and mechanical energies", Adv. Mater. 23 (2011) 873-877.

[10] Joonho Bae, Min Kyu Song, Young Jun Park, Jong Min Kim*, Meilin Liu, Zhong Lin Wang* "Fiber supercapacitors made of nanowire-fiber hybrid structure for wearable/stretchableenergy storage", Angew. Chem. 123 (2011) 1721-1725.

[11] M. Riaz, J. H. Song, O. Nur, Z. L. Wang, M. Willander* "Experimental and finite element method calculation of piezoelectric power generation from ZnO nanowire arrays grown on different substrates using high and low temperature methods", Adv. Functional Materials. 21 (2011) 623-628.

[12] Zetang Li, Zhong Lin Wang* "Air/liquid pressure and heartbeat driven flexible fiber nano-

generators as micro-nano-power source or diagnostic sensors", Adv. Mater. 23, (2011) 84-89.

2010

[13] Caofeng Pan, Ying Fang, Ahamd Mashkoor, Zhixiang Luo, Jianbo Xie, Lihua Wu, Zhong Lin Wang, Jing Zhu* "Generating Electricity from Biofluid with a Nanowire-Based Biofuel Cell for Self-Powered Nanodevices", Adv. Materials. 22 (2010) 5388-5392.

[14] Kwi-Il Park, Sheng Xu, Ying Liu, Geon Tae Hwang, Suk-Joong L. Kang, Zhong Lin Wang, Keon Jae Lee* "Piezoelectric $BaTiO_3$ Thin Film Nanogenerator on Plastic Substrates", Nano Letts., 10 (2010) 4939-4943.

[15] Youfan Hu, Yan Zhang, Chen Xu, Guang Zhu, Zhong Lin Wang* "High output nanogenerator by rational unipolar-assembly of conical-nanowires and its application for driving a small liquid crystal display", Nano Letters, 10 (2010) 5025-5031.

[16] Sheng Xu, Benjamin J. Hansen, Zhong Lin Wang* "Piezoelectric-Nanowire Enabled Power Source for Driving Wireless Microelectronics", Nature Communications, vol. 1 Article Number: 93 (2010).

[17] Zhong Lin Wang* "Piezopotential Gated Nanowire Devices: Piezotronics and Piezo-phototronics", Nano Today, 5 (2010) 540-552.

[18] Zhong Lin Wang "Toward Self-Powered Sensor Network", Nano Today, 5 (2010) 512-514.

[19] Min-Teng Chen, Ming-Pei Lu, Yi-Jen Wu, Chung-Yang Lee, Ming-Yen Lu, Yu-Cheng Chang, Li-Jen Chou, Zhong Lin Wang, Lih-Juann Chen* "Electroluminescence from In-situ Doped p-n Homojuncitoned ZnO Nanowire Array", Nano Letters, 10 (2010) 4387-4393.

[20] Zhong Lin Wang*, Rusen Yang, Jun Zhou, Yong Qin, Chen Xu, Youfan Hu, Sheng Xu "Lateral nanowire/nanobelt based nanogenerators, piezotronics and piezo-phototronics", Mater. Sci. and Engi. Reports. R70 (No. 3-6) (2010) 320-329.

[21] Wenzhuo Wu#, Yaguang Wei#, Zhong Lin Wang* "Strain-gated piezotronic logic nanodevices", Adv. Materials, 22 (2010) 4711-4715.

[22] Qing Yang, Xin Guo, Wenhui Wang, Yan Zhang, Sheng Xu, Der Hsien Lien, Zhong Lin Wang* "Enhancing sensitivity of a single ZnO micro/nanowire photodetector by piezo-phototronic effect", ACS Nano, 4 (2010) 6285-6291.

[23] 王中林 "微纳系统中的可持续自供型电源-能源研究中的新兴领域",《科学通报》, 55 (2010) 2472-2475.

[24] Chi-Te Huang, Jinhui Song, Chung-Min Tsai, Wei-Fan Lee, Der-Hsien Lien, Zhiyuan Gao, Yue Hao, Lih-Juann Chen*, Zhong Lin Wang* "Single-InN-nanowire nanogenerator with up to 1 V output voltage", Adv. Mater., 36 (2010) 4008-4013.

[25] 王中林 "压电电子学和压电光电子学",《物理》, 39 (2010) 556-557.

[26] Jinhui Song†, Huizhi Xie†, Wenzhuo Wu, V. Roshan Joseph, C. F. Jeff Wu*, Zhong Lin Wang* "Robust Optimizing of the Output Voltage of Nanogenerators by Statistical Experimental Design", Nano Research, Nano Res. 3 (2010) 613-619.

[27] Minbaek Lee, Rusen Yang, Cheng Li, Zhong Lin Wang* "Nanowire-quantum dot hybridized cell for harvesting sound and solar energies", J. Phys. Chem. Letts., 1 (2010) 2929-2935.

[28] Yaguang Wei#, Wenzhuo Wu#, Rui Guo, Dajun Yuan, Suman Das*, Zhong Lin Wang* "Wafer-scale high-throughput ordered growth of vertically aligned ZnO nanowire arrays", Nano Letters, 10 (2010) 3414-3419.

[29] Jingbin Han, Fengru Fan, Chen Xu, Shisheng Lin, Min Wei, Xue Duan, Zhong Lin Wang* "ZnO nanotube-based dye-sensitized solar cell and its application in self-powered devices", Nanotechnology, 21 (2010) 405203.

[30] Weihua Liu, Minbaek Lee, Lei Ding, Jie Liu, Zhong Lin Wang* "Piezopotential Gated Nanowire-Nanotube-Hybrid Field-Effect-Transistor", Nano Letters, 10 (2010) 3084-3089.

[31] Guang Zhu, Rusen Yang, Sihong Wang, Zhong Lin Wang* "Flexible high-output nanogenerator based on lateral ZnO nanowire array", Nano Letters, 10 (2010) 3151-3155.

[32] Yan Zhang, Youfan Hu, Shu Xiang, Zhong Lin Wang[a)] "Effects of Piezopotential Spatial Distribution on Local Contact Dictated Transport Property of ZnO Micro/Nanowires", Appl. Phys. Letts., 97 (2010) 033509.

[33] Benjamin J. Hansen†, Ying Liu†, Rusen Yang, Zhong Lin Wang* "Hybrid Nanogenerator for Concurrently Harvesting Biomechanical and Biochemical Energy", ACS Nano, 4 (2010)

3647-3652.

[34] Youfan Hu, Yan Zhang, Yanling Chang, Robert L. Snyder, Zhong Lin Wang* "Optimizing the Power Output of a ZnO Photocell by Piezopotential", ACS Nano. 4 (2010) 4220-4224.; Corrections: 4 (2010) 4962.

[35] Zhou Li#, Guang Zhu#, Rusen Yang, Aurelia C. Wang, Zhong Lin Wang* "Muscle Driven In-Vivo Nanogenerator", Adv. Mater., 22 (2010) 2534-2537.

[36] Xue Bin Wang, Jin Hui Song, Fan Zhang, Cheng Yu He, Zheng Hu, Zhong Lin Wang "Electricity Generation Based on One-dimensional Group-Ⅲ Nitride Nanomaterials", Adv. Mater., 22 (2010) 2155-2158.

[37] Sheng Xu#, Yong Qin#, Chen Xu#, Yaguang Wei, Rusen Yang, Zhong Lin Wang* "Self-powered Nanowire Devices", Nature Nanotechnology, 5 (2010) 366-373.

[38] Z. L. Wang "Piezotronic and Piezo-phototronic Effects", The Journal of Physical Chemistry Letters, 1 (2010) 1388-1393.

[39] Chi-Te Huang, Jinhui Song, Wei-Fan Lee, Yong Ding, Zhiyuan Gao, Yue Hao, Lih-Juann Chen,* Zhong Lin Wang* "GaN Nanowire Arrays for High-Output Nanogenerators",. *J. Am. Chem. Soc.*, 2010, 132, 4766-4771.

[40] Youfan Hu, Yanling Chang, Peng Fei, Robert L. Snyder, Zhong Lin Wang* "Designing the electric transport characteristics of ZnO micro/nanowire devices by coupling piezoelectric and photoexcitation effects", ACS Nano, 4 (2010) 1234-1240.

2009

[41] Zhong Lin Wang "Ten years' venturing in ZnO nanostructures: From discovery to scientific understanding and to technology applications", Chinese Science Bulletin, 54 (2009) 4021-4034.

[42] Peng Fei, Ping-Hung Yeh, Jun Zhou, Sheng Xu, Yifan Gao, Jinhui Song, Yudong Gu, Yanyi Huang*, Zhong Lin Wang* "Piezoelectric-potential gated field-effect transistor based on a free-standing ZnO wire", Nano Letters, 9 (2009) 3435-3439.

[43] Zhiyuan Gao, Yong Ding, Shisheng Lin, Yue Hao, Zhong Lin Wang* "Dynamic Fatigue Studies of ZnO Nanowires by In-situ Transmission Electron Microscopy", Physica Status Solidi RRL, 3 (2009) 260-262.

[44] S. S. Lin, J. H. Song, Y. F. Lu, Z. L. Wang* "Identifying individual n-and p-type ZnO nanowires by the output voltage sign of piezoelectric nanogenerator", Nanotechnology, 20

(2009) 365703.

[45] Giulia Mantini, Yifan Gao, A. D'Amico, C. Falconi, Zhong Lin Wang* "Equilibrium piezoelectric potential distribution in a deformed ZnO nanowire", Nano Research, 2 (2009) 624-629.

[46] Youfan Hu, Yifan Gao, Srikanth Singamaneni, Vladimir V. Tsukruk, Zhong Lin Wang* "Converse piezoelectric effect induced transverse deflection of a free-standing ZnO microbelt", Nano Letts, 9 (2009) 2661-2665.

[47] Zhiyuan Gao, Jun Zhou, Yudong Gu, Peng Fei, Yue Hao, Gang Bao, Zhong Lin Wang* "Effects of Piezoelectric Potential on the Transport Characteristics of Metal-ZnO Nanowire-Metal Field Effect Transistor", J. Appl. Physics, 105, 113707 (2009).

[48] Christian Falconi, Giulia Mantini, Arnaldo D'Amico, Zhong Lin Wang* "Studying piezoelectric nanowires and nanowalls for energy harvesting", Sensors and Actuator, B 139 (2009) 511-519.

[49] Chen Xu, Xudong Wang, Zhong Lin Wang* "Nanowire structured hybrid cell for concurrently scavenging solar and mechanical energies", JACS, 131 (2009) 5866-5872.

[50] Z. L. Wang Energy Harvesting Using Piezoelectric Nanowires-Comment on "Energy Harvesting Using Nanowires?" by Alexe et al. , Adv. Materials, 21 (2009) 1311-1315.

[51] Z. L. Wang "ZnO Nanowire and Nanobelt Platform for Nanotechnology" (Review), Materials Science and Engineering Report, 64 (issue 3-4) (2009) 33-71.

[52] Ming-Pei Lu, Jinhui Song, Ming-Yen Lu, Min-Teng Chen, Yifan Gao, Lih-Juann Chen, Zhong Lin Wang* "Piezoelectric nanogenerator using p-type ZnO nanowire arrays", Nano Letters, 9 (2009) 1223-1227.

[53] Rusen Yang, Yong Qin, Cheng Li, Guang Zhu, Zhong Lin Wang* "Converting Biomechanical Energy into Electricity by Muscle/Muscle Driven Nanogenerator", Nano Letters, 9 (2009) 1201-1205.

[54] Yifan Gao, Zhong Lin Wang* "Equilibrium Potential of Free Charge Carriers in a Bent Piezoelectric Semiconductive Nanowire", Nano Letters, 9 (2009) 1103-1110.

[55] Xudong Wang, Yifan Gao, Yaguang Wei, Zhong Lin Wang* "The Output of Ultrasonic-Wave Driven Nanogenerator in a Confined Tube", Nano Research, 2 (2009) 177-182.

[56] Rusen Yang, Yong Qin, Cheng Li, Liming Dai, Zhong Lin Wang* "Characteristics of Output Voltage and Current of Integrated Nanogenerators", Appl. Phys. Letts. , 94 (2009) 022905.

[57] Rusen Yang, Yong Qin, Liming Dai, Zhong Lin Wang* "Flexible charge-pump for power generation using laterally packaged piezoelectric-wires", Nature Nanotechnology, 4 (2009) 34-39.

2008

[58] Sheng Xu, Yaguang Wei, Jin Liu, Rusen Yang, Zhong Lin Wang* "Integrated multilayer-nanogenerator fabricated using paired nanotip-to-nanowire brushes", Nano Letters, 8 (2008) 4027-4032.

[59] Jun Zhou, Peng Fei, Yudong Gu, Wenjie Mai, Yifan Gao, Rusen Yang, Gang Bao, Zhong Lin Wang* "Piezoelectric-potential-controlled polarity-reversible Schottky diodes and switches of ZnO wires", Nano Letters, 8 (2008) 3973-3977.

[60] Z. L. Wang "Towards self-powered nanosystems: From nanogenerators to nanopiezotronics" (feature article), Advanced Functional Materials, 18 (2008) 3553-3567.

[61] Jun Zhou, Yudong Gu, Peng Fei, Wenjie Mai, Yifan Gao, Rusen Yang, Gang Bao, Zhong Lin Wang* "Flexible piezotronic strain sensor", Nano Letters, 8 (2008) 3035-3040.

[62] Jun Zhou, Peng Fei, Yifan Gao, Yudong Gu, Jin Liu, Gang Bao, Zhong Lin Wang* "Mechanical-electrical triggers and sensors using piezolelectric microwires/nanowires", Nano Letters, 8 (2008) 2725-2730.

[63] Yi-Feng Lin, Jinhui Song, Ding Yong, Shih-Yuan Lu*, Zhong Lin Wang* "Alternating the Output of CdS-Nanowire Nanogenerator by White-Light Stimulated Optoelectronic Effect", Adv. Materials, 20 (2008) 3127-3130.

[64] Z. L. Wang "Energy harvesting for self-powered nanosystems" (review), Nano Research, 1 (2008) 1-8.

[65] Jin Liu, Peng Fei, Jun Zhou, Rao Tummala, Zhong Lin Wang* "Toward High Output-Power Nanogenerator", Appl. Phys. Letts., 92 (2008) 173105.

[66] Z. L. Wang, "Oxide Nanobelts and Nanowires-Growth, Properties and Applications" (Review), J. Nanoscience and Nanotechnology, 8 (2008) 27-55.

[67] Yong Qin, Xudong Wang, Zhong Lin Wang* "Microfiber-Nanowire Hybrid Structure for Energy Scavenging", Nature, 451 (2008) 809-813.

[68] Yi-Feng Lin, Jinhui Song, Yong Ding, Zhong Lin Wang*, Shih-Yuan Lu "Piezoelectric Nanogenerator using CdS Nanowires", Appl. Phys. Letts., 92 (2008) 022105.

[69] Zhong Lin Wang*, Xudong Wang, Jinhui Song, Jin Liu, Yifan Gao "Piezoelectric Nanogenerators for Self-Powered Nanodevices", IEEE Pervasive Computing, 7 (No. 1) (2008) 49-55.

[70] Z. L. Wang "Self-powering nanotech", Scientific American, 298 (No. 1) (2008) 82-87.

[71] Jin Liu, Peng Fei, Jinhui Song, Xudong Wang, Changshi Lao, Rao Tummala, Zhong Lin Wang* "Carrier density and Schottky barrier on the performance of DC nanogenerator", Nano Letters, 8 (2008) 328-332.

[72] Jinhui Song, Xudong Wang, Jin Liu, Huibiao Liu, Yuliang Li, Zhong Lin Wang* "Piezoelectric potential output from a ZnO wire functionalized with p-type oglimer", Nano Letters, 8 (2008) 203-207.

2007

[73] Xudong Wang, Jin Liu, Jinhui Song, Zhong Lin Wang* "Integrated Nanogenerators in Bio-Fluid", Nano Letters, 7 (2007) 2475-2479.

[74] Yifan Gao, Z. L. Wang* "Electrostatic Potential in a Bent Piezoelectric Nanowire — The Fundamental Theory of Nanogenerator and Nanopiezotronics", Nano Letters, 7 (2007) 2499-2505.

[75] Xudong Wang, Jinhui Song, Jin Liu, Zhong Lin Wang* "Direct Current Nanogenerator Driven by Ultrasonic Wave", Science, 316 (2007) 102-105.

[76] Z. L. Wang "The new field of Nanopiezotronics", Materials Today, 10 (No. 5) (2007) 20-28.

[77] Z. L. Wang "Nanopiezotronics", Adv. Mater., 19 (2007) 889-992.

[78] Jr H. He, Cheng L. Hsin, Lih J. Chen*, Zhong L. Wang* "Piezoelectric Gated Diode of a Single ZnO Nanowire", Adv. Mater., 19 (2007) 781-784.

[79] Charles M. Lieber, Zhong Lin Wang "Functional Nanowires", MRS Bulletin, 32 (2007) 99-104.

[80] Zhong Lin Wang "Piezoelectric nanostructures: From novel growth phenomena to electric nanogenerators", MRS Bulletin, 32 (2007) 109-116.

[81] Pu Xian Gao, Jinhui Song, Jin Liu, Zhong Lin Wang* "Nanowire Nanogenerators on Plastic Substrates as Flexible Power Source", Adv. Materials, 19 (2007) 67-72.

2006

[82] Xudong Wang, Jun Zhou, Jinhui Song Jin Liu, Ningsheng Xu, Zhong L. Wang* "Piezoelectric-Field Effect Transistor and Nano-Force-Sensor Based on a Single ZnO Nanowire", Nano Letters, 6 (2006) 2768-2772.

[83] Jinhui Song, Jun Zhou, Zhong Lin Wang* "Piezoelectric and semiconducting dual-property coupled power generating process of a single ZnO belt/wire-a technology for harvesting electricity from the environment", Nano Letters, 6 (2006) 1656-1662.

[84] Zhong Lin Wang*, Jinhui Song "Piezoelectric Nanogenerators Based on Zinc Oxide Nanowire Arrays", Science, 312 (2006) 242-246.